上海大学产业经济研究中心系列报告

中国海洋产业报告
(2014—2015)

主　　编　徐　旭

执行主编　陈秋玲　李骏阳　聂永有

上海大学出版社

图书在版编目(CIP)数据

中国海洋产业报告. 2014－2015/陈秋玲,李骏阳,聂永有执行主编. —上海：上海大学出版社,2016.6
ISBN 978－7－5671－2329－8

Ⅰ.①中… Ⅱ.①陈… ②李… ③聂… Ⅲ.①海洋开发—产业—研究报告—中国—2014－2015 Ⅳ.①P74

中国版本图书馆 CIP 数据核字(2016)第 120803 号

责任编辑 焦贵萍 杨颖昇
封面设计 倪天辰
技术编辑 金 鑫 章 斐

中国海洋产业报告(2014—2015)
徐 旭 主编
上海大学出版社出版发行
(上海市上大路 99 号 邮政编码 200444)
(http://www.press.shu.edu.cn 发行热线 021－66135112)
出版人：郭纯生
*
南京展望文化发展有限公司排版
上海华教印务有限公司印刷 各地新华书店经销
开本 787×1092 1/16 印张 15.75 字数 306 千
2016 年 6 月第 1 版 2016 年 6 月第 1 次印刷
ISBN 978－7－5671－2329－8/P·004 定价：78.00 元

《中国海洋产业报告(2014—2015)》
编委会成员

主　　编： 徐　旭

执行主编： 陈秋玲　李骏阳　聂永有

编　　辑： 黄天河　曾　雪　高　空　尤瑞玲　于丽丽
石婵娟　李　钰　熊　雄

撰　　稿：（以姓氏拼音为序）
毕梦昭　陈龙飞　陈秋玲　陈跃刚　高　空
郭龙飞　何淑芳　黄天河　姜立杰　金彩红
石灵云　孙冰洁　夏　露　谢孝忍　熊　雄
尤瑞玲　于丽丽　曾　雪　赵靓玉

目　录

序

自15世纪地理大发现以来,西方国家通过海洋走向世界,拉开了逐步征服世界的序幕,并且在这一过程中逐渐扩张,最终将世界联成一个整体。进入21世纪以来,经济日益增长,人口日益膨胀,陆域资源、能源、空间的压力随之加剧,人类已将经济发展的重心逐渐移向资源丰富、地域广袤的海洋世界,21世纪成为人类开发海洋、发展海洋经济的新时代。2001年,联合国正式文件中首次提出"21世纪是海洋世纪",把海洋发展提到新的战略高度。世界各主要沿海国家相继推出或调整海洋发展战略,将海洋发展提升为国家战略。

在新一轮科学技术革命和新兴海洋产业的双轮驱动下,世界海洋经济迅猛发展,地位日趋重要,其特点主要表现在以下四个方面:一是海洋经济总量不断提升,海洋产业规模不断扩大。海洋经济在世界经济中的比重,目前已达到10%左右,预计到2050年,这一数值将上升到20%。二是海洋经济地位不断提高,对国民经济的带动作用不断凸显。三是海洋产业门类不断丰富,海洋开发日趋精细化。以高新技术支撑的海洋石油天然气工业、海洋交通运输业和滨海旅游业已经成为当今世界海洋经济的支柱产业。同时,海洋工程装备、海洋新能源、海洋生物医药、海水淡化和综合利用、海洋矿产开发、海洋现代服务业等产业加快涌现和发展,世界海洋经济结构向高级化不断演进。四是海洋科技突飞猛进,开发资源向高精深发展。近年来,海洋科学技术迅速发展,世界海洋强国对海洋的开发开始从近海转向远海、从浅海走向深海,开发内容也由简单的资源利用向高、精、深加工领域拓展。美、日、英、法等一些世界海洋强国十分重视海洋高科技的发展,相继投入大量资金和人力,进行海洋监测、海洋深潜、海洋生物和海洋勘探等方面技术和装备的研究,海洋科技进步对海洋经济发展的贡献率已超过50%。

中国对海洋的探索和开发古已有之。从古至今,中国人对世界的认识没有陆海之间的明显区分。中国人眼中的世界是一个完整的整体,即天下。"天下主义"超越了西方世界以民族或国家利益为根本的观念,体现了一种与西方国家截然不同的地缘思想。这说明,中国自古就有海陆统筹思想或观念的雏形,并且超出了地理学范畴,既体现了中国人"天人合一"的思想,也体现了中国"天下大同"的理想。从中国文明史角度来看,中华民族曾经创造过灿烂的海洋文明。但是,长期以来,中国自给自足的封建社会制度将人们的活动局限在陆地上,海洋的开发利用相对迟缓。尤其是明清时期的禁海政策,直接导致了中国长期与世隔绝并逐渐拉大与世界强国的差距。新中国成立后,中国对海洋的开发利用逐渐有条不紊地展开。中国海域辽阔,跨越热带、亚热带和温带,大陆海岸线长达18 000多公里;海洋资源种类繁多,海洋生物、石油天然气、固体矿产、可再生能源、滨海旅游等资源丰富,开发潜力巨大,但值得反思的是,中国对海洋开发利用的深度和广度仍然有限。

改革开放以来,中国逐步融入国际社会,综合国力随之不断提升。尤其是进入新世纪,中国的海洋发展迎来了战略机遇期,在海洋经济、海洋科技、海洋文化和海上力量建设等方面取得了历史性的突破,为建设海洋强国奠定了坚实基础。中共十八大报告提出建设"海洋强国"战略目标,为进一步发展和深化我国的海洋经济带来了重要契机,标志着中国开始从海洋大国向海洋强国迈进,开始从顶层设计上注重提升海洋资源开发利用和综合管理,深化海洋经济、海洋科技的稳步发展,具体体现在以下几方面:一是海洋经济发展迅速,海洋产业转型升级提速。近20年来,沿海地区经济快速发展,对海洋产业的投入力度逐年增加,为海洋经济的持续、稳定、快速发展奠定了基础。2006至2013年,海洋生产总值从21 592亿元增长到54 313亿元,海洋经济在国民经济中的地位进一步突出。二是海洋科技不断创新,助推海洋新兴产业发展。近年来,中国海洋技术创新不断取得新突破,科技兴海工作突飞猛进,一批海洋新技术新产品进入市场,有力助推了海洋战略性新兴产业发展。海洋科技对经济发展的贡献率进一步提升,传统产业转型升级步伐加快,战略性新兴产业不断壮大。三是发展路径日益清晰,海洋发展重心不断聚焦。近年来,中国海洋发展的战略重点主要是着力构建对内对外开放相结合的开放型海洋经济格局,着力完善具有国际竞争力的现代海洋产业体系,着力优化海洋产业的结构和空间布局,着力实现可持续的海洋资源开发利用方式,着力提升海洋科技创新能力,实现海洋高效化、高端化、集约化、现代化发展。

海洋经济与科技已成为拉动中国国民经济和社会发展的强力引擎,成为中国经济发展的新增长点。但是,中国海洋经济结构性矛盾依然存在,海洋产业同构化程度依然明显,海洋经济系统与陆域经济系统耦合度依然不高,海洋科技对海洋经济的拉动力依然不强。未来中国海洋经济和海洋科技的联动发展,要在国家全面深化改革、全面建成小康社会总体框架下,紧紧围绕习总书记"四个转变"要求,贯彻落实"创新、协调、绿色、开放、共享"五大发展理念,坚持以开放带动、产业升级,坚持科技引领、创新驱动,坚持生态优先、持续发展,坚持陆海统筹、区域联动,最终实现中国的"海洋强国"梦。

上海大学党委副书记、副校长

上海大学智库产业研究中心主任

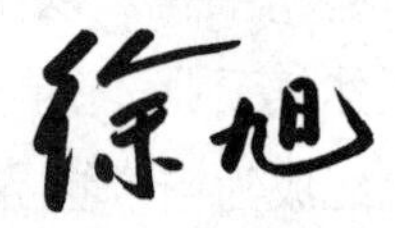

2016.4.8

前　言

海洋是生命的摇篮，是人类生存发展的最后空间，是科学和技术创新的重要舞台，是战略争夺的“内太空”，是经济发展的重要支点，开发、利用、保护、管理好海洋，已成为沿海国家和地区发展强盛的重要战略问题。在全球资源紧缺、环境恶化、人口膨胀等问题愈发严重等背景下，世界各沿海国家越来越重视海洋，拓深了海洋开发、利用与研究的领域，海洋逐渐成为世界各国竞相开发的新高地，蓝色海洋经济正在全球范围内兴起。沿海国家都已经实施海洋开发战略并列为基本国策，美国自二战以来，不断投入巨额资金制定和推进全球海洋科学规划；日本历来重视对海洋的开发利用，近年来又提出“海洋开发推进计划”；法国把海洋开发作为“法国的光荣”。澳大利亚、加拿大、德国、英国、挪威、韩国等国家也纷纷制定海洋产业发展战略，给予海洋产业空前的重视。放眼世界，谁赢得海洋发展的先机，谁就能占据未来发展的制高点，海洋经济已经成为全球经济发展的新增长点，未来将以更快的速度发展，预计到 2020 年，全球海洋产业总产值达到 3 万亿美元，占全球经济总产值的 10%。

随着全球陆域资源紧张与环境形势恶化愈演愈烈，世界各国越来越重视海洋经济的发展，进一步加大海洋资源开发，培育海洋产业，已成为沿海各国及各地区发展的共识，海洋经济已经成为世界各地经济社会发展新的重要经济增长点和动力源。我国是一个海陆兼备的国家，海域面积广阔，海洋资源丰富。在沿海 200 公里范围内，中国用不到 30%的陆域国土，承载着全国 40%的人口、50%的大城市、70%的国内生产总值、80%的外来投资和生产 90%的出口产品。自 1990 年以来，我国海洋经济一直保持较快的发展速度，高于同期国内生产总值的增长速度，海洋产业部门不断增加，海洋经济总产值不断攀升。《2016 年中国海洋经济统计公报》显示，2015 年全国海洋生产总值 64 669亿元，比上年增长 7.0%，海洋生产总值占国内生产总值的 9.6%，海洋经济在中国国民经济体系中具有越来越重要的地位。

陆海统筹作为一项国家战略，是中国新世纪的重大决策，当前，党中央、国务院对海洋经济工作给予了前所未有的重视。2010 年 10 月，《中华人民共和国国民经济和社会发展第十二个五年规划纲要》首次提出海洋发展战略的新理念，即“坚持陆海统筹，制定和实施海洋发展战略，提高海洋开发、控制和综合管理能力”。2011 年 3 月,温家宝在《政府工作报告》中提出,“坚持陆海统筹,推进海洋经济发展”,作为加快推进经济结构战略性调整的重大举措。2012 年 11 月,胡锦涛在中国共产党第十八次全国代表大会上的报告中正式提出“建设海洋强国”的战略目标,为国家未来发展作出了重大部署。2013 年 7 月 30 日,习近平在主持以建设海洋强国研究为主题的集体学习时强调,“建设海洋强国是中国特色社会主义事业的重要组成部分,要进一步关心海洋、认识海洋、经略海洋,推动我国海洋强国建设不断取得新成就”;他还系统地阐述了中国建设海洋强国的道路和模式,即“要着眼于中国特色社会主义事业发展全局,统筹国内国际两个大局,坚持陆海统筹,坚持走依海富国、以海强国、人海和谐、合作共赢的发展道路,通过和平、发展、合作、共赢的方式,扎实推进海洋强国建设”。2014 年 3 月,李克强在《政府工作报告》中强调,“海洋是我们宝贵的蓝色国土。要坚持陆海统筹,全面实施海洋战略,发展海洋经济,保护海洋环境,坚决维护国家海洋权益,大力建设海洋强国”。“陆海统筹”体现了陆海协调均衡可持续发展的战略思维,表明了与西方地缘学说及其海洋强国战略片面追求海权的显著区别,彰显了中国特色海洋强国建设的新型发展道路和发展模式。

“陆海统筹”的概念产生于 21 世纪初,源于“陆海一体化”,发展于“海陆统筹”,最终上升为国家意志,写入《中华人民共和国国民经济和社会发展第十二个五年规划纲要》,并频现于国家战略规划和国家领导人的重要讲话中。1996 年,中国制定了《中国海洋 21 世纪议程》,提出“要根据海陆一体化的战略,统筹沿海陆地区域和海洋区域的国土开发规划,坚持区域经济协调发展的方针,逐步形成不同类型的海岸带国土开发区。”陆海一体化,即“根据海、陆两个地理单元的内在联系,运用系统论和协同论的思想,通过统一规划、联动开发、产业链的组接和综合管理,把本来相对孤立的海陆系统,整合为一个新的统一整体,实现海陆资源的更有效配置”。此后,徐质斌、栾维新、张海峰、张登义、王曙光、叶向东、杨金森和张耀光等多位国内学者进一步从经济发展的角度对陆海一体化作出诠释并深入研究,其内涵和外延不断丰富和发展。陆海一体化成为陆海统筹的概念雏形。2004 年,中国海洋经济学家张海峰提出将“海陆统筹”作为第六个统筹,与“五个统筹”一道作为践行科学发展观、实施全面协调可持续发展的根本方法,与此同时,他指出,中国和平崛起的强国战略必须包含“海陆统筹、兴海强国”战略。随后,“海陆统筹”或“陆海统筹”概念的使用和研究频度越来越高。

“海陆统筹”这一概念是由中国首先提出并付诸实践的。因此,就“海陆统筹”本身来讲,国外并没有对此方面的针对性研究。与此相关,国外的研究主要有两大类:一类是与“海洋”相关的理论与实践研究,另一类是“地缘政治”理论和实践研究。在理论方面,马汉的《海权论》、麦金德的《历史的地理枢纽》、戈尔什科夫的《国家海上威力》和尼古拉·斯巴克曼的《和平地理学》等著作都是从海陆关系的角度进行论述。哈·麦金德的《历史的地理枢纽》、尼古拉·斯巴克曼的《和平地理学》、索尔·伯纳德·科恩的《地缘政治学：国际关系的地理学》、兹比格纽·布热津斯基的《大棋局：美国的首要地位及其地缘战略》、彼得罗夫的《俄罗斯地缘政治：复兴还是灭亡》、菲利普·赛比耶·洛佩兹的《石油地缘政治》和莫伊西的《情感地缘政治学：恐惧、羞辱与希望的文化如何重塑我们的世界》等。这些研究成果属于西方地缘政治学说的经典著作，代表着一种理论的核心观点和发展动向。

海陆统筹涉及领域宽泛，从当前和长远发展需要看，主要包括五个方面的重点内容：

（1）海陆资源统筹管理。一是统筹管理沿海土地与海域资源。随着沿海地区土地资源供需矛盾加大，海域利用特别是围填海活动成为缓解土地紧张形势的重要手段，也为推进工业化大空间。为此，按照陆海统筹的原则，从切实提高土地供给能力和参与宏观调控能力的角度，积极探索沿海土地利用与围填海统筹管理的机制与途径，切实提高土地、海域开发利用效率；同时，要高度重视海域围填方式和管理方式的创新，避免对海洋生态环境造成破坏，科学确定围填海的规模和时序。二是统筹利用沿海淡水资源和淡化海水资源。我国人均水资源量居世界第108位，被联合国列为13个最贫水的国家之一，东部沿海地区的淡水资源供需矛盾十分突出，做好长距离调水和海水淡化统筹工作十分重要。要注重调整传统水资源利用方式，把海水淡化和传统水资源的开发放在同一政策平台上，加强对海水淡化的宏观管理和政策支持。抓紧制定海水淡化产业规划，并将其纳入国家和地区的水资源规划体系。鼓励海水淡化水进入城市供水管网，优化水源结构，重点在北方沿海城市推进海水淡化产业。三是统筹开发陆海资源能源。海洋蕴藏着丰富的矿产资源、油气资源和可再生能源，在制定我国战略性资源能源开发利用战略时，一定要坚持海陆统筹的原则。在充分利用陆域资源、能源满足经济发展需求的同时，加快核心开发技术攻关，切实加大对深海油气资源、海洋可再生能源和国际海底区域战略性矿产资源的勘探、采掘和产业化开发力度，以满足我国经济社会发展的长远需求。

（2）海陆经济统筹发展。一是促进海陆产业良性互动。随着海洋开发的深入，海陆产业的互动性、海陆经济的关联性将进一步增强。为促进海陆产业关联和产业链整合，要根据海洋资源禀赋、海洋环境容量和陆域经济基础科学合理地确定海洋主导产业，通过产业链的延伸，带动相关陆域产业的发展。针对中国海岸线漫长、优良港湾众多的实际情况，可考虑充分利用海洋的空间优势和区位优势，大力发展临海和临港工业，以促进海陆产业的互联互动。二是统筹港口与腹地经济发展。港口是海陆经济的重要节点，港口规模与发展方向要依托腹地区域经济发展水平、产业结构、对外贸易状况、货物生成与消化能力等来确定。同时，港口腹地及依托城市不仅是港口的货源地,而且在空间和服务等方面要为港口发展提供支撑。为此,要科学规划建设沿海港口,避免盲目布局;要强化港口集疏运体系建设,促进港口与腹地间形成相互依存、相互促进的良性关系。

(3) 海陆环境统筹管理。海洋环境变化是气候、水文、水动力等自然条件和沿岸地区社会经济活动长期综合作用的结果,但人类活动的影响是短期内海洋环境发生变化的主要原因。随着中国社会经济要素向沿海地区进一步集中,迫切需要海陆环境的统筹管理,严格实行陆源污染物的总量控制和源头治理。重度污染海域沿岸陆域经济发展规划应以海域环境承载力为依据,采取调整工业结构、改善农业生产方式、强化城市生活污水处理等措施,切实减轻陆源污染对海洋环境的压力。为此,海洋、环境保护、发展改革、工业信息化、农业、城乡建设等相关部门要充分协调,整体规划,从准入政策、发展规模、排放标准等方面制定系统的海洋环境保护政策,以海陆统筹的思路来改善和优化海洋环境。

(4) 海陆灾害统筹防范。中国海岸线曲折漫长,风暴潮、海冰、海啸、赤潮、海岸侵蚀等海洋灾害频发,而海岸带又是中国城镇化、工业化的密集区,做好灾害防范工作责任重大。为此,要根据海洋自然灾害发生的基本特点,统筹布局沿岸陆域和海域的防灾减灾设施。加快推进海洋灾害区域性风险评估工作,划定各类灾害重点影响区,完善突发事件应急预案。海岸带地区的海洋工程和海岸工程(如核电、大型储油基地等)建设布局,要以海洋风暴潮、海啸、海岸侵蚀等自然灾害风险评估结论为依据,提高工程建设风险防范等级,减轻海洋灾害对工程设施的破坏和由此引发的次生灾害;在实施码头建设、围填海等海洋工程时也应充分考虑陆域河道泄洪等方面因素。

(5) 海陆科技统筹创新。海洋环境的特殊性,使得海洋开发技术更为复杂而综合。海洋开发利用与保护技术是科技体系的重要组成部分,支撑陆域开发的相关科技也是推动海洋科技发展的重要基础。与发达国家相比,我国海洋科技水平相对滞后,核心技术对外依赖度高。目前,发达国家海洋经济的科技贡献率已达到70%~85%,而中国仅50%左右。为此,要按照海陆统筹的理念来促进科技的共同发展和优化提升,重点解决陆地、海洋科技领域之间存在的研究目标、人员力量、经费财力、设施配置等严重分离问题。要综合运用各类技术和人才,充分借鉴陆地开发的成熟经验,在海洋科技领域构建“深海工程”海洋科技创新体系,为加速我国海洋科学技术水平探索路径。

《中国海洋产业报告(2014—2015)》区域范围是2003年《全国海洋经济发展规划纲要》划定的11个海洋经济区域,包括辽宁省、河北省、天津市、山东省、江苏省、上海市、浙江省、福建省、广东省、广西壮族自治区和海南省。《中国海洋产业报告(2014—2015)》报告分为陆海统筹、一带一路、浦东海洋、海洋产业、海洋指数、统计数据6部分,是目前国内以中国海洋产业为研究对象的产业研究系列报告的第二本。《中国海洋产业报告(2014—2015)》对中国海洋产业进行跟踪研究,汇集中国海洋产业数据资料,旨在向读者提供一个深度了解中国海洋产业总体运行情况和分行业发展特点的研究文本。由于本书文章出自众手,主编无法对数据一一核对,作者文责自负。

最后,衷心希望这本《中国海洋产业报告(2014—2015)》能给中国海洋产业发展以新启示,为地方政府相关部门政策制定提供一定的参考,为产业研究人员提供一份基础性资料。囿于我们对海洋经济的认识和理解,加之水平和能力有限,本报告作为一个阶段性学术研究的成果,难免有不足之处,恳请业内专家、同行、读者批评指正!

（执笔：上海大学经济学院，
尤瑞玲、陈秋玲）

陆海统筹

中国海陆经济一体化现状、测度及对策研究

摘要： 进入21世纪以来，全球海洋经济迅猛发展，海洋产业规模不断增大，海洋经济逐渐成为经济发展的新增长极，国家竞争日趋激烈。文章首先采用定性与定量相结合、理论与实践相结合的方法，分别对中国海陆经济发展的现状、制约因素和突出问题进行了分析；其次，通过构建海陆经济一体化的评价系统和耦合度模型，测算了中国海陆经济一体化的耦合度和耦合协调度，并分析了其演化的时空变化特征；最后，提出了一系列促进海陆经济一体化的可行性措施。

关键词： 海陆经济一体化　耦合　耦合协调度

中国沿海地区经济由陆域经济和海洋经济共同构成，研究海陆经济一体化，首先需要了解中国沿海地区海陆经济发展的现状特点，尤其对于海洋经济发展的现状特点、发展中存在的制约因素以及问题，必须有清晰明确的认识，才能进一步深入研究海陆经济一体化发展。21世纪是海洋的世纪，对海洋的开发利用关系到国家的长远发展，越来越多的沿海国家都制定了海洋强国战略，把海洋经济发展提到了战略高度。当前，各国围绕海洋资源开发、海洋经济发展和海洋主权保护的竞争日趋激烈，海洋竞争成为国家实力的标志。中国沿海地区经济实力雄厚，以仅占国土面积的13.4%，养活全国五分之二以上的人口，创造了五分之三的GDP[1]。改革开放以来，中国海洋经济发展迅速，海洋经济规模不断扩大，在国民经济的地位越来越显著，未来将成为中国经济的新增长点，但是海洋经济发展中的制约因素十分突出，海洋产业结构和空间布局问题重重(除特别注明，本章数据均来源于国家统计局及历年《中国海洋统计年鉴》)。

一、中国陆域经济发展现状

(一) 中国整体经济发展现状

根据国家统计局发布的经济数据，2015年全国国内生产总值达676 708亿元，GDP总量稳居世界第二，按可比价格计算，比上

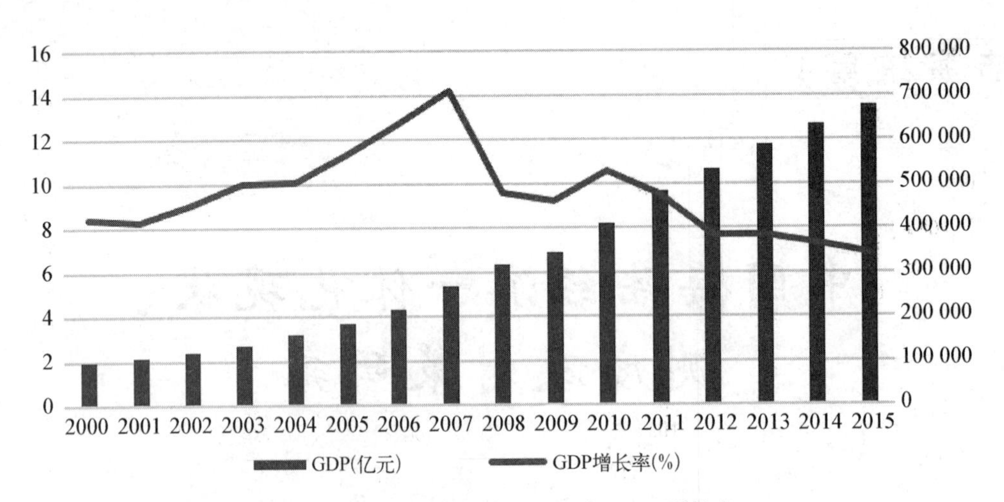

图 1　2000—2015 年中国 GDP 与 GDP 增长率

年增长 6.9%。其中,第一产业增加值 60 863亿元,增长 3.9%;第二产业增加值 274 278 亿元,增长 6.0%;第三产业增加值 341 567 亿元,增长 8.3%。第一产业增加值占国内生产总值的比重为 9.0%,第二产业增加值比重为 40.5%,第三产业增加值比重为 50.5%,首次突破 50%。全年人均国内生产总值 49 351 元,比上年增长 6.3%,全年国民总收入 673 021 亿元。

由图 1 可以看出,2000 至 2015 年中国国内生产总值保持着上升的态势,说明国民经济持续保持平稳较快的增长趋势,总体经济运行良好,经济增长的基本态势未发生改变,呈现稳中有进、稳中向好的发展态势;GDP 增速 2000 至 2007 年稳步快速增长,一度在 2007 年达到 14.16%的最高点,2008 至 2015 年有波动下降的趋势,2008 年受国际金融危机影响大幅度下降,之后逐步攀升到 2010 年的 10.45%,随后逐年下降,经济增长开始出现乏力,传统增长模式的引擎熄火,新兴增长模式起色较小,经济转型发展,寻找新的经济增长点成为经济发展的必然选择。

(二) 沿海 11 个省市区经济发展现状

中国沿海 11 省市区环境条件较好、区位优势明显、资源基础雄厚、生产要素活跃,形成了较高的产业规模化与企业密集度,经济发展水平高居全国前列。从地区国内生产总值来看,2015 年沿海 11 省市区生产总值之和高达329 681.27亿元,占全国 GDP 的 48.72%,以占全国13.4%的土地面积,养活了全国 40%以上的人口,为全国贡献了将近一半的 GDP。

考虑到经济结构,从人均 GDP 来看,2015 年均超过 7 万元,其中天津居全国首位,高达 12.70 万元,天津、上海、江苏、浙江均居全国前列,广西和海南比较靠后;从 GDP 增速来看,大部分地区都超过全国 6.9%的增速(见图 2)。

中国沿海 11 个省市区整体经济运行良好,占全国经济总量的比重较大,但区域内部发展不平衡较为明显。

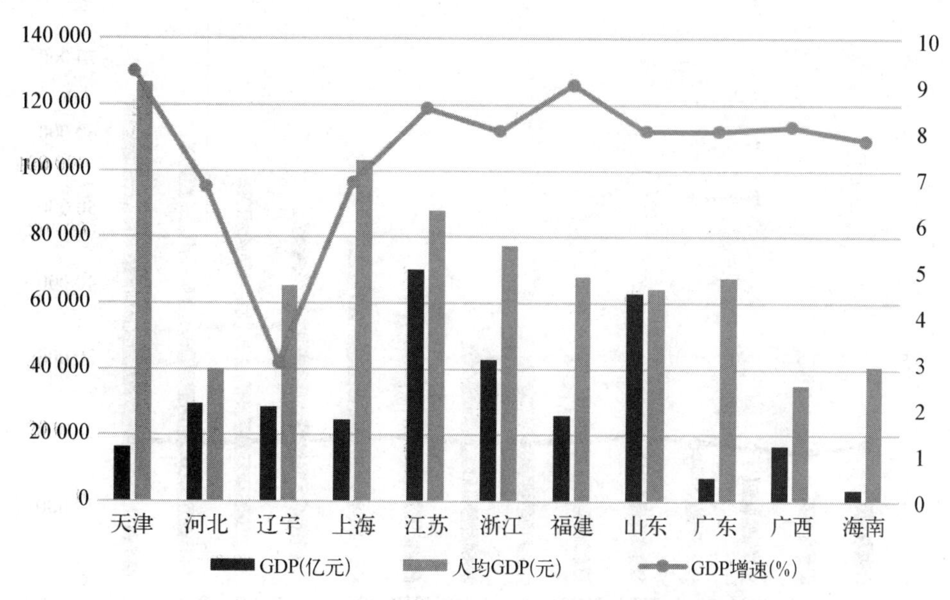

图 2　2015 年中国沿海地区 GDP、人均 GDP 及 GDP 增速

二、中国海洋经济发展现状及趋势

(一) 中国海洋经济发展的现状

1. 中国海洋经济增长速度较快，发展初具规模

近年来中国海洋经济呈现出快速发展的态势，尤其是改革开放以来，经济规模1979 年仅为 64 亿元，2015 年突破 6 万亿元，是改革开放前的 1 000 余倍。中国海洋产业的发展大致可以分为三个阶段：1978 年以前，仅有海洋渔业、海洋盐业和海洋交通运输业三大传统产业；1990 年代开始，海洋油气业、滨海旅游业实现了快速发展；21 世纪以来，随着海洋生物医药业、海洋化工业、海洋新能源等的发展，新兴海洋产业逐渐兴起。伴随着海洋经济规模的扩大，海洋经济对国民经济的贡献度越来越大，尤其是近十年，中国海洋产业年平均增长速度都保持在 10%以上(见图 3)，海洋产业增长速度较快。

20 世纪 90 年代以来，中国海洋经济不断发展，海洋产业规模持续扩张。据统计，1979 年中国海洋产业总产值仅为 64 亿元，2003 年就达到 10 077.71 亿元，2007 年达到了 24 929 亿元，2015 年达到 64 669 亿元，占国内生产总值的 9.6%。截至 2013 年底，中国亿吨级港口增至 16 个，是世界上拥有亿吨港口最多的国家。2011 年中国港口货物吞吐量以及标准集装箱吞吐量连续九年居全球第一位，其中，上海港的货物吞吐量和标准集装箱吞吐量均保持世界港口第一位的排名。中国海洋油气勘探工作也不断

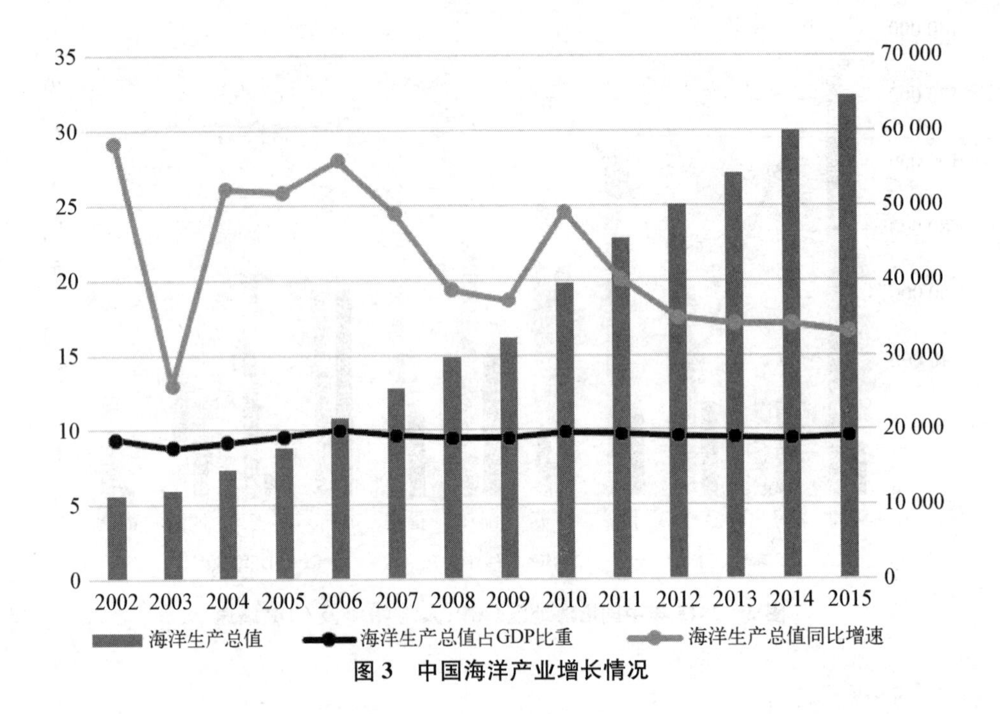

图 3 中国海洋产业增长情况

取得新突破,中石油在冀东南堡滩海新发现 10 亿吨大油田,中海油在渤海湾、北部湾等海域新发现 10 个油气田①。中国海洋船舶业造船完工量突破 1 800 万载重吨,新接订单超过韩国(按载重吨计),居世界第 1 位[2]。

2. 海洋产业结构稳定性与波动性并存

近年来,中国海洋产业结构的演化从表 1 可以看出,2001 至 2015 年 15 年间中国海洋产业结构的发展和演变,总体上呈现出第一产业比重逐渐减小,第二、三产业稳步增加的态势,形成以第三产业为主导的"三二一"和第二产业略胜于第三产业的"二三一"的产业结构类型。除了 2006 年、2010 和 2011 年三个年份第二产业所占比例略多于第三产业,为"二三一"型的产业结构,其余年份均为"三二一"型的产业结构类型。总的来说,2001 年以来,一方面,中国的海洋产业基本上为第一产业占比低于 7%,而第二产业与第三产业平分秋色,比例相差无几的稳定状态。另一方面,海洋第二产业和海洋第三产业之间交替主导地位,也体现出海洋产业结构的不稳定性。

从海洋产业第一、第二、第三产业的内部构成和变化态势来看,中国海洋第一、第二、第三产业波动缓慢。中国海洋第一产业所占的比重总体呈现缓慢下降的趋势,2004 年至 2015 年下降的趋势变得更加缓慢,所占比例基本稳定在 5%左右。第二产业经历着"上升—下降—上升—下降"的徘徊变动,

① 2007 年中国海洋经济统计公报. http: //www. gov. cn/gzdt/2008 - 02/15/content_890643. htm

可以分为四个阶段：第一阶段是2001至2006年，随着海洋船舶工业、海洋化工业和海洋工程建筑业的增速发展，第二产业比重逐渐增加；第二阶段是2007至2009年，在第三产业稳定发展的背景下，此消彼长，又出现了第二产业比重的下滑；第三阶段是2009至2011年，随着对海洋新兴产业的重视，海洋新兴产业的增加值保持着较快的增速，同时推动了第二产业的增速；第四阶段是2012至2015年，随着海洋服务业的发展，第三产业又占据了主导地位。

表1　中国海洋生产总值及构成比例

年份	海洋生产总值（亿元）			海洋生产总值构成(%)		
	第一产业	第二产业	第三产业	第一产业	第二产业	第三产业
2001	646.3	4 152.2	4 720.1	7	43.6	49.6
2002	730	4 866.2	5 674.3	6.6	43.5	50.3
2003	766.2	5 367.9	5 818.5	6.7	45	48.7
2004	851	6 662.9	7 148.2	5.8	45.7	48.8
2005	1 008.9	8 046.9	8 599.8	5.7	45.6	48.7
2006	1 228.8	10 217.8	10 145.7	5.7	47.3	47
2007	1 395.4	12 011	12 212.3	5.4	46.9	47.7
2008	1 694.3	13 735.3	14 288.4	5.7	46.2	48.1
2009	1 857.7	14 980.3	15 439.5	5.8	46.4	47.8
2010	2 008	18 935	18 629.8	5.1	47.8	47.1
2011	2 327	21 835	21 408	5.1	47.9	47
2012	2 683	22 982	24 422	5.3	45.9	48.8
2013	2 918	24 908	26 487	5.4	45.8	48.8
2014	3 226	27 049	29 661	5.4	45.1	49.5
2015	3 298.1	27 484.3	33 886.6	5.1	42.5	52.4

数据来源：wind数据库

3. 海洋产业布局形成各具特色的点-轴发展模式

海洋产业空间布局遵循“均匀分布——点状分布——点轴分布”的递进演变规律[3]（见图4），从整体上看，中国海洋产业布局目前已步入海洋产业空间布局演化的第三阶段——点轴分布阶段，基本呈现出以环渤海、长三角和珠三角三大经济区内海洋经济中心或城镇为中心，以海域和海岸带为载体，以海洋资源开发为基础的海洋产业的发展以及临海产业带为轴线的区域布局体系[4]。

中国已经逐渐形成了环渤海、长三角和珠三角三大海洋经济区，2003至2015年三大海洋经济区的海洋生产总值实现了稳步快速增长（见图5），海洋经济发展势头持续趋好。2015年，环渤海地区海洋生产总值达到23 437亿元，长三角地区海洋生产总值18 439亿元，两者海洋产业生产总值均超过41 876亿元，两者合计总值占全国海洋生产总值的近64.75%，珠三角地区海洋生产总值也达到13 796亿元，占全国海洋生产总值的21.33%①。

2014年，我国海洋产业总体保持稳步增长。其中，主要海洋产业增加值25 156亿元，比上年增长8.1%；海洋科研教育管理服务业增加值10 455亿元，比上年增长8.1%。

具体来看，海洋渔业整体保持平稳增长态势，海水养殖产量稳步提高，远洋渔业快

① http://www.soa.gov.cn/zwgk/hygb/zghyjjtjgb/201603/t20160307_50247.html

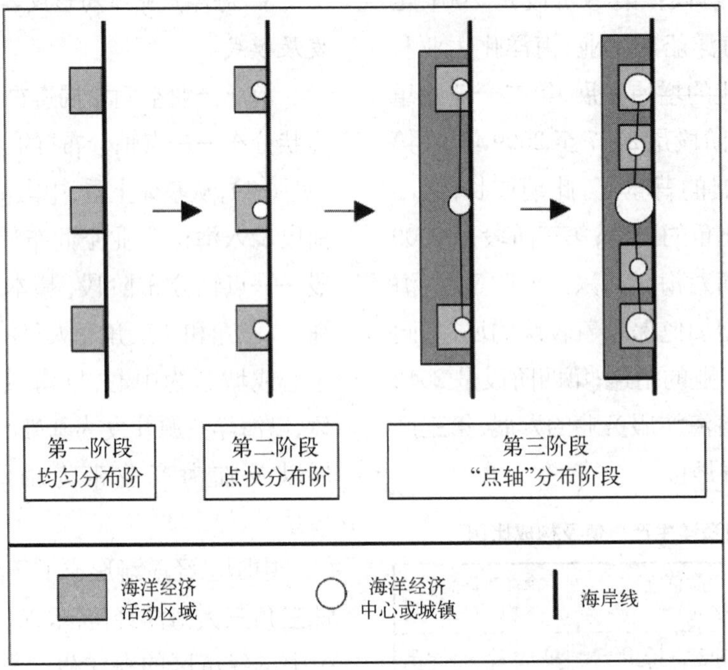

第一阶段
均匀分布阶

第二阶段
点状分布阶

第三阶段
“点轴”分布阶段

海洋经济
活动区域

海洋经济
中心或城镇

海岸线

图 4　海洋产业空间布局的演化过程抽象模型

资料来源：郭敬俊. 海洋产业布局的基本理论研究暨实证分析[D]. 中国海洋大学博士研究生学位论文,2010 年

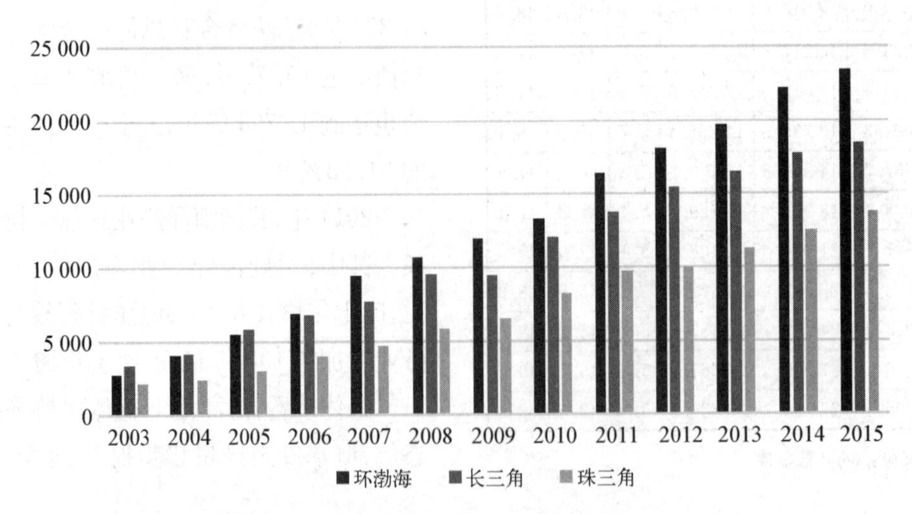

图 5　2003—2015 年中国三大海洋经济区海洋产业生产总值(单位：亿元)

资料来源：根据国家海洋局 2003—2015 年中国海洋产业生产总值整理

速发展；海洋油气产量保持增长，但受国际原油价格持续下跌影响，增加值减少；海洋矿业较快增长，海洋矿产资源开采秩序进一步规范有序；随着国家对海洋生物技术研发的日益重视，海洋生物医药业保持较快增长；海水利用业受益于一系列产业政策影响，取得较快发展；海洋船舶工业加快调整转型步伐，发展呈现上扬态势；沿海规模以上港口生产总体保持平稳增长，但航运市场延续低迷态势，海洋交通运输业运行稳中偏缓；滨海旅游继续保持快速发展态势，邮轮游艇业等新兴旅游业态发展迅速；海洋盐业呈现负增长，海洋化工业、海洋电力业、海洋工程建筑业均保持平稳的增长态势。

4. *形成四大支柱产业，新兴产业发展前景广阔*

从中国的主要海洋产业增加值情况可以看出，中国基本形成了滨海旅游业、海洋油气业、海洋渔业和海洋交通运输业四大支柱产业[5]。从图 6 可以看出，2001 至 2015 年中国各主要海洋产业均呈现良好的增长势头。2015 年，四大海洋支柱产业增加值之和为 21 706 亿元，占海洋产业增加值总和的 81.01%，已经超过了 4/5；海洋船舶工业、海洋工程建筑业、海洋化工业、海洋矿业四产业增加值 4 000 亿元左右，虽然产业增加值低于四大支柱产业，但是有着稳定发展的态势；海洋生物医药业、海洋电力业和海水利用业等海洋战略性新兴产业，目前在海洋产业总增加值中所占的比重还比较小，随着近年来的快速迅速（增长速度保持在 10%以上），前景极为广阔。

5. *区域海洋产业结构差异化发展*

由图 7 可以看出，中国各沿海省市区的海洋产业结构模式可分为“三二一”，“三一二”，“二三一”三类。11 个省市区中，上海、浙江、广东、广西、福建、辽宁六个省市区的海洋产业结构都呈现出“三二一”的模式，这

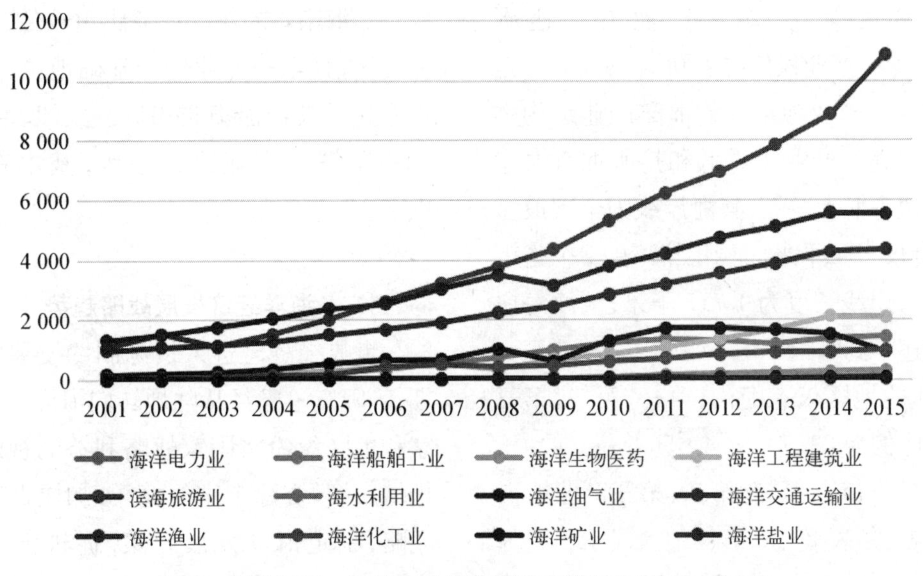

图 6　中国 2001—2015 年主要海洋产业增加值（单位：亿元）

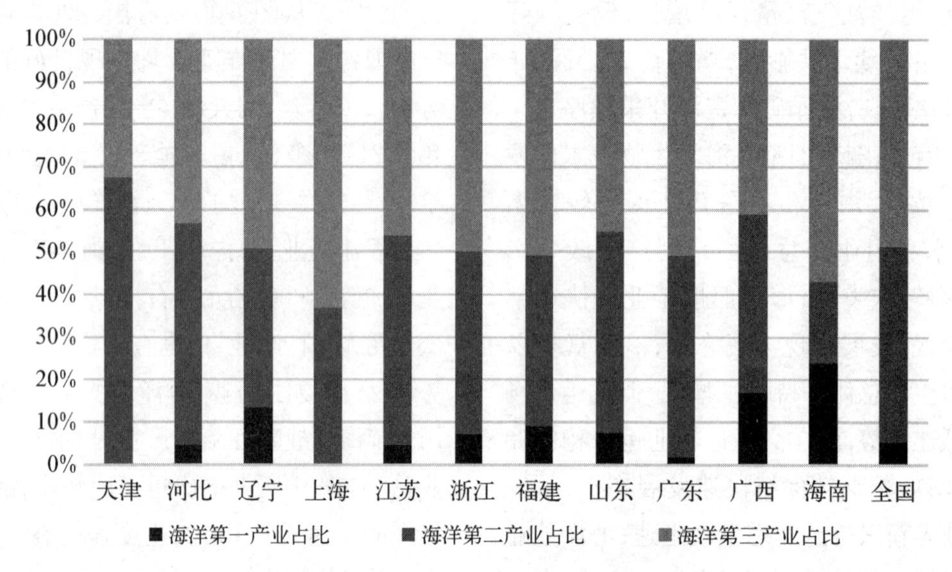

图 7　2014 年各沿海省份海洋产业的三次产业结构

种模式对于上海而言更加明显，第三产业占比达到 60.5%，第二产业占比达到 39.4%，第一产业产值占比极小，形成了第三产业为主导，第二产业为支撑的产业结构模式。天津、江苏、山东、河北四个地区呈现“二三一”海洋产业结构模式，其中最为突出的是天津。天津的第二、第三产业占比达到 99.8%，第一产业仅仅占了 0.2%的比重，是典型的二三产业为主导的海洋产业结构类型。天津第一产业比重低和其所拥有海岸线长度短有很大关系，其海岸线为全国最短的，长度仅 154 千米，而中国沿海 11 个省市区平均海岸线长度为 1 717 千米，天津海岸线长度还不到全国平均水平的 10%。“三一二”模式的地区仅有海南，第一、第二、第三产业的比例为 23.9∶19.4∶56.7。

从各省市区第一、第二、第三产业所占比重来看(如表 2)，海南、广西、辽宁三省海洋第一产业所占比重较大，2014 年为 23.9%、17.1%、13.4%，上海、天津海洋第一产业所占比重较小，仅为 0.1%、0.2%。其他省份第一产业比重均在 10%以下。海洋第三产业比重较大的省市区有上海、广东、海南、福建、浙江等，明显的特点就是这几个省市区第三产业所占比重基本在 50%以上。海南省的第二产业比重较低，第三产业发达，且第一产业处于基础地位，所占比例领先于其他沿海省市区。天津、河北、江苏海洋第二产业比例较大，基本在 50%以上。

(二) 海洋经济发展战略趋势

世界经济已进入资源制约发展的瓶颈期，国际竞争已经从陆地转向海洋。沿海国家和地区纷纷将国家战略利益的视野转向地域广袤、资源丰富的海洋，加快调整海洋战略，制定海洋发展政策，促进海洋经济发展。

表 2　2008 至 2013 年中国各省、市、区海洋生产总值构成比例　　(单位：%)

	2008			2009			2010			2011			2012			2013		
	一	二	三	一	二	三	一	二	三	一	二	三	一	二	三	一	二	三
天津	0.2	66.4	33.3	0.2	61.6	38.2	0.2	65.5	34.3	0.2	68.5	31.3	0.2	66.7	33.1	0.2	67.3	32.5
河北	1.9	51.4	46.7	4.0	54.5	41.4	4.1	56.7	39.2	4.2	56.1	39.7	4.4	54.0	41.6	4.5	52.3	43.2
辽宁	12.1	51.8	36.1	14.5	43.1	42.4	12.1	43.4	44.5	13.1	43.2	43.7	13.2	39.5	47.3	13.4	37.5	49.2
上海	0.1	44.3	55.6	0.1	39.5	60.4	0.1	39.4	60.5	0.1	39.1	60.8	0.1	37.8	62.1	0.1	36.8	63.2
江苏	4.1	45.8	50.1	6.2	51.6	42.1	4.6	54.3	41.2	3.2	54.0	42.8	4.7	51.6	43.7	4.6	49.4	46.0
浙江	8.7	42.0	49.4	7.0	46.0	47.0	7.4	45.4	47.2	7.7	44.6	47.7	7.5	44.1	48.4	7.2	42.9	49.9
福建	9.4	40.8	49.8	8.5	44.0	47.5	8.6	43.5	47.9	8.4	43.6	48.0	9.3	40.5	50.2	9.0	40.3	50.7
山东	7.2	49.2	43.6	7.0	49.7	43.3	6.3	50.2	43.5	6.7	49.3	43.9	7.2	48.6	44.2	7.4	47.4	45.2
广东	3.8	46.7	49.5	2.8	44.6	52.6	2.4	47.5	50.2	2.5	46.9	50.6	1.7	48.9	49.4	1.7	47.4	50.9
广西	14.8	43.5	41.7	21.2	37.7	41.1	18.3	40.7	41.0	20.7	37.6	41.8	18.7	39.7	41.6	17.1	41.9	41.0
海南	20.3	26.5	53.2	24.5	21.8	53.7	23.2	20.8	56.0	20.2	19.9	59.9	21.6	19.2	59.2	23.9	19.4	56.7
全国	5.4	47.3	47.3	5.8	46.4	47.8	5.1	47.8	47.1	5.2	47.7	47.1	5.3	46.9	47.8	5.4	45.9	48.8

国际海洋形势不断在发生变化，人口趋海移动趋势加速，海洋经济成为全球经济的新增长点。世界四大海洋支柱产业已经形成，包括海洋油气业、滨海旅游业、现代海洋渔业和海洋交通运输业，海洋产业发展经历了从资源消耗型到技术、资金密集型的产业结构升级，发展前景看好。同时，世界性、大规模开发利用海洋成为国际竞争的主要内容，目前竞争主要表现在以下方面：发现、开发利用海洋新能源；勘探开发新的海洋矿产资源；获取更多、更广的海洋食品；加速海洋新药物资源的开发利用；实现更安全、更便捷的海上航线与运输方式等。未来全球围绕海洋资源开发、海洋经济发展和海洋主权保护的综合竞争将日趋激烈。

1. 海洋发展上升为国家战略

随着全球经济的发展，陆域资源趋于枯竭，陆域空间趋于饱和，人类社会要实现可持续发展就必须努力寻找新的资源和发展空间。在这种背景下，世界各国国家越来越多地向海洋国土、地下空间等拓展自身新的生存与发展空间。浩瀚的海洋蕴藏着极其丰富的资源，具有巨大经济价值，为人类发展提供了广阔空间，海洋成为人类存在与发展的资源宝库和最后空间。近年来各国越来越将发展的目光从陆地转向海洋，把加快海洋资源开发与利用、发展海洋经济作为国家战略来抓。

2001 年，联合国正式文件中首次提出“21 世纪是海洋世纪”，把海洋发展提到新的战略高度。世界各主要海洋国家相继推出或调整海洋发展战略，将海洋发展推升为国家战略(见表 3)。各国海洋战略紧紧围绕海洋资源开发、海洋环境安全和海洋权益维护等海洋发展重大领域，强调以海洋科技的创新和突破为海洋发展的根本依托，以此带动国家经济、军事、政治领域的发展。

表 3 世界几大主要海洋强国海洋发展战略及战略部署

国别	文 件	主 要 内 容	后续战略部署
美国	《21 世纪海洋蓝图》(2004)	在对海洋管理政策进行彻底评估的基础上,对维护海洋经济利益,加强海洋和沿岸环境保护,确立海洋勘查国家战略,提高海洋研究和教育水平作出全面部署。	《美国海洋行动计划》(2004); 《21 世纪海上力量合作战略》(2007); 《绘制美国未来十年海洋科学发展路线——海洋科学研究优先领域和实施战略》(2007); 关于制定美国海洋政策及其实施战略的备忘录(2009); 《21 世纪海洋保护、教育与国际战略法》(2009); 《NOAA 的北极共识和战略》)(2010); 《北极地区国家战略》(2013)。
英国	《90 年代海洋科技发展战略规划》(1990)	提出 6 大战略目标和海洋发展规划,优先发展对实施海洋发展战略具有重大意义的海洋科技,特别是高新技术。	《21 世纪海洋科技发展战略》(2000); 《2025 年海洋研究计划》(2007); 《我们的海洋——共享资源:高层次海洋目标》(2009); 《英国海洋法》(2009); 《海洋科学战略(2010—2025)》(2010); 《英国海洋产业增长战略》(2011)。
日本	《海洋和日本——21 世纪海洋政策建议》(2005)	以"真正的海洋立国"为目标,强调海洋可持续开发利用、引领国际海洋秩序和国际协调、综合性海洋管理三个基本理念,聚焦海洋政策大纲的制定,以制定基本法为目标推进体制完善,扩大到海上的国土管理和国际协调。	《海洋白皮书》(2006); 《海洋基本法案》(2007); 《推动新的海洋立国相关决议》(2007); 《海洋建筑物安全地带设置法》(2007); 《海洋基本计划草案》(2008); 《北极可持续开发利用急需实施的政策》(2012); 《海洋基本计划(2013—2017)》(2013)。
俄罗斯	《2020 年前俄罗斯联邦海洋学说》(2001)	界定俄罗斯海洋政策的实质和主体,确立俄罗斯在世界海洋上的利益,以及国家海洋政策的目标和原则,并从功能和区域方向对海洋战略的具体方面及其紧迫任务做了规定。	在《2010 年俄罗斯联邦海上军事活动的政策原则》(2000.3)基础上出台《2010 年俄罗斯联邦国防工业综合体发展政策基础》、《2015 年俄罗斯联邦军事技术政策基础》、《2020 年武器装备发展的主要方向》、《2020 年俄罗斯联邦能源战略》等; 《俄罗斯联邦保护国家边界、内水、领海、专属经济区、大陆架及其资源法》; 《俄罗斯联邦 2020 年渔业发展方针》; 《2020 年俄罗斯联邦北极国家政策基础》(2008); 《2020 年前及更远的未来俄罗斯联邦在北极的国家政策原则》(2009); 《2020 年俄罗斯联邦南极行动战略》(2010)。
加拿大	《加拿大海洋战略》(2002)	在海洋综合管理中坚持生态方法;重视现代科学知识和传统生态知识;坚持可持续发展原则;了解和保护海洋环境、促进经济的可持续发展和确保加拿大在海洋事务中的国际地位。	《加拿大海洋行动计划》(2005); 《联邦海洋保护区战略》(2005); 《健康海洋引导计划》(2007); 《我们的海洋,我们的未来:联邦的计划和行动》(2009); 《加拿大北极外交政策声明》(2010); 《北极环境战略》、《大西洋西岸行动计划》、《海岸警备队振兴计划》、《海洋健康》、《科学振兴计划》等。

中国紧紧抓住此轮国际海洋发展战略机遇，对标世界海洋发展前沿，研究和提出了海洋发展战略。中共十八大报告明确提出建设“海洋强国”的海洋发展战略目标，为进一步发展和深化中国的海洋经济提供了重要契机，标志着中国从海洋大国开始走向海洋强国，开始从顶层设计上注重提升海洋资源开发利用和综合管理，深化海洋经济的发展，“海洋强国”战略成为海洋经济发展的目标。

在此基础上中国部署了11个海洋经济区，开始具体实施“海洋强国”发展战略。接下来的“一带一路”，借用古代“丝绸之路”的历史符号，尤其是21世纪海上丝绸之路，通过借助区域合作平台，加强中国同其他区域的海上互联互通，主动发展与沿线国家的经济合作伙伴关系，共同实现商贸增长，打造经济利益共同体。“一带一路”尤其是海上丝绸之路的主要节点和枢纽城市，同沿途许多国家都具有较好的经贸往来，能够借助这一战略能够将沿线区域连接起来，通过区域协调优化资源配置，实现海洋经济的腾飞。

2. 海洋经济贡献率不断提高

世界海洋经济产值从1980年代的不足2 500亿美元，迅速上升到2006年的1.5万亿美元，目前，全球现代海洋产业总产值达1万亿美元，占世界GDP总值23万亿美元的4%。各主要沿海国家，海洋经济占国民经济的比重越来越大(见表4)，新加坡已经从一个渔村发展成典型的港口国家，港口相关产业占国民经济的80%，挪威70%的财政收入来自对海洋农业的征收。

表4 世界主要海洋国家海洋经济总量对比

国 家	主要海洋产业产值(亿美元)	占国民经济的比重(%)
美 国	3 500	4.3
日 本	2 000	5.3
英 国	656	4.9
澳大利亚	273	9.0
法 国	198	1.4
加拿大	78	1.4
韩 国	260	7.0
马来西亚	132	13.2
中 国	728	4.3

资料来源：国家海洋局办公室，《世界主要发达国家海洋经济统计指标比较》，2003年。

随着海洋经济的发展，海洋产业结构正从主要依赖传统渔业向“二三一”产业结构转型。海洋渔业在各海洋经济发达国家海洋经济中的比重正在逐步下降(美、日、英等国已降到10%以下)，而海洋油气业、海洋化工业、海洋生物产业等第二产业快速崛起，滨海旅游、海洋生产性服务业等第三产业在海洋经济中的地位显著上升。其中，以高技术支撑的海洋石油天然气工业、海洋交通运输业和滨海旅游业已经成为当今世界海洋经济的支柱产业。

3. 海洋科技地位日益突出

海洋是高新技术发展前沿领域，海洋科技是海洋经济发展的重要支撑。自20世纪80年代以来，美国、日本、英国、法国、德国等国家相继制定了与海洋经济相关的科技发展规划，提出进行海洋科学研究、海洋高技术开发，优先发展海洋高技术，增强自身在海洋发展中的竞争力,寻找海洋领域中国民经济的新增长点。第三次科技革命以来,全球海洋高技术发展聚焦以下五个重点领域:海洋生物技术,海洋生态系统模拟技术,海洋油气资源高效勘探开发技术,海洋环境观测和监测技术,海底勘测和深潜技术[6]。

海洋发展已经从传统的资源依赖型向科技支撑型转变,各项高精深海洋科学技术成为推动现代海洋发展的根本动力。海洋科技充分吸纳融合航海技术、机械技术、电子技术、通信技术、生物技术、材料技术等各领域科技的发展成果,并在广泛和深化应用过程中大大提高了海洋资源开发的深度和速度,以及海洋开发利用的效率和效益。各海洋经济发达国家对海洋科技的发展和应用高度重视,纷纷制定海洋科技发展规划,提出优先发展高科技的战略思想,美国制定了《绘制美国未来十年海洋科学发展路线——海洋科学研究优先领域和实施战略》,澳大利亚出台了《澳大利亚海洋科学技术发展计划》等。

4. *海洋经济管理逐步完善*

海洋发展在地理上涉及多城市、多区域,在管理上涉及多部门、多级别。在海洋经济快速发展的同时,各国纷纷制定了海洋综合管理计划,建立和完善海洋经济综合管理体制,强调高层次协调和综合管理,不断走向健全和完善。

美国早在1999年就成立了海岸带经济计划国家咨询委员会,实施了“国家海洋经济计划”,明确了海岸带经济和海洋经济的定义、内涵和外延,划分了海洋经济部门和产业分类。澳大利亚成立了国家海洋部长委员会,协调海洋发展的各项事宜,并在《海洋产业发展战略》中明确要求改变单一的海洋产业管理模式,实现海洋产业发展的综合管理模式。英国、法国、加拿大、新西兰等政府和欧盟也相继发布了海洋经济发展报告,海洋经济管理制度逐步走向健全和完善。

5. *海陆统筹趋势加强*

海洋经济发展逐渐呈现出由单纯的海洋开发向统筹海陆经济发展的趋势转变。海洋经济的发展,过去比较注重海洋经济规模的扩大,海洋产值的增加,现在强调海陆资源的互补、海洋产业的互动、海陆经济的一体化。目前,全球海洋经济总量的五分之一以上集中在距离海岸线宽带100公里的海岸带地区,全世界经济发展地区都与港口结合在一起,共生共荣。目前,全球六大城市群、产业带均分布在沿海、临港地区,分别位于美国的大西洋沿岸和五大湖区、日本太平洋沿岸、英国伦敦一侧、欧洲巴黎到阿姆斯特丹一线,充分说明了海洋经济和区域经济互动发展,海陆经济一体化的关系。

全球海洋战略的逐步实施,使各国对海洋经济、科技、资源、海权力量、海域使用等战略利益的竞争日益激烈,由此引发的海洋岛屿、国土、资源和海上通道等的国际争端不断出现,海洋权益维护已成为世界各国海洋战略的核心内容,海洋安全也成为世界各国国家安全的主要战略方向。习总书记明确提出要“维护国家海洋权益,着力推动海洋维权向统筹兼顾型转变”,强调要统筹维稳和维权两个大局，坚决维护海洋权益。“21世纪海上丝绸之路”战略构想的适时提出，也是中国积极应对国际海洋安全严峻形势的重要举措。

三、中国海洋经济发展中存在的问题

（一）海洋产业结构有待优化

海洋第一产业内部有待优化。中国作为全球主要的海洋渔业大国，海洋渔业一直是中国海洋经济的重要组成部分，为海洋经济的发展做出了巨大的贡献。当前，中国海洋渔业由于资源和环境问题面临困境，以科技为主导和支撑的海洋渔业现代化是中国海洋渔业摆脱发展困境的根本出路。目前，中国的海洋年捕捞量、海水年养殖量分别占世界海洋捕捞产量的15%左右和世界养殖总产量的70%以上。海洋渔业已成为中国海洋经济的支柱产业。2009年，中国海产品总产量有2 600万吨，自1989年后已连续20年名列世界第一。1992年以来，中国海水养殖产量居世界第一，是海洋渔业生产大国。海洋渔业已成为中国重要的基础性产业部门。但随着渔业资源的过度开发，长期以来追求产量，忽视环境承载能力的粗放型增长方式带来了一系列环境问题，海洋环境恶化、生态破坏问题日益严峻。与此同时，中国海洋渔业依然处于整个渔业价值链的低端，海洋渔业的产业结构亟需进一步升级优化。且在传统海洋捕捞业发展的同时，远洋渔业、休闲渔业和海水增养殖成为当今及未来发展的新趋势。随着资源和环境制约因素的加强，实现海洋渔业从传统向现代化的转变已经成为当务之急。

海洋产业中第三产业发展仍显不足。中国海洋经济的发展态势良好，自20世纪90年代以来，经过十多年的产业调整，海洋产业结构已初步形成了以“三二一”为序的海洋产业结构特征（见表5），2009年中国海洋产业三次结构比例为5.8∶46.4∶47.8，而到2010年中国海洋产业三次结构比例为5.1∶47.8∶47.1，又呈现出“二三一”的产业结构模式，但第二产业比重仅仅略大于第三产业。总的来说，近年来中国海洋产业三次产业结构基本上呈现“三二一”特征，但都未达到《国家海洋事业发展规划纲要》制定的海洋第三产业要达到50%以上的目标，第三产业发展仍显不足。从表3可以得出结论，2014年只有上海、福建、广东、海南第三产业比重达到了50%以上，其余沿海8省、市、区海洋第三产业比重均低于50%，离国家规划还有一定的距离。

目前中国海洋产业第二、第三产业产值基本持平，三产比重略大于二产，说明中国海洋第三产业存在很大的升级空间和发展前景，目前第三产业中，海洋交通运输业，滨海旅游业虽然有较大发展，占海洋产业总增加值的39.8%。但是与发达国家相比，在技术水平、管理水平及配套服务等方面还存在

表 5　全国海洋生产总值构成比例

年份	第一产业(%)	第二产业(%)	第三产业(%)
2001	6.8	43.6	49.6
2002	6.5	43.2	50.3
2003	6.4	44.9	48.7
2004	5.8	45.4	48.8
2005	5.7	45.6	48.7
2006	5.7	47.3	47.0
2007	5.4	46.9	47.7
2008	5.7	46.2	48.1
2009	5.8	46.4	47.8
2010	5.1	47.8	47.1
2011	5.1	47.9	47.0
2012	5.3	45.9	48.8
2013	5.4	45.8	48.8
2014	5.4	45.1	49.5
2015	5.1	42.5	52.4

明显差距,海洋金融服务、海洋物流服务、海洋工程技术服务、信息服务等高端服务业发展较为缓慢,海洋第三产业的发展质量和水平还有待进一步提升。

海洋新兴产业的增加值比重较小。海洋生物医药业、海洋电力业、海水利用业等海洋产业是极其具有生命力的新兴海洋产业,这类产业的快速发展能在很大程度上推动中国海洋产业转型升级,优化中国海洋产业结构。随着科学技术的进步,海洋新兴产业的地位与作用日益突出,大部分海洋新兴产业都是资金——技术密集型或技术密集型产业,其产品具有高附加值、技术含量高、资源消耗低等特点。而中国海洋第二产业内部发展不平衡,海洋产业中海洋新兴产业的比重较低,依托高新技术发展的滞后,技术水平不高。2010 年中国海洋第二产业占海洋产业增加值的 47.8%,但海洋新兴产业增加值不足不到海洋产业增加值总量的 10%,传统产业依然占据海洋产业的主导地位[7]。

(二) 海洋产业发展同构化明显

通过计算 2013 年的 11 个沿海省市区的海洋产业结构相似系数(见表 6),可以看出,大部分省市区间的产业同构系数值高达 0.9 以上,产业同构系数最高的达0.999,分别为福建和浙江,浙江和山东,最低的为海南和天津的 0.654,0.99 以上的就多达 13 对,分别为浙江和江苏(0.993),浙江和广东(0.996),浙江和福建(0.996),浙江和山东(0.995),浙江和辽宁(0.993),江苏和广东(0.997),江苏和山东(0.999),江苏和河北(0.998),广东和河北(0.991),广东和山东(0.994),福建和广东(0.991),福建和山东(0.990),福建和辽宁(0.997),山东和河北(0.996),而 0.9 以下仅有 8 对,说明海洋产业结构相似度非常高,产业同构化现象十分明显。

不同地区的区位、资源环境、产业基础等各具特色,如果产业同构化的问题得不到解决,将加剧各地恶性竞争,进一步恶化资源浪费、环境污染、发展效率低下等问题,深化地区发展不平衡、集中度低的双重矛盾,影响海洋产业的进一步发展。国家和各沿海省市区为了实现海洋产业持续健康快速发展,出台了一系列的政策措施,尤其是引领海洋产业的下一步发展方向的海洋经济发展规划,将对未来海洋产业的发展带来重要影响。

表6 2013年各沿海地区海洋产业同构系数

地区＼相似系数＼地区	上海	浙江	江苏	广东	广西	海南	福建	山东	天津	河北	辽宁
上海市	—	0.978	0.955	0.975	0.926	0.911	0.980	0.955	0.829	0.936	0.970
浙江省	0.978	—	0.993	0.996	0.981	0.898	0.999	0.995	0.912	0.985	0.993
江苏省	0.955	0.993	—	0.997	0.977	0.842	0.987	0.999	0.953	0.998	0.975
广东省	0.975	0.996	0.997	—	0.966	0.857	0.991	0.994	0.932	0.991	0.977
广西壮族自治区	0.926	0.981	0.977	0.966	—	0.900	0.982	0.985	0.911	0.973	0.988
海南省	0.911	0.898	0.842	0.857	0.900	—	0.918	0.860	0.654	0.814	0.940
福建省	0.980	0.999	0.987	0.991	0.982	0.918	—	0.990	0.893	0.976	0.997
山东省	0.955	0.995	0.999	0.994	0.985	0.860	0.990	—	0.946	0.996	0.983
天津市	0.829	0.912	0.953	0.932	0.911	0.654	0.893	0.946	—	0.969	0.872
河北省	0.936	0.985	0.998	0.991	0.973	0.814	0.976	0.996	0.969	—	0.964
辽宁省	0.970	0.993	0.975	0.977	0.988	0.940	0.997	0.983	0.872	0.964	—

数据来源：根据《中国海洋统计年鉴2014》计算得出。

（三）海洋产业集中度较低

海洋产业聚集有利于打破条块分割，优化海洋产业布局的空间；产业聚集能促进产业集中度提高、产业聚集力和带动力增强、产业可持续发展能力全面提升。通过特色鲜明、辐射面广、竞争力强的海洋产业聚集区和产业集群，进而形成各具特色、优势明显的海洋产业带，提升海洋经济整体竞争力。例如，天津滨海新区已经形成了七大主导产业和六大高新技术产业群，其中七大主导产业已经占到工业总产值的90%，对区域经济发展具有极强的带动作用[8]。但是总体而言，中国海洋产业布局较为分散，像天津滨海新区这样的集聚效应明显的区域较少。

一般认为，空间发展不平衡，容易在一定程度上产生空间集聚效应，集中度就应该较高，本文通过计算赫芬达尔-赫希曼指数（Herfindahl-Hirschman Index，简称HHI指数），从地区和主要海洋产业两方面衡量中国海洋产业的集中度，如表7所示，结果显示中国海洋产业的集中度无论从地区还是从主要海洋产业的角度都处于比较低的水平。

表7 中国11个沿海省市区及海洋产业的HHI指数

	HHI指数		HHI指数
全国(按地区)	0.191 5	海洋渔业	0.170 4
天津市	0.215 9	海洋油气业	0.450 1
河北省	0.155 3	海洋矿业	0.417 4
辽宁省	0.308 1	海洋盐业	0.396 5

(续表)

	HHI 指数		HHI 指数
上海市	0.414 0	海洋化工业	0.265 6
江苏省	0.194 9	海洋生物医药业	0.274 7
浙江省	0.180 7	海洋电力业	0.496 3
福建省	0.328 2	海水利用业	0.512 0
山东省	0.333 1	海洋船舶工业	0.171 0
广东省	0.200 3	海洋工程建筑业	0.249 1
广西壮族自治区	0.668 0	海洋交通运输业	0.206 0
海南省	0.410 1	滨海旅游业	0.177 7

资料来源：陈秋玲，于丽丽．中国海洋产业空间布局问题研究．经济纵横[J]．2014(12)：41-44

HHI 指数，用特定地区或者特定行业市场上所有企业的市场份额(用 S 表示)的平方和表示。HHI 指数处于从 0 到 1 的范围，表示从完全竞争市场到完全垄断市场，或者从地区完全均衡到地区完全垄断，其中如果市场中企业的规模或者地区规模均相同，HHI 指数等于 $1/n$，其中 n 表示地区或者行业个数。因此，HHI 指数的大小可以反映地区或行业集中度的情况，HHI 指数越小，集中度较低，反之，集中度越高。

$$HHI = S_1{}^2 + S_2{}^2 + \cdots + Sn^2$$

其中 n 代表企业个数，S 代表企业占有的市场份额。

按照地区来看，全国 HHI 指数不足 0.2，仅为 0.191 5，接近于完全竞争，说明整体上海洋产业的集中程度较低，中国的海洋产业还没有形成空间集聚。从各个地区来看，HHI 指数最高的是海洋经济发展水平最低的广西和海南，其中广西达到 0.668，超过了 0.5，集中度较高，海南为 0.41，集中程度也较高；其次，HHI 指数较高的为海洋经济发展水平较高的上海，达到 0.414，呈现出一定的集聚特征；大部分省、市、区 HHI 指数都很低，集中度较低，空间集聚程度不显著。

从主要海洋产业来看，中国海洋渔业的发展集中度最低，HHI 指数仅为 0.170 4，说明各地区均将其列为海洋经济发展的主导产业。此外，海洋船舶工业和滨海旅游业的发展集中度也较低，HHI 指数分别为0.171 0、0.177 7。海洋盐业、海洋矿业的 HHI 指数在 0.4 左右，海洋油气业的 HHI 指数接近 0.5，由于三者均受资源条件限制，导致其在资源条件好的地区发展的集中度较高。在海水利用业和海洋电力业上，海水利用业的 HHI 指数为 0.512 0，海洋电力业 HHI 指数为 0.496 3。海水利用业和海洋电力业是新兴产业，尚处于产业发展的初期，目前仅有少数地区着手发展，因此产业发展集中度较高[9]。

(四) 岸线资源利用效率低

由于中国的计划经济和"重陆轻海"政策影响，海洋产业结构性矛盾突出，海洋资源的开发利用率较低，资源浪费严重，规模优势还未形成，海洋经济的总体发展不能满足经济社会发展的需要。

一是沿海各省市区海洋产业岸线增加值率差异较大。如表 8 所示，目前，全国海洋产业岸线增加值为 2.14 千万元/公里，分别计算沿海各省市区的海洋产业岸线增加值率可以发现,沿海各省市区岸线增加值率差异较大。上海、天津的岸线增加值率远高于其他省市区,为21.42千万元/公里、46.09千万元/公里,与广西的0.94千万元/公里、海南的0.85千万元/公里等形成鲜明的对比,天津的岸线增加值率是海南的54.22倍。差异较大的岸线增加值率从一定程度上说明了沿海各省、市、区海洋资源利用率不一,广西、海南、浙江及辽宁的资源利用率低于上海、天津等省市区。

表8 2013年中国沿海各省、市、区海洋产业岸线增加值率

地　区	上海	浙江	江苏	广东	广西	海南	福建	山东	天津	河北	辽宁	全国
岸线增加值率	21.42	1.38	1.91	1.80	0.94	0.85	1.80	2.32	46.09	2.46	1.61	2.14

注:岸线产值率为每公里海岸线行业的增加值,岸线产值率单位:千万元/公里

二是港口重复建设。目前中国45个主要集装箱港口中,利用率低于70%的有21个,低于40%的有8个。根据相关规划,到2020年中国沿海港口中"亿吨大港"可能激增到36个,甚至更多。其中盲目兴建的港口一旦闲置,不仅浪费数据惊人,而且破坏的岸线资源将难以恢复。

三是港口利用效率低。中国港口普遍存在运力过剩的问题,各地区建设码头的计划过于庞大。有数据显示,大连港的利用率为78%,青岛港为68%,天津港为55%,厦门港的利用率仅有40%,运力过剩的现象较为普遍①。

(五) 区域间发展不协调

目前,中国11个沿海省市区的海洋经济发展都呈现出快速增长的态势,但各个区域之间发展很不协调。从整体上的看,海洋产业生产总值和海洋产业增加值地区发展不协调的现象十分明显。2013年,中国海洋产业生产总值54 313.2亿元,其中广东省、山东省和上海市分列前三位,三地之和高达27 285.5亿元,占全国的50.2%,超过二分之一,而与此同时,其他8个省市区的海洋生产总值占比仅为49.8%,比重相对较低,尤其是位列后两位的广西壮族自治区和海南省,两地产值仅为1 782.9亿元,占全国的3.3%;2013年,中国海洋产业增加值4 268.3亿元,位居首位的山东省海洋产业增加值为724.9亿元,占总增加值的18%,超过1/6;位列前三的广东省、山东省和天津市海洋产业增加值之和为2 116亿元,占总增加值的49.6%;位列后三位的广西壮族自治区、海南省和河北省海洋产业增加值仅占总增加值的9.1%,三地之和仅为广东省的二分之一(见图8)。

① 运力过剩部分大港口利用率仅过半。
http://www.moc.gov.cn/zhishu/zhuhangju/shuiluyunshu/gongzuodongtai/201110/t20 111 027_1091515.html

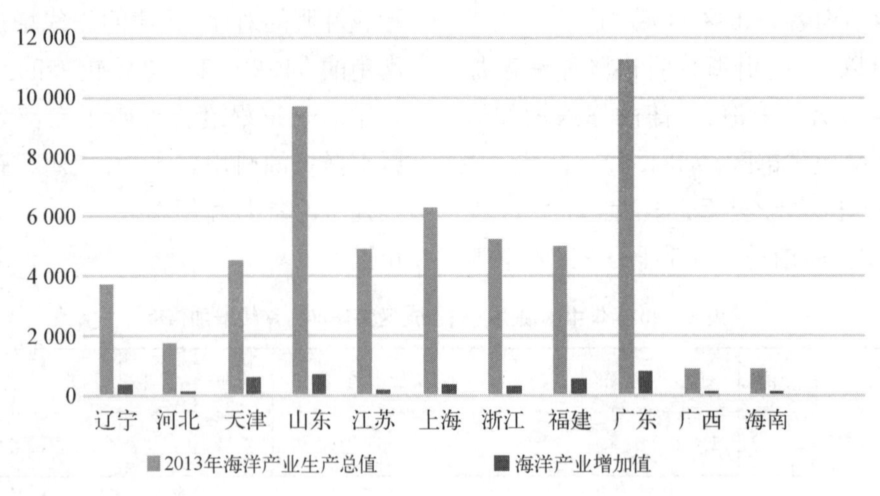

图 8 2013 年中国 11 个沿海省、市、区海洋产业生产总值与增加值(单位:亿元)

资料来源:根据《中国海洋统计年鉴 2014》整理

四、中国海陆经济一体化测度研究

(一) 海陆经济一体化评价指标体系

在指标选取上,遵循完整性、代表性、可获得性、有效性、系统性等原则,从海陆经济一体化的内涵和核心出发,利用频度统计法、理论分析法和专家咨询法,借鉴相关学术成果[10-19],从海陆经济规模、产业结构、经济效率和发展潜力四个方面来筛选评价指标,构建海陆经济一体化综合评价指标体系(见表 9)。

表 9 海陆经济一体化评价指标体系

指标				单位	指标含义或算法
海陆经济一体化评价指标体系	海洋系统	经济规模	海洋生产总值	亿元	地区海洋经济活动的总量
			海洋生产总值占 GDP 比重	%	海洋生产总值/国内生产总值 * 100%
			海洋产业增加值	亿元	海洋产业增加值
			集装箱吞吐量	万吨	国际标准集装箱运量
			涉海就业人数	万人	涉海就业人口总量
		产业结构	海洋第一产业占比	%	海洋第一产业/海洋生产总值 * 100%
			海洋第二产业占比	%	海洋第二产业/海洋生产总值 * 100%
			海洋第三产业比重	%	海洋第三产业/海洋生产总值 * 100%
			海洋产业结构高度化指数	%	(海洋一产占比+2 * 海洋二产占比+3 * 海洋三产占比)/100

（续表）

指标				单位	指标含义或算法
海陆经济一体化评价指标体系	海洋系统	经济效率	海洋生产总值与 GDP 的关联度		海洋生产总值与 GDP 灰色关联度
			海洋劳动生产率	万元/人	海洋产业增加值/涉海就业人数
			海洋产业增加值占 GDP 比重	%	海洋增加值/海洋总产值*100%
			海岸线经济密度	亿元/公里	海洋产业增加值/海岸线长度
		发展潜力	人均海岸线长度	米/万人	海岸线长度/总人口
			海洋自然保护区面积	平方千米	海洋所有类型保护区面积总和
			海洋科研课题数	项	海洋科研机构所有类型科研课题总数
			海洋科研从业人员占涉海从业人员比重	%	海洋科研机构从业人员/涉海就业人员*100%
			海洋科研从业人员	人	海洋科研机构从业人员总数
			海洋科研发明专利数	件	海洋科研机构拥有科技发明专利总数
			海洋科技经费收入	千元	海洋科研机构经常费收入总额
	陆域系统	经济规模	陆域生产总值	亿元	国内生产总值—海洋生产总值
			陆域生产总值占 GDP 的比重	%	陆域生产总值/国内生产总值*100%
			陆域固定资产投资总额	亿元	固定资产投资总额*(陆域生产总值/国内生产总值)
			陆域从业人员总数	万人	地区从业人员—涉海从业人员
		产业结构	陆域第一产业比重	%	(第一、第二、第三产业生产总值—海洋第一、第二、第三产业产值)/陆域生产总值*100%
			陆域第二产业比重	%	
			陆域第三产业比重	%	
			陆域产业结构高度化指数	%	(陆域一产占比+2*陆域二产占比+3*陆域三产占比)/100
		经济效率	陆域生产总值与 GDP 的关联度		陆域生产总值与 GDP 灰色关联度
			陆域经济密度	万元/公顷	陆域生产总值/地区陆域面积
			陆域劳动生产率	万元/人	陆域生产总值/陆域从业人数
		发展潜力	森林覆盖率	%	森林面积占土地面积的百分比
			人均水资源量	立方米/人	水资源量/地区人口总数
			人均耕地面积	公顷/人	耕地面积/地区人口
			人均公园绿地面积	平方米/人	公园绿地面积/地区人口
			陆域自然保护区面积	万公顷	自然保护区面积—涉海自然保护区面积
			陆域科研专利授权数	项	科研专利授权数—涉海科研专利授权数

明确要评价的对象海洋经济系统与陆域经济系统，以及要评价的表 9 中的指标，由于各指标量纲不同，首先进行离差标准化处理数据，接下来运用熵值赋权法确定指标权重。熵值赋权法通过对各指标间关联程度及指标提供的信息量确定指标权重，移动

程度上避免了主观因素带来的偏差,是一种客观赋权法[20],具体步骤本文不再累述。

(二)海陆经济一体化耦合协调模型

1. 耦合度模型

系统由无序走向有序的关键在于系统序参量的相互作用,耦合度正是对相互作用的度量,本文通过借鉴容量耦合概念及容量耦合系数模型,把海陆经济系统通过各自的耦合要素相互作用、彼此影响的程度定义为海陆经济一体化的耦合度。耦合度模型的计算公式如下:

$$C=\{(S_1\times S_2)/[\prod(S_1+S_2)]\}^{1/2}$$

式中:S_1、S_2 分别代表海洋和陆域经济系统综合发展水平,利用线性加权法对海陆经济系统综合发展水平进行评价。耦合度 $C\in[0,1]$,C 越大,子系统之间的耦合程度越大,系统之间的相互作用、相互影响的程度越高,反之亦然。根据耦合理论将海陆经济系统耦合划分为四种类型:① 当 $C\in[0,0.3)$ 时,海陆经济一体化处于低强度耦合阶段;② 当 $C\in[0.3,0.5)$ 时,海陆经济一体化进入中等强度耦合阶段;③ 当 $C\in[0.5,0.7)$ 时,海陆经济一体化进入高强度耦合阶段;④ 当 $C\in[0.7,1]$ 时,海陆经济一体化处于极高强度耦合阶段。

2. 耦合协调度模型

虽然耦合度能说明海陆经济系统之间的相互影响度,但为了反映海陆经济一体化的整体功效与协调发展水平,还需测定海陆经济一体化的耦合协调度,体现海陆经济一体化从无序走向有序的趋势。海陆经济一体化耦合协调度模型为:

$$\begin{cases}D=\sqrt{C\times T}\\T=aS_1+bS_2\end{cases}$$

式中:T 为海陆经济一体化综合评价指数,反映两者整体发展水平对协调度的贡献;a、b 为待定系数,由于海陆经济系统具有同等的重要性,因此均赋值为 0.5。耦合协调度 $D\in[0,1]$,D 值越大,海陆经济一体化的耦合协调发展水平越高,反之亦然。本文将耦合协调度由低到高分为四种类型:① 当 $D\in[0,0.4)$ 时,海陆经济一体化为低水平协调的耦合;② 当 $D\in[0.4,0.5)$ 时,海陆经济一体化为中度协调的耦合;③ 当 $D\in[0.5,0.7)$ 时,海陆经济一体化为高度协调的耦合;④ 当 $D\in[0.7,1]$ 时,海陆经济一体化为极度协调的耦合。

(三)中国海陆经济一体化实证分析

本文运用上述研究方法,引用 2007 至 2013 年的《中国海洋统计年鉴》、《天津统计年鉴》、《河北统计年鉴》、《辽宁统计年鉴》、《上海统计年鉴》、《江苏统计年鉴》、《浙江统计年鉴》、《福建统计年鉴》、《山东统计年鉴》、《广东统计年鉴》、《广西统计年鉴》、《海南统计年鉴》等公开的数据和资料,研究中国沿海地区(不包括香港、澳门特别行政区和台湾省)的海陆经济一体化耦合度和耦合协调度,具体包含 11 个沿海地域单元:天津市、河北省、辽宁省、上海市、江苏省、浙江省、福建省、山东省、广东省、广西壮族自治区、海南省。从时间上,由于随着中国海洋经济核算体系的成熟和完善,《中国海洋统计年鉴》的海洋经济核算口径从2006年发生变化,造成数据有效衔接的不足,目前最新的海洋统计年鉴到2013年,因此,研究的时间范围为2006至2012年。根据耦合度和耦合协调度的模型,计算结果见表10、表11。

表10 中国沿海地区2006至2012年海陆经济一体化的耦合度

	天津	河北	辽宁	上海	江苏	浙江	福建	山东	广东	广西	海南	全国
2006	0.430	0.495	0.500	0.436	0.500	0.500	0.496	0.480	0.488	0.441	0.499	0.479
2007	0.444	0.486	0.500	0.443	0.500	0.500	0.495	0.477	0.489	0.461	0.500	0.481
2008	0.448	0.484	0.497	0.443	0.497	0.500	0.496	0.480	0.491	0.466	0.499	0.482
2009	0.450	0.451	0.470	0.46	0.499	0.499	0.494	0.487	0.489	0.499	0.499	0.481
2010	0.463	0.443	0.495	0.475	0.499	0.497	0.499	0.492	0.496	0.480	0.485	0.484
2011	0.469	0.451	0.495	0.457	0.499	0.499	0.496	0.492	0.476	0.462	0.500	0.481
2012	0.479	0.499	0.496	0.467	0.493	0.495	0.499	0.492	0.496	0.461	0.491	0.488
年均	0.455	0.473	0.493	0.454	0.498	0.499	0.496	0.485	0.489	0.467	0.496	

表11 中国沿海地区2006至2012年海陆经济一体化的耦合协调度

	天津	河北	辽宁	上海	江苏	浙江	福建	山东	广东	广西	海南	全国
2006	0.374	0.311	0.384	0.478	0.402	0.398	0.390	0.466	0.521	0.296	0.364	0.399
2007	0.393	0.308	0.391	0.490	0.418	0.404	0.398	0.486	0.504	0.319	0.375	0.408
2008	0.360	0.306	0.371	0.496	0.452	0.403	0.393	0.482	0.528	0.334	0.408	0.412
2009	0.351	0.284	0.459	0.522	0.459	0.412	0.371	0.455	0.544	0.378	0.411	0.422
2010	0.380	0.297	0.432	0.546	0.445	0.429	0.397	0.447	0.525	0.354	0.472	0.429
2011	0.396	0.301	0.430	0.493	0.442	0.415	0.393	0.459	0.561	0.323	0.397	0.419
2012	0.420	0.404	0.428	0.490	0.429	0.422	0.380	0.451	0.507	0.349	0.433	0.428
年均	0.382	0.316	0.413	0.502	0.435	0.412	0.389	0.464	0.527	0.336	0.409	

1. 时序变化分析

据表12可知,2006至2012年中国沿海地区海陆经济系统的耦合度一直处于中强度耦合阶段,正在从中强度耦合向高强度耦合转变,但是提高的速度非常缓慢,仅仅从2006年的0.479提高到了2012年的0.488,说明两者耦合水平属于中等强度,相互作用的程度一般,关联性不够强,海陆经济一体化的程度不够高,更突出的是海陆经济一体化的进程极为缓慢。

2006至2012年,中国海陆经济系统的耦合协调度D呈现出阶段性和波动性的特征。海陆经济系统的耦合协调度稳步提高,由2006年的0.399提高到2012年的0.428,耦合协调从低水平协调的耦合,进入中度协调的耦合,2006年为低水平协调阶段,2007至2012年为中度协调的阶段,呈现出阶段性特点。海陆经济一体化的耦合协调度呈现一定的波动变化，如天津市、河北省耦合协调度虽然整体上依然为低水平协调，但是在2012年开始进入中协调；辽宁省、海南省整体上为中协调，但2006年为低协调，2008、2009年开始进入中协调；上海市2006年为中协调，2009年开始进入高协调，呈现出波动性提高的特征。

海陆经济系统耦合度和耦合协调度的时序变化主要受海陆经济系统综合发展水平的影响。2006至2012年，中国海陆经济系统综合发展水平整体呈逐年上升的趋势(见表12)，海洋经济系统的综合发展水平均高于陆域经济系统的综合发展水平，即 $S_1 > S_2$，说明海洋经济系统对系统耦合协调的功效贡献大于陆域经济系统，因此，海洋经济发展水平的高低对海陆经济系统相互作用程度有显著影响，海陆经济一体化程度受海洋经济发展水平的影响较大。

陆域经济发展从比较滞后型进入严重滞后型阶段，2006至2010年，属于陆域经济发展比较滞后型，2011、2012年属于陆域经济发展严重滞后型，陆域经济滞后海洋经济的程度不断加大。海陆经济系统综合发展水平之和，即 $(S_1 + S_2)/2$，仅仅从2006年的1.146提高到2012年的1.603，提高的程度较低，主要原因在于陆域经济系统综合发展水平几乎没有提高，一定程度上拉低了海洋经济系统综合发展水平带来的海陆经济系统相互作用、相互协调程度的提高，说明海陆经济一体化程度被陆域经济系统滞后拉低了。

表12　海陆经济系统综合发展水平及评价标准

<table>
<tr><th>年份</th><th>S_1</th><th>S_2</th><th>$(S_1 + S_2)/2$</th><th>S_1/S_2</th><th>S_2/S_1</th><th>S_1与S_2对比关系类型</th></tr>
<tr><td>2006</td><td>1.149</td><td>1.144</td><td>1.146</td><td>1.005</td><td>0.995</td><td rowspan="7">($S_1 > S_2$ 陆域经济发展滞后型)
($0.8 < S_2/S_1 < 1$ 陆域经济发展比较滞后型)
($0.6 < S_2/S_1 < 0.8$ 陆域经济发展严重滞后型)
($0 < S_2/S_1 < 0.6$ 陆域经济发展极度滞后型)
($S_2 > S_1$ 海洋经济发展滞后型)
($S_2 = S_1$ 海陆经济发展同步型)</td></tr>
<tr><td>2007</td><td>1.269</td><td>1.117</td><td>1.193</td><td>1.136</td><td>0.880</td></tr>
<tr><td>2008</td><td>1.319</td><td>1.211</td><td>1.265</td><td>1.090</td><td>0.918</td></tr>
<tr><td>2009</td><td>1.439</td><td>1.353</td><td>1.396</td><td>1.063</td><td>0.940</td></tr>
<tr><td>2010</td><td>1.541</td><td>1.366</td><td>1.454</td><td>1.128</td><td>0.887</td></tr>
<tr><td>2011</td><td>1.793</td><td>1.242</td><td>1.517</td><td>1.444</td><td>0.692</td></tr>
<tr><td>2012</td><td>1.896</td><td>1.311</td><td>1.603</td><td>1.446</td><td>0.691</td></tr>
</table>

研究期内，中国沿海地区海洋经济生产总值从2.1万亿元增加到2012年的突破5万亿，海洋经济迅猛发展，《可再生能源中长期发展规划》、《国家海洋事业发展规划纲要》、《海岛保护法》、《全国海岛保护规划》、《全国海洋功能区划(2011年—2020年)》等政策法规的陆续出台，为海陆经济的发展提供了政策支持，但是目前海洋经济占GDP的比重仍然不足(10%左右)，尤其是战略性新兴产业规模较小，同时，海洋政策体系中行业部门割裂现象依然普遍存在，由此带来的海陆产业重复布局同构化、海洋资源无序无度无偿开发、海洋生态环境污染和破坏等问题依然严峻，海陆经济系统进一步向协同有序方向发展仍有较大的提升空间。

2. 空间差异分析

据表 10 的测算结果,中国沿海地区海陆经济一体化的耦合度除个别年份个别区域(2006、2007 年的辽宁省和江苏省,2006、2007、2008 年的浙江省以及 2007 年的海南省)是高强度耦合外,其余全部是中强度耦合,耦合度的空间差异较小,几乎都处于中强度的耦合阶段,说明中国 11 个沿海地区海陆经济系统相互作用的程度均一般,海陆经济一体化程度普遍不高。

从表 10 可以看出,中国 11 个沿海地区耦合协调度 D 存在明显的区域差异,按照耦合协调度值的大小可以划分为三类:

① 高协调区域,耦合协调度值在 0.5 以上,包括上海市和广东省两个区域,占到区域总数的 18.2%。其中,广东省的海洋经济规模最大,2011 年海洋经济综合发展水平第一,2006 至 2012 年陆域经济综合发展水平均为全国第一;上海市的产业效率最高、产业结构最高级,除了 2011 年,海洋经济综合发展水平均居全国首位。

② 中协调区域,耦合协调度在 0.4—0.5之间,包括辽宁省、江苏省、浙江省、山东省和海南省五个地区,占到区域总数的 45.5%,近一半区域海陆经济系统耦合协调度属于中协调。

③ 低协调区域,耦合协调度值在 0.4 以下,包括天津市、河北省、福建省和广西壮族自治区,占到区域总数的 36.3%。天津市的陆域经济综合发展水平 2006 至 2012 年均为全国最低;河北省和广西壮族自治区的耦合协调度分别为 0.316 和 0.336,属于耦合协调最低的区域,河北省 2007 至 2011 年的海洋经济综合发展水平均为全国最低,广西的海洋经济综合发展水平 2006、2012 年为全国最低。

综合考虑耦合度和耦合协调度,以中国沿海 11 个省份为变量,2006 至 2012 年各地域单元子系统耦合度以及耦合协调度为个案,利用 SPSS 进行系统聚类分析,得到聚类结果树状图(见图 9),将它们的耦合阶段划分为 3 类。

① 磨合阶段。上海、广东和山东处于磨合阶段,其中上海和广东中强度高协调,山东为中强度中协调向中强度高协调迈进,海陆经济要素开始互相促进,但相互作用的程度亟需加强,这样经济发展才能继续走向良性耦合协调,进入协调阶段,可视为海陆经济一体化先行示范建设区。

这类地区海洋经济发展水平高,海洋生产总值位居沿海地区前三位,经济发展具有明显优势,人均生产总值位居全国领先地位;水和土地等陆域资源紧缺,人均拥有量较低,海洋经济对地区经济贡献度大,海洋生产总值占 GDP 的比重上海一直位居全国首位;海洋产业结构较为合理,一产比重较低,海洋二三产比重较高,产业结构高级化程度高;海洋科技实力雄厚。作为海陆经济一体化发展的先行示范建设区,通过试点推广其成功的体制、机制和经验,充分发挥排头兵的示范引领辐射作用,带领其他地区海陆经济一体化发展。

② 拮抗阶段。辽宁、江苏、浙江、山东和海南这五个地区耦合度属于中强度,协调度

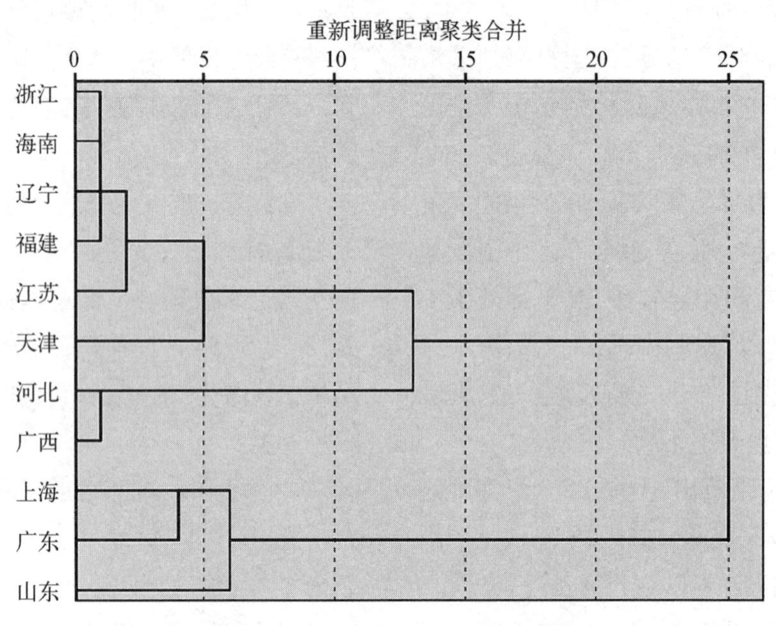

图 9 海陆经济一体化空间地域单元系统聚类树状图

也属于中协调,在时间上具有对应性;天津、福建处于中强度低协调向中强度中协调迈进,海陆经济一体化进入拮抗阶段,可以视为海陆经济一体化的重点核心建设区。

中国沿海一半以上地区,海洋经济发展水平较高,地区经济实力处于中等水平,海洋三产结构较合理,海陆经济耦合协调处于拮抗阶段,与上海、广东、山东相比还有一定差距,处于较高水平,存在较大的发展空间,可以作为海陆经济耦合协调发展的重点核心建设区,通过优惠政策引导海陆生产要素流动、科技创新助力海陆产业链条的提升和完善、法律法规保障海陆经济健康协调发展,不断提高海陆经济耦合协调发展水平。

③ 低水平耦合阶段。河北和广西处于中强度低协调的低水平耦合阶段,海陆经济系统相互影响、相互作用已经达到中等程度,但是协调程度依然较低,两者在时间上不具有对应性,没有实现良性共振,协调性极须加强,可以视为海陆经济一体化的后发优势建设区。这类地区海洋经济实力较低,尤其是广西海洋经济实力为全国沿海地区最低,必须充分发挥海洋经济发展的后发优势,主动承接先行示范建设区与重点核心建设区的海陆产业转移。

整体上看,中国沿海地区海洋经济系统与陆域经济系统相互作用、相互影响的程度较低,协调度也不高,且耦合度和耦合协调度在空间上不具有对应性,各地域单元区位、自然环境、资源禀赋、产业基础等各具特色,海洋经济区域不平衡普遍存在,如处于磨合阶段的上海、广东和山东,其海洋经济发展程度也较高,2011 年广东省的海洋生产总值占全国的五分之一以上,2010 年排名前三的广东省、山东省和上海市海洋生产总值占全国一半以上,而广西和海南两地之和不足3%,因此,海陆经济发展阶段、耦合协调程度存在差异。海洋经济在一定程度上可以说是陆域经济活动在海洋上的延伸,中国沿海地区海陆经济系统相互作用的程度不深,一方面,虽然海洋的资源和空间优势十分明显,但受自然条件、当前科技水平等的限制,开发利用程度依然不足;另一方面,陆域较长的开发时间虽积累了丰富成熟的开发经验,但由于大规模的海洋开发时间仍然较短,对海洋的重视程度不够,陆域经济在海洋上的延伸不够,海陆经济系统相互作用程度不高,要素流动的机制不健全,相互作用的进程较为缓慢。此外,传统海洋经济强区,广东、山东和上海虽然海洋经济规模较大,但海陆相互作用程度在综合考虑海陆经济规模、产业结构、经济效率和发展潜力四个方面的基础上,依然不够高。

五、中国海陆经济一体化发展策略

海陆经济一体化建设的战略、对策研究已经引起学术界和政府相关部门的关注和重视。一方面现有的研究逐步由区域层面、部门层面上升为国家战略层面,由区域海洋经济发展的单一视域上升为区域海陆经济一体化建设的全方位、多层次、综合性视域;另一方面,现有的研究已经注意到海洋资源的综合开发利用、海陆产业的综合联动等[21]。海洋产业产值仅占国民经济的一小部分,即使海洋开发再进一步深入,也不会占国民经济很大的比重,发展海洋经济绝非是把人口、生产力和其他经济要素由陆域向海域转移,也不是把海洋产业规模发展到超过陆域其他产业规模的程度,而主要针对海岸线漫长,海域辽阔,岛屿众多的实际,充分开发海洋资源,合理利用海洋空间,发挥沿海区位优势。海陆经济一体化发展就是进行统一规划、联动发展、产业链组接和综合管理,本文从海陆经济的联系本质出发,提出中国沿海地区海陆经济一体化发展可以从统一规划、协调管理、联动发展、创新机制、法律建设、政策支持等方面采用有力措施,促进海陆经济一体化建设的深入,为有关部门和区域开展海陆经济一体化建设提供理论支撑和决策参考。

(一)编制海陆统一规划,强化宏观引导与管制

在海陆经济一体化建设过程中,必须把海洋开发与陆域开发有机结合起来,把海洋开发与沿岸的陆地开发统一规划,是实现海陆经济一体化的政策保障。对于全国国土规划、主体功能区规划等大型综合性规划,切实贯彻陆海统筹的思想,对海洋国土强化其重要地位,纳入国家国土资源开发利用规划体系,构建海陆经济一体化的国土开发与管制框架体系。对于渤海、黄海、东海海域纳入沿海相应地区的范围进行统一规划,加

快编制《南海海上开放开发经济区规划》。从区域发展空间的角度来看,海陆经济的统一规划可以遵循"以海域和海岸带为载体,以沿海城市为核心,向远海和内陆发展,海陆经济一体,梯次推进"的原则[22],具体可采取"点、轴结合"的方式。

所谓"点",是指对沿海港口城市区域(或具体某一海湾)的海洋产业、陆域其他产业和临海产业的合理规划[23]。沿海港口城市是海陆经济一体化的枢纽,为海洋产业提供资金、技术、人才等各种要素支持,同时,又利用海洋资源优势和海陆产业的广泛关联,发展成为区域经济的增长极,对于港口城市的海洋产业、陆域产业和临海产业要进行科学合理的规划,避免混乱布局的矛盾。海湾及周边地区是个多种产业并存的经济体系,也是沿海地区海洋产业和陆域产业最密集的地区,如果缺少海陆统一规划必然产生一系列的矛盾。如大连湾海域在大窑湾港二期工程已开始实施的情况下,北岸又规划为别野区、居民文教区和商业混合区。港口作业区和仓储区将使海域成为三类海水区,而别墅居民区的娱乐用海应按人类直接接触用水标准;当然,居民区的规划也将限制港口库场用地的扩展。

所谓"轴",在中国主要包括两个"轴心"方向,一个方向是北起中朝边境的鸭绿江口,经辽宁、河北、天津、山东、江苏、上海、浙江、福建、广东、广西等省市区,到中越边境的北仑河口,全长约1.8万多公里的海岸带地区。海岸带是海陆衔接的地带,陆域成熟产业从海岸带向海洋延伸,同时,一些在海域完成生产过程的海洋产业,如海洋捕捞、海洋运输等,其陆上基地也布局在海岸带。海岸带集中体现了海洋与陆地经济系统的联系。依靠海洋优势,海岸带往往率先发展成为产业密集、人口集中、交通便利的经济增长带。

"轴"的另一个方向是从各沿海港口向内陆延伸的交通线。这些交通线犹如触角一般将海洋的影响延伸到陆域内部,从而用陆域的经济基础、技术力量和技术装备武装海洋产业,开发海洋产业的资源,拓宽海洋资源开发的广度和深度,以海洋经济的发展缓解陆域交通紧张、能源不足和水资源短缺等各方面的矛盾,最终实现海陆经济一体化建设[24]。如杭州湾跨海大桥的建成,大大缩短了浙江东南沿海与上海之间的时空距离,使宁波市可在更大范围、更高层次、以更优越的区位地理优势,融入上海国际大都市经济圈。因此,跨地区的海运、铁路、公路、内河、空运等交通网络建设,对广大腹地地区主动接收区域核心城市的辐射,优化提升海洋产业结构,改善投资和发展环境,大力吸引人口、产业的集聚,提高城市综合竞争力,促进区域新城市的崛起具有十分深远的积极作用。建议中国要统一规划建设跨地区的港口、铁路、公路、航空设施,建设内外通达的海陆空立体综合交通体系,着力构建快捷畅通的交通网络体系,配套完善的水利设施体系,安全清洁的能源保障体系和资源共享的信息网络体系,提高海陆经济区发展的支撑保障能力。比如打通沿长江、沿黄河、环渤海、珠三角流域高速铁路和高速公路新干线,进一步完善重点港口之间、城市之间、沿海与内地之间的交通网络体系，形成更便捷、更通畅的东中西部出海大通道，对于优化全国区域经济布局具有重大意义[10]。

遵循“点、轴结合”模式的基础上，加快制定专项规划，健全海陆经济一体化的规划体系，具体包括：首先，加快推进《国家建设用海规划》和沿海地区《区域建设用海规划》，与围填海计划结合；其次，落实《全国海洋功能区划》和沿海地区《海洋功能区划》的基础上，依托海岸线基本功能管制的核心地位，编制三级《海岸线保护与利用规划》，包括全国、沿海省市区、地级市；最后，依据全国海洋经济发展规划、沿海区域海洋经济发展规划，编制跨区域海洋经济发展规划和沿海地区海洋经济区域发展规划。

（二）增设协调管理机构，完善组织保障体系

海陆经济一体化发展涉及面广，在管理对象上既有海域又有陆域，海和陆是一个多领域、多系统、多层次组成的一个综合体，海和陆的管理必然也是多领域、多层次的管理，牵扯到众多的行业、部门和沿海地方政府，因此，对于政府来说，建立权威机构来进行海陆经济一体化是一个比较可行的办法[25]。目前，中国实行的是统一管理与分部门分级管理相结合的体制形式，同英国分散制海洋管理体制和美国集中式管理相比效果较差，存在缺少协调管理机制、浪费大量资金和自然资源等现象，此外，各管理部门有着不同的资源开发利用价值取向，造成各自为政、政出多门、管理部门界限模糊等一系列问题，因此，必须切实打破陆海分割、部门分割、区域分割，加强海洋行政部门的交流沟通，减少事务的交叉重复，深化管理体制改革，积极开展海洋综合管理试点，整合管理职能[26]，建立海洋综合协调结构进行统一协调和规划[27]。

在完善部门管理、明确各产业管理部门权限的基础上，形成三个层面的协调组织机构。第一层协调组织机构——国家海洋委员会，2013 年 3 月已经设立，由党中央、国务院、中央军委直接领导，中央各涉海部门组成，国家海洋局承担具体协调工作，作为中国高层次议事协调机构，具有权威的协调领导权。国家海洋委员会对于海陆经济一体化而言，其主要职责体现在：负责海陆经济一体化的战略指导和总体协调，负责研究制定国家海洋经济发展战略，统筹协调各沿海地区海洋经济发展规划与产业布局，统筹协调跨海区、跨行政区域的海洋经济发展重大事项，评估、指导、协调国家和沿海地区海洋经济发展。

第二层协调组织机构——省、部长联席会议，在国家海洋委员会下设成立，是国家海洋委员会实质性协调决策机构，由国家海洋局领导，国家海洋局局长、中央各涉海部委部长、沿海省市区省长、直辖市市长组成。省、部长联席会议主要在国家海洋委员会的授权基础上，协调解决跨海区、跨行政区域的海洋经济发展过程中出现的重大问题，比如海洋资源的开发利用、海洋污染的防治、沿海基础设施重复建设、沿海产业的不合理产业同构等问题。同时，定期汇报各沿海地区海洋经济发展、涉海产业发展等情况，辅助国家海洋委员会制定海洋经济发展战略规划。

第三层协调组织机构——各专题分委员会,由国家海洋委员会根据协调内容的不同吸收不同涉海部委成员下设成立,同时可以包括行业部门代表、涉海科研人员、企业代表和公众等各类人群,兼具执行和服务双重功能,主要负责对具体事宜进行日常协调,同时广泛吸纳多方意见,发挥公众参与的作用。

参照国家海洋委员会的模式,由省市区海洋管理部门牵头成立地方海洋管理委员会,协调地区海洋资源开发利用、海岸线合理布局等问题,全国要有统一的战略思路、统一的规划部署,采取综合措施,加强管理,保证海陆经济一体化的快速发展。各部门既要各司其职,充分发挥本部门在海陆经济一体化建设中的作用,又要树立全局观念,通力合作,形成积极有效的部门间工作协调机制[28]。

(三) 加快基础设施建设,促进生产要素海陆流动

现代产业的发展是以生产专业化不断增强,行业分工和地域分工不断细化为特点的,因此,生产要素能否在产业之间、地域之间合理高效流动,成为现代产业发展的主要影响因素。海陆生产要素统筹配置,将物流、人流、资金流等资源要素,按照效益最大化的原则,进行海陆双向合理配置。为此,要加快基础设施建设,为生产要素的合理流动提供保障。

加强沿海港口城市基础设施的发展定位。以沿海港口城市群作为依托,构筑基础设施支撑体系,吸引海洋经济要素在内陆地区的扩散和交流,为发展海洋经济搭建海陆经济一体化发展平台。按照统筹规划、合理布局、适度超前、安全可靠的原则,紧紧抓住当前扩大内需的有利时机,加强基础设施和公共服务体系建设,推进基础设施一体化发展。统一规划建设港口、铁路、公路、航空设施,建设内外通达的海陆空立体综合交通体系,进一步完善重点港口之间、城市之间、沿海与内地之间的交通网络体系,总体来看,基础设施的建设主要包括两个层面:

一是沿海港口城市之间的联系通道。2015 年 4 月,国家发展改革委、外交部、商务部联合发布了《推动共建丝绸之路经济带和21 世纪海上丝绸之路的愿景与行动》,“一带一路”建设顶层设计规划出台,这份“一带一路”路线图强调重点布局上海、天津、宁波-舟山、广州、深圳等 15 个沿海城市港口,它们作为基础设施建设的重头戏,将成为昔日海上丝路传承与推进的突破点。在顶层设计规划的引导下,各省应根据具体情况因地制宜积极建设滨海大道,加强港口城市间的联系通道,不断提高公路等级,加快高速公路建设,不能让陆路运输成为生产要素流动的制约,通过积极协调交通、港口等基础设施的建设布局,促进海陆生产要素的自由流动。

二是打通沿海经济带和经济腹地之间的联系通道。加强港口的基础设施建设,完善信息平台,提高港口运行效率,增加吞吐量,优化进出港货物结构。加强港口集疏运体系建设,使到港货物快速、高效地到达经

济腹地的产业区，提高沿海经济带和经济腹地联动发展的效率。充分利用港口城市区位优势和政策优势，加大港口、海岸带地区对腹地的辐射力度，推进沿海经济带重点工业园区的开发开放，进一步加强与腹地城市的协调互动，推动沿海港口间的互补合作，全面提高航运、物流等服务能力和水平。充分发挥港口城市的辐射带动作用，构筑腹地对外开放平台，促进生产要素自由流动、合理配置。充分发挥东部沿海地区对全国经济的拉动作用，促进生产要素合理流动，引导沿海产业有序转移。

（四）大力发展临海产业，建设海陆经济物质纽带

临海产业是适应客观反映海洋资源开发状况，20世纪六七十年代在政府行为引导下形成的发达经济景观。从世界范围看，日本和西欧发展的最为典型，日本经济在一定意义上说就是临海经济。在日本漫长的海岸线上，经济最发达的“三湾一海”①，长达1 000千米的海岸，基本上都建成了人工海岸，到1975年，全世界吞吐量在1亿吨以上的特大港口有10个，而日本竟占了5个，东京湾内就有3个；整个东京湾港口群吞吐能力已达5亿吨以上。占日本钢铁总产量96%的14个大型钢厂，都建在临海区，石油化学工业全部建在临海工业地带。临海产业介于海洋产业与陆域产业之间，非常适于以海岸带地区作为发展基地[29]。

临海产业就行业而言，一般是指介于海洋产业和其他陆域产业之间，需要依托海洋空间和其他海洋资源而发展起来的产业部门；就区域而言，一般是指在海岸开发的基础上发展起来的某些特别适于海岸带空间作为发展基地的产业[30]。具体包括利用海运原料和产品的工业，即港口工业，如沿海钢铁工业、沿海经济技术开发区的外向型加工业等；利用海域空间的企业，如修造船工业、海洋开发设备制造业和筑港工程设施等；可大量用海水做冷却水的企业，如海盐化工业、港口电站、滨海核电站及其他耗水工业[31]。

临海产业在海陆经济发展中通常具有两种功能：一方面通过临海产业这个载体，把海洋资源的开发利用及海洋优势的发挥由海域向陆地转移和扩展，把海上生产同陆上加工、经营、贸易、服务结合起来，通过发展与海洋产业相关的陆域产业，延伸产业链[32]，拓宽海洋资源的开发范围；另一方面，促使陆域资源的开发利用及内陆的经济力量向沿海地区集中，扩大海岸带地区经济容量，把陆域经济、技术和设备运用到海洋资源开发中，合理利用海洋空间，发挥沿海区位优势。这两种功能的结果是把海洋资源的开发与陆地资源的开发、海洋产业的发展与其它产业的发展有机地联系起来，促进海陆经济一体化的建设[33]。

临海产业是海陆经济系统之间关联的重要纽带，是近现代以来引领沿海地区国家

① 日本“三湾一海”指东京湾、伊势湾、大阪湾、濑户内海。

和地区快速发展的经济引擎,其旁侧效应和关联效应是沿海城市快速发展的关键[34]。临海产业是融合海陆空间、资源和技术等优势的主要经济形态,是推进海陆经济一体化发展的基本目的和首要任务[33]。海陆经济一体化从本质上讲就是在开发海洋资源的同时,充分利用临海区位优势和海洋的开放性,发展临海产业,形成资金、技术、资源由陆域向海域,由海域向陆域的双向互动。一方面陆域产业利用其资金技术优势在海岸带建立海洋开发基地,进行海洋资源开发和海洋资源加工,实现陆域产业向海洋延伸;另一方面,海洋资源优势通过临海产业的建立向陆上扩散,弥补陆地自然资源的不足。陆域资源与海域资源优势互补,共同促进沿海地区的发展[25]。

按照钱纳里·赛尔昆的多国模型理论划分,目前,中国沿海地区总体已处于工业化中后期发展阶段。而这一阶段正是加速经济结构向重型化转变的大好时机,再加上当前石化、能源、钢铁等原料价格上扬,国际市场需求巨大。因此,应该把发展临海产业作为战略支撑点之一,加快在沿海走廊的重化工业布局。中国临海产业在青岛、大连等沿海港口城市均有一定规模[35]。

为此,应当强化临海产业导向要求,将产业发展导向与空间区块布局有机结合起来,按照推进科学发展、加快转变经济发展方式、建设现代海洋产业体系的要求,统筹三次产业关系,立足区域比较优势,明确产业定位和培育重点,突出发展涉海现代服务业、海洋新兴产业、临港先进制造业和现代海洋渔业等,合理安排重大产业项目的布局和推进时序,实现差别化竞争、特色化发展。

一要充分利用沿海经济带港口优势、区位优势,加快发展临海工业;二是提高海洋产业素质,包括结构状况、组织方式、技术水平、技术创新和新产品开发能力,企业自我积累和自我发展能力及经营管理水平。具体而言,就是要实现产业高加工度化、高技术含量化和高附加值化,提高海洋产业在市场的竞争地位。迅速提高海洋产业素质,应遵循以发展大企业集团的组织结构调整为中心,大力推动产业重组,促进资源向优势企业集中;并充分发挥大企业集团的规模经济效益,增强企业集团的技术进步功能、组织协调功能、市场营销功能和融资扩张功能,以此创造一批国内国际市场有较强竞争力、较高知名度的拳头产品,并推动一批高素质的支柱产业的形成。

(五)推进港口腹地一体化,打造联动发展平台

根据点轴开发模式,港口是海陆经济的重要接点,依靠的是庞大的货物吞吐能力,以及由此带来的人流、物流、资金流、信息流和商品流的集中,充分发挥港口的区位和政策优势,依托港口和港口产业链,可以衍生出许多港口服务行业和临港工业园区,通过建立保税区、物流园区和临港工业基地,促进物流、航运服务业、船舶制造、海洋工程装备、石化、钢铁等相关产业发展,使港口成为区域经济的一个增长极,同时促进产业链迅速向内地延伸,形成沿海产业带,并起到带

动、辐射广大腹地和内陆地区经济的作用。各国的经验表明,“大型港口—临港工业密集带—沿海城市化”是海陆经济一体化的一个有效实现途径。

“港口——腹地”地域单元组合体包括港口、港口城市、腹地中的各地区等子区域,各个子区域分别有着不同的资源禀赋条件、发展基础、经济特征、比较优势,在区域整体发展中分别有着最适合于自己的角色分工、发展方向和发展重点[36]。全国现在共有环渤海、长三角、东南沿海、珠三角和西南沿海5个港口群30多个港口,各港口的发展定位要与其腹地辐射范围、临港工业的发展等相联系,努力实现港口群内各个港口错位发展,避免内部过度竞争。

根据港口主体区和联动区在发展阶段、产业结构上的差异性,以海洋产业链为纽带,以海洋产业配套协作、产业链延伸、产业转移为重点,优化海陆资源配置,借鉴日本建立9大沿海地区产业集群和欧盟建立“多产业海洋群集区”、区域性“海洋优秀中心”的成功经验,在港口—腹地联动区建设一批海洋产业联动发展示范基地,如山东半岛蓝色经济区、浙江海洋经济发展示范区的海岸带综合开发区,坚持高起点规划,推进港口——腹地一体化,产业与临海城市功能融合(以产业带就业,以城市建设支撑经济发展),推进全国经济布局从“陆地时代”转向“海陆并进时代”[10]。

海洋产业联动发展示范基地通过海洋产业的空间集聚,使企业获得由专业分工所带来的利益,增强产业的竞争力;通过交通、物流、能源等基础设施的配套和技术创新,可以提高陆海资源综合利用效率和经济效益;通过产业链的延伸,辐射和带动相关陆域产业。由于海洋产业对于海洋资源的依赖性,海洋产业联动发展示范基地的建设要结合当地的海洋资源条件。例如东海及周边海域石油天然气资源储量较大,浙江省建设大型的油气综合开发产业化基地,大力推进石油化工等油气下游产品的综合开发,带动了配套项目和相关产业的发展。依靠丰富的地下卤水资源,山东潍坊建立了以海洋化工业为主的滨海开发区,现已汇集海洋化工企业上百家,海盐及纯碱产量约占全国三分之一,带动了周围滨海项目区、旅游区和港口工业区的建设,沿海岸线分布的海洋经济带正迅速形成。

从产业角度上讲,港口具有广泛的前向关联和后向关联效应。港口相关业务包括船代、货代、外供服务、港口集疏运、临港工业、信息、金融、保险、餐饮、旅馆、修造船、加工保税等,这些业务对劳动力的吸收能力都很强,都能为城市创造大量的劳动力需求。鼓励政府搭建港口与内陆城市的就业联动平台,建立港口相关业务专业培训机构,将陆域劳动力资源转化为高素质的港口人才资源,利用港口业务门槛较低及吸纳量大的特点,解决内陆腹地的就业问题[37]。

促进港口腹地一体化,可以从以下几方面进行:首先要制定统一的港城发展规划和政策,打破产业条块分割,港城主管部门分离、各自为政现象,摒弃画地为牢,自觉地统一步调,建立综合的港城管理政策和高效的港城服务体系。其次要制定完善支持口岸经济和临海产业快速发展的政策支持体系,主要包括港口建设政策、港口经营政策、航运服务体系政策、临海产业政策、港区一体化政策、外汇管理政策等;支持和鼓励港口企业进入资本市场,多渠道、多途径、多形式吸纳增强资金,加快港口的重点工程建设;争取国家政策支持,把保税区的优惠政策延伸到港口,使进港货物也能像保税区一样,享受"境内关外"的优惠税收政策,这样就可吸引大量的货物从港口进出,从而增加货物的吞吐量,增加仓储和装卸收入。第三要加速培育适合港城经济互动的区域运行机制,理顺产业与产业、政府与企业之间的关系;明确政府在计划、投资、财政、金融方面的调控职能,构成共同发展良性循环的基石;政府在政策上对地区经济的发展进行支持,使其在一个比较宽松的环境中稳步增长,推动港城经济互动。通过港口与城市融合发展,将临港产业、海洋产业及其他陆域产业的发展有机地结合起来,促进海陆产业联动和海陆经济一体化[38]。

(六)创新发展机制,实施科技兴海战略

海洋经济系统发展具有技术水平要求高、经济发展中面临的风险大的特点,且陆域经济系统"向海化"或者说"海洋经济化"的关键是陆域经济系统的技术的"向海化"和"海洋经济化"。因此,创新发展机制,推进海洋科技持续进步和创新是海陆经济一体化、海陆生产要素在海、陆经济系统中合理和高效流动的关键,也是政府发展海洋经济系统的关键。从而,政府应大力实施"科技兴海"战略。

海陆产业在技术上存在很强的关联性,并且相互促进、相互依赖。先进的科学技术在海陆产业之间互相传播转移,陆域经济中先进研发技术应用于海洋领域,加速了海洋新兴产业的兴起与发展,而海洋高新科技的产生和新兴产业、新兴产品的推广,又反过来促进了陆域经济的科技进步和相关产业的发展。技术在海洋与陆域产业之间的传播与应用,使产业活动从陆域延伸到了海洋,同时海陆相关产业的建立与发展,加强了海陆产业的技术合作。因此,建立海陆一体、相互促进的科技创新体系是促进海陆互动发展的重要保障。

要建立完善的政策决策机制,制定高效率、有吸引力的投资机制和人才引进机制,创新经营机制。实施海陆经济一体化发展,必须大力推进科技兴海战略,鼓励高新技术的推广,改进工艺,提高产品质量和档次,通过高品质的服务,提高海洋产品的综合附加值。为此要做到:一是增加海洋科技含量,建立合理优化的生产模式;二是要集中智力、财力和物力以加强研究力量,形成政府、科研机构和产业三位一体的联合开发体系;三是要合理配置海洋人才的知识结构,以适应新形势下海洋产业持续稳定的发展需要[39]。

整合海陆科技资源,一是要改革科技体制。对涉海型综合科技机构进行结构性调整,集中海洋科技力量,推动环渤海沿海经济带的海洋院校、海洋研究所及研究中心的

发展,建立精干的海洋科研体系、海洋技术开发体系、海洋信息服务体系,增强海洋科技综合实力。二是帮助海洋落后省市进行海洋科技人才资源整合。对海洋技术落后的省市,通过外聘、兼职等多种形式引进先进省市的海洋科技人才,充分利用外地科技力量,发展本地海洋科技。三是跨行业海陆科技资源整合。对于涉及海陆两方面研究领域的科研项目,要整合多学科、多领域的科研力量,联合攻克。四是要实现海陆科技信息共享。环渤海各沿海省市可以建立综合信息共享平台,对于大型科研设备仪器与试验基地、科技文献、科学数据和网络科技环境等方面进行资源共享,促进海陆科技信息的交流与合作。五是要创新产学研结合机制。企业应注重与科研机构、科研院校的科研合作,给予相应的科研配套支持,引进先进的科研成果,增加企业发展的科技支撑力量[40]。

科教兴海是中国海陆经济一体化建设的重要支撑。要加强海洋科技创新综合性平台、专业性平台和科技成果转化推广平台建设,完善现代海洋教育体系,加强重点学科建设和海洋职业技术教育,加快海洋创新型人才队伍建设,努力建设具有国际先进水平的海洋科技、教育、人才体系,增强海洋科教对海洋经济发展的支撑引领作用。

科技经费保障并支撑着科学技术的发展进步,海陆科技经费投入不足,严重制约了海陆科技的发展。因此必须改革投融资机制,加大海陆科技经费的投入。一要增加地方财政拨款,并制定相关政策,引导鼓励企事业单位、社会团体和个人参与海陆科技经费的投入。二要设立海陆科技创新专项奖励资金,鼓励海陆科技创新,推动科技加快发展。

(七)完善法律法规体系,加强法制保障

海岸带是海陆经济互动发展的空间载体,因此对海岸带资源的使用和保护必须通过法律手段实施综合管理,只有依法行事,合理开采利用资源,才能提高海陆综合经济效益的同时实现经济的可持续发展。法律法规体系是指由现行的海洋基本法、综合性管理法律法规、区域性管理法规、单项或专项的行业法规等按照一定的原则组成的相互联系、相互制约的有机整体[41]。涉海法律及制度的实施,为全面推进海域使用管理,加强海洋环境保护,实现海洋经济持续、快速、协调、健康发展提供了有力的法制保障。

改革开放以来,为保障海洋经济持续、快速、协调、健康发展,满足海洋事业发展和海洋管理的需要,国家不断健全和强化海洋立法和管理体系,先后颁布了《中华人民共和国领海及毗连区法》、《中华人民共和国专属经济区和大陆架法》、《中华人民共和国海洋环境保护法》、《中华人民共和国海域使用管理法》、《海岛保护法》。这期间还制定并颁布了《中华人民共和国海上交通安全法》、《渔业法》、《中华人民共和国港口法》等法律及配套法规。为加强海洋开发秩序的管理,健全海洋管理制度,国家还相继发布了《中华人民共和国海洋石油勘探开发环境保护管理条例》、《防止船舶污染海域管理条例》、

《中华人民共和国海洋倾废管理条例》、《铺设海底电缆管道管理规定》、《中华人民共和国涉外海洋科学研究管理规定》、《防治海洋工程建设项目污染损害海洋环境管理条例》、《中华人民共和国防治陆源污染物污染损害海洋环境管理条例》、《海洋观测预报管理条例》、《自然保护区条例》、《基础测绘条例》等专项海洋行政法规。2007 年全国人大审议通过《中华人民共和国物权法》,明确了海域使用权属用益物权,依法取得的海域使用权受法律保护,确立了使海域物权的法律地位[42]。

沿海省市区相继出台了一批配套的海洋法规和规章,地方性的行政法规主要分为海域使用类和海洋环保类,海域使用类包括各省海域使用管理办法(条例),如大连、青岛、厦门海域使用管理条例,海洋环保类包括《辽宁省海洋环境保护办法》、山东、浙江、江苏、福建海洋环境保护条例等。总体上来看,虽然中国的涉海法规并不完善,尚未形成完整的涉海法律法规体系,因此,必须建设完善的涉海法律法规体系,做到用海、管海、护海有法可依[40]。

根据中国涉海法律、法规的性质、作用、适用范围和法律效力的不同,可对中国海洋法律体系的基本框架结构作如下设想:第一层是《宪法》和《海洋基本法》,通过《宪法》修订,将"海洋"写进《宪法》,在《宪法》国家根本大法中增加有关海洋战略、海域物权、海洋资源开发和海洋环境保护等方面的内容,弥补《宪法》中对海洋的规定的缺失,提升海洋在国家战略中的地位;颁布《海洋基本法》,对于将海洋统筹协调管理、海洋资源环境保护、国际海洋安全及权益维护等方面进行全面规定,提升"海洋强国"的国家地位。

第二层是关于中国海洋权益的法律,包括《领海和毗连区法》、《专属海洋经济区和大陆架法》。第三层是关于海洋资源的开发利用、交通运输、环境保护、科学研究等的法律,包括《渔业法》、《矿产资源法》、《海洋环境保护法》等。第四层是为实施上述法律而制定的行政法规、部门规章、条例等规范性文件,如《海域使用管理条例》、《海洋开发管理条例》和《海洋环境保护条例》等。最后一层是地方性法规和规章。

中国的法律法规与美日等海洋强国类似法律相比缺乏可操作性,没有明确具体实施部门,如没有明确海上执法的主体力量,没有明确哪些具体活动是违反中国法律法规的,也没有明确对违反中国法律法规的具体处罚措施等。因此,对中国海洋的法律法规必须尽快制定实施细则,加强海洋规划和海域使用管理,提高海洋资源配置水平[43]。

参考文献

[1] 刘大海,纪瑞雪,邢文秀. 海陆资源配置理论与方法研究[M]. 北京:海洋出版社,2014.

[2] 倪国江,鲍洪彤. 美、中海岸带开发与综合管理比较研究[J]. 中国海洋大学学报(社会科学版),2009(02):13 - 17.

[3] 徐敬俊. 海洋产业布局的基本理论研究暨实证分析[D]. 中国海洋大学,2010.

[4] 陈秋玲,于丽丽. 我国海洋产业空间布局问题研究[J]. 经济纵横,2014(12):41 - 44.

[5] 郑晓美. 广东省海洋功能区划对海洋产业布局的优化[J]. 海洋信息,2012(02):64 - 68.

[6] 李文荣. 海陆经济互动发展的机制探索[M]. 北京：海洋出版社，2010.

[7] 宋瑞敏，杨化青. 广西海洋产业发展中的金融支持研究[J]. 广西社会科学，2011(09)：28－32.

[8] 戴学来. 滨海新区在环渤海区域中的比较优势[J]. 天津经济，2005(08)：15－17.

[9] 赵昕，余亭. 沿海地区海洋产业布局的现状评价[J]. 渔业经济研究，2009(03)：11－16.

[10] 孙加韬. 中国海陆一体化发展的产业政策研究[D]. 复旦大学，2011.

[11] 黄瑞芬，王佩. 海洋产业集聚与环境资源系统耦合的实证分析[J]. 经济学动态，2011(02)：39－42.

[12] 孙才志，高扬，韩建. 基于能力结构关系模型的环渤海地区海陆一体化评价[J]. 地域研究与开发，2012(06)：28－33.

[13] 滕欣. 海陆产业耦合系统分析与评价研究[D]. 天津大学，2013.

[14] Morrissey K, O Donoghue C. The role of the marine sector in the Irish national economy：An input — output analysis[J]. Marine Policy, 2013，37(0)：230－238.

[15] 刘伟光，盖美. 耗散结构视角下我国海陆经济一体化发展研究[J]. 资源开发与市场，2013(04)：385－389.

[16] 盖美，刘伟光，田成诗. 中国沿海地区海陆产业系统时空耦合分析[J]. 资源科学，2013(05)：966－976.

[17] 李健，滕欣. 天津市海陆产业系统耦合协调发展研究[J]. 干旱区资源与环境，2014(02)：1－6.

[18] 周乐萍. 基于海陆经济一体化的辽宁省海陆经济协调持续发展评价及演进特征分析[J]. 经济与管理评论，2015(02)：138－145.

[19] 陈秋玲，于丽丽. 中国海陆一体化理论与实践研究动态[J]. 江淮论坛，2015(03)：60－66.

[20] 吴玉鸣，张燕. 中国区域经济增长与环境的耦合协调发展研究[J]. 资源科学，2008(01)：25－30.

[21] 刘广斌，张义忠. 促进中国海陆一体化建设的对策研究[J]. 海洋经济，2012(02)：11－17.

[22] 浙江大学贺武宁波理工学院刘平. 海陆一体化视角的海洋产业发展[N]. 光明日报.

[23] 董晓菲，韩增林，王荣成. 东北地区沿海经济带与腹地海陆产业联动发展[J]. 经济地理，2009(01)：31－35.

[24] 卢宁. 山东省海陆一体化发展战略研究[D]. 中国海洋大学，2009.

[25] 李军，张梅玲. 海陆资源协调开发的国内比较与启示[J]. 山东社会科学，2012(05)：139－143.

[26] 杨荫凯. 陆海统筹发展的理论、实践与对策[J]. 区域经济评论，2013(05)：31－34.

[27] 葛雪，王任祥. 从“海陆经济一体化”视角探析国外港口发展海洋服务业的经验[J]. 宁波工程学院学报，2013(02)：28－32.

[28] 王磊. 天津滨海新区海陆一体化经济战略研究[D]. 天津大学，2007.

[29] 栾维新. 发展临海产业实现辽宁海陆一体化建设[J]. 海洋开发与管理，1997(02)：34－37.

[30] 栾维新. 海陆一体化建设研究[M]. 北京：海洋出版社，2004.

[31] 徐质斌. 陆海统筹、陆海一体化：经济解释及实施重点：海陆经济一体化和可持续发展——2008 中国海洋论坛，中国浙江象山，2008[C].

[32] 严焰，徐超. 海洋高技术产业海陆交汇产业链构建及评价[J]. 科技进步与对策，2012(23)：60－64.

[33] 李锋，刘容子，齐连明，等. 环渤海区域海陆一体化发展对策研究[J]. 海洋开发与管理，2009(05)：82－85.

[34] 晏维龙，孙军. 海洋经济崛起视阈下我国

产业结构演变及空间差异[J]. 社会科学辑刊,2013(04): 81 - 86.

[35] 李军. 海陆资源开发模式研究[D]. 中国海洋大学,2011.

[36] 郎宇,黎鹏. 论港口与腹地经济一体化的几个理论问题[J]. 经济地理,2005(06): 767 - 770.

[37] 栾维新,王海英. 论我国沿海地区的海陆经济一体化[J]. 地理科学,1998(04): 51 - 57.

[38] 韩增林,郭建科,杨大海. 辽宁沿海经济带与东北腹地城市流空间联系及互动策略[J]. 经济地理,2011(05): 741 - 747.

[39] 秦月,秦可德,徐长乐. 流域经济与海洋经济联动发展研究——以长江经济带为例[J]. 长江流域资源与环境,2013(11): 1405 - 1411.

[40] 高扬. 基于能力结构关系模型的环渤海地区海陆一体化研究[D]. 辽宁师范大学,2013.

[41] 杨先斌. 完善中国海洋法律体系的思考[J]. 法制与社会,2009(10): 22 - 23.

[42] 刘川. 海洋战略规划法律法规体系逐步完善[N]. 中国海洋报.

[43] 董楠楠,钟昌标. 发展循环经济促进陆域经济与海域经济协调发展研究[J]. 生产力研究,2009(17): 95 - 96.

(执笔: 上海大学经济学院,
于丽丽　尤瑞玲　陈秋玲)

中国海陆一体化理论与实践研究动态

摘要： 随着中国“海洋强国”战略的实施，海陆一体化将随着中国海洋经济的发展成为研究的核心领域和主体方向，及时梳理中国海陆一体化的理论与实践研究，对于中国海洋经济的发展、海洋政策的制定具有深远意义。通过研究海陆一体化现有文献发现，研究内容主要集中：海陆一体化的内涵理论研究、实证分析、海陆产业关联研究、海陆污染一体化防控与可持续发展等方面。中国海陆一体化理论研究尚处于起步阶段，无论是数量还是质量都亟需加强；中国海陆一体化研究内容分散且以实证为主，研究的系统性和深度亟需加强；定性分析较多，定量研究较少，亟需加强定量研究的广度和深度。

关键词： 中国　海陆一体化　理论研究　实证研究

20 世纪 60 年代以来，随着全球资源能源供应短缺、环境污染加剧和人口迅速膨胀的矛盾日益突出，海洋的开发利用日益成为全球关注的焦点。随着对海洋开发的深化，海陆间资源互补、产业互动、经济互联的程度将越来越强，海洋资源优势在与陆地经济联动发展中才能得到充分发挥，只有“跳出海洋发展海洋”，充分调动海、陆两个巨系统产生 1+1>2 的能量，才能产生最佳的经济社会效益，实现资源的最优化配置，因此，海陆一体化将成为发展的必然。

中国早在 1990 年代编制海洋开发保护规划时就提出海陆一体化的原则，但理论研究相对滞后于发展实践，随着“十二五”规划提出海陆经济一体化的海洋战略思想，国内学者开始逐渐意识到海陆一体化研究的必要性和紧迫性，但研究中存在着重应用、轻理论的问题。随着党的十八大正式提出“建设海洋强国”，标志着中国开始实施从偏重陆地走向海陆兼顾的“由陆及海-由海及陆-海陆经济一体化”的发展战略，尤其是 2013 年习近平主席提出“海上丝绸一带(陆上)一路(海上)”，更充分展现出中国进入海陆一体化加上发展阶段。与此同时，海陆一体化理论研究的严重滞后制约着国家海洋战略的实施和沿海地区海陆一体化的发展。及时梳理海陆一体化的研究历程与现状，揭示研究动态与焦点，对于推动中国海洋经济发展、海陆一体化、海洋文明建设等的理论与实践工作具有深远意义。

本论文利用"CNKI 中国知网"总库,检索自 1990 年至 2014 年 10 月 30 日,分别以"海陆一体化"、"海陆经济一体化" 、"海陆耦合"、"海陆联动"、"海陆互动"、"陆海统筹"、"陆海联动"等为主题,并匹配"精准"进行搜索,经过初步筛选得到相关文献 350 篇,去除无效重复文献,得到有效文献 322 篇,仅占以"海洋经济"为主题的文献的约 1.5%,显然学界对海陆一体化问题的重视程度不够。利用文献统计分析采用 excel 软件,对海陆一体化相关文献进行研究,探讨中国海陆一体化的主要特点。

一、海陆一体化的理论研究

海陆一体化这一概念,是 20 世纪 90 年代我国编制海洋开发保护规划时提出的一个原则,由于提出的时间较晚,对其系统的研究也较少,加上学者的认识和理解存在差异,因此目前关于海陆一体化的内涵、关键问题等没有达成统一的认识。

(一)关于海陆一体化的内涵

海陆一体化这一概念,是 20 世纪 90 年代我国编制海洋开发保护规划时提出的一个原则。学者对这一问题的研究最早由韩忠南、栾维新提出[1,2]。关于海陆一体化的内涵,国内学者主要将其界定海洋经济发展、沿海地区开发、海洋综合管理等的发展目标、发展战略、发展模式、管理调控手段等。

海陆一体化被认为是海洋资源开发、海洋经济发展的目标。海洋产业与陆域产业存在生态资源、技术基础、空间载体等差异,更存在相互延伸、相互依赖、相互促进,这必然形成海陆符合系统,导致海陆经济一体化发展,通过港口、临海产业、港口-腹地一体化、陆岛工程、跨海大桥和海底隧道工程等的开发建设,协调海陆生态系统,进行海陆统一规划,将海陆资源开发、海洋与其他开发的开发联系起来,实现海陆一体化的开发[3-8]。

海陆一体化是海洋经济发展、沿海地区开发建设的发展战略。发展海洋经济、开发临港产业、实现海洋资源能源的协调发展、可持续开发,海陆一体化是发展战略[11-13]。通过引入二元经济理论,分析海陆域经济的二元经济特征,从"二元经济一体化"的战略角度,研究海陆一体化问题[13]。中国太平洋学会张海峰会长自 2004 年提出"海陆经济一体化兴海强国战略"以后,多次提出树立科学的能源观,实施海陆经济一体化战略[14-16];从战略上消解海陆二分的现实,并且提出在我国经济社会发展"五个统筹"的基础上加上"海陆经济一体化"[17,18]。尤其对于东北老工业基地的振兴开发,需要注重发挥临海的地缘优势,实现沿海经济带与腹地的海陆产业联动，实施海陆联动战略[19,20]。

海陆一体化被认为是海陆产业的发展模式。多数海洋产业是以陆地产业为支撑、与陆地产业相互作用中发展的，海陆间存在千丝万缕的联系，加上目前我国海陆产业发展中存在着各种问题，海洋经济的发展模式需要在扩展海陆间产业联系、延伸海陆产业链条基础上，形成海洋与陆地产业链条的一体化、实现海陆经济的联动发展，形成海陆一体化的发展模式[21-24]。

海陆一体化与海陆经济一体化、海陆联动等概念间既有区别又有联系，它们都是在充分考虑海陆间目前关联性的基础上，强调海陆整体论，促进海陆协调发展。海陆经济一体化是在我国海陆经济发展不协调的社会经济背景下提出的，包含社会、经济、生态各个方面，内容上相当于广义的海陆一体化，但其是我国规划和开发海洋的指导原则和指导思想，层次较高[4,5,25]。海陆联动主要指海陆经济、产业的联动发展，充分利用海洋资源丰富、地域广阔、通达性强的特点，吸引陆地产业向海洋扩展，促进海陆产业关联，实现海陆整体开发[15,25,26]。

（二）海陆一体化的内容研究

海陆一体化包含的内容有狭义和广义之分，狭义的海陆一体化更多的是指海陆经济一体化、海陆产业一体化，从资源开发、经济发展的角度，强调海陆系统通过统一规划、联动开发、综合管理将二元海陆经济系统作为一个统一的整体，实现海陆资源更有效配置[5,23]。广义的海陆一体化包含的内容很多，不仅仅是海陆经济一体化，还包括海陆社会、文化、交通、管理等的统一与协调，如海陆资源开发一体化，是将海洋资源优势由海向陆扩散和转移，实现对海陆资源的系统协调和集成优化配置；海陆产业发展一体化，是实现陆地经济、产业向海洋的延伸和转移，主要集中在临海地区及海岸带产业的发展；海陆开发管理体制一体化，是强调扩展海陆资源、经济整合发展的视角，扩展到海陆社会、文化、交通、管理等的协调整合；海陆环境治理一体化是通过严格控制污染源治理、海陆污染的联动治理，实现海陆环境保护和生态建设[3,5,6,23,26]。因此，海陆一体化从内容上，是指根据海、陆两个地理单元的内在联系运用系统论和协同论的思想通过统一规划、联动开发、产业组接和综合管理把海陆地理、社会、经济、文化、生态系统整合为一个统一整体实现区域科学发展、和谐发展、永续发展[27]。

海陆一体化的内容从区域范畴来看，主要包括两大层面：一是大区域范畴的概念，沿海地区与内陆地区的一体化发展，通过沿海地区的点、轴，逐渐扩展到面的空间要素，实现从沿海向内陆的资源优化配置，发挥沿海地区的海洋经济优势将其扩散、转移到内陆地区，实现大区域的优势互补和区域协同发展。另一个层面是沿海地区的范畴，沿海地区如何发挥自身海洋资源、能源、空间等优势，实现沿海地区海陆产业优势互补，实现沿海地区经济快速发展。此外，这两大层面的内容是相互联系、相互促进和逐层推进的。沿海和内陆地区的一体化发展可以说是海陆一体化发展高级阶段,而沿海地区内部的一体化是海陆一体化发展的初级阶段,通过沿海地区的海陆资源、人才、技术等要素的优化配置,实现海岸带地区和沿海地区经济的快速发展,这将成为沿海和内陆一体化发展的增长极,在增长极的带动作用下,实现点、轴、面的沿海和内陆的一体化发展,最终带动整个区域的经济发展[4]。

(三)海陆一体化的动力机制

海陆一体化的本质是内部要素优化配置的结果,即发挥海洋经济系统在资源能源、空间等生产要素的优势以及陆域系统在资本、人力、科技等生产要素的优势,实现海陆系统间资源配置的帕累托最优[8],海陆之间互相提供产品和服务,立足自身优势,实现整体功能合作和互补。

海陆一体化的耦合动力是:一、资源能源、生态环境、人口、资本、科学技术五大生产要素的共有性和流动性[28];二、海陆产业系统由于在资源禀赋、空间载体、发展历史及经济基础等方面存在差异,产生了系统间能量梯度的势能差[29]。陆域拥有高于海洋的经济发展水平和科学技术水平,导致存在由陆向海的势能差,引起陆地向海洋的经济空间的扩展;海洋拥有优于陆地的丰富的资源能源、良好的生态环境和广阔的发展空间,存在由海向陆的势能差,引起海洋向陆地提供资源能源、发展空间的动力,这些由陆向海、由海向陆的双向的势能差为海陆产业系统的耦合不断提供动力支撑[30],海陆一体化正是通过获得系统效应,使海陆之间形成互为条件、优势互补的经济发展统一体[6]。

此外,海陆一体化是海陆经济活动的交易费用从外部交易变成内部交易和分配的过程[4],海陆一体化的动力是消除外部性,节省交易成本。此外,高扬(2013)将海陆一体化发展的动力归结为国民经济的需求和雄厚的陆域经济基础,他以环渤海地区为例进行了分析,认为国民经济的需要是海洋开发的最大动力[31]。

二、海陆一体化的实证研究

关于某一特定区域如何进行海陆一体化建设的研究,以区域经济学、经济地理学、产业经济学、统计学、系统论、协同论等学科理论为指导,综合运用定性和定量研究方法,实证分析全国和某一特定区域的海洋经济发展。

海陆一体化发生和集中的主要接点在港口、海岸带地区和沿海地区,利用港口在海岸带地区发展临海产业,形成临海产业园区和临港产业密集带,最后实现沿海城市化,是海陆一体化的一条有效途径[4]。关于海陆一体化的实证研究,定性基本上是以阐述当前问题为研究的起点,剖析问题产生的原因,最后提出解决的对策;定量由于数据强调可获得性和可比性，国内统计口径基本上以沿海地区作为统计对象，因此大多数集中在对沿海地区的定量分析。

（一）以中国整体作为研究对象

随着近几年海洋经济活动的深入，我国各级政府，尤其是沿海地区经济发展的思路向海洋扩展，逐渐形成海陆一体化的发展思路[12]。沿海、内陆发展水平的差异，凸显了我国海陆二元结构的问题[32]，而海陆产业间生产要素的相互流通、产业链的相互延伸等密不可分的联系特征，使得我国亟需进行海陆一体化的建设及战略发展[14,21,24,33]，并在此基础上进行了我国海陆一体化、耦合度、耦合协调度等的测度[8,28,30]。

通过对中国海陆经济关联效应进行定量分析，发现海洋经济的结构变动指数比陆域经济的大，需要构建海陆经济一体化实现陆海经济发展[34]，而对于统筹机制则可以从决定机制、作用机制、调节机制三方面，协调和平衡海洋和陆地两大子系统[35]，实施生态环境、经济、社会及三子系统间的协调统筹的战略模式[16]。针对我国海洋经济发展中存在生态环境、海岸带综合管理、海洋生物多样性、可持续发展等方面的问题，需要采用定性和定量相结合的方法研究海陆一体化问题[36,37]。

中国沿海地区海陆一体化的程度可以分成几个不同的地区，如上海市海陆产业耦合协调程度最高，其次为天津、浙江、福建、辽宁、江苏、山东和广东，而河北、广西、海南的耦合协调程度非常第[8]。此外，中国沿海地区的海陆一体化程度受海陆产业结构、海陆空间布局和海洋资源环境承载力等方面的影响[7]。

（二）以某几个特定地区作为研究对象

针对几大经济区或者某些相对集中的地区，作为共同研究对象，如针对环渤海地区经济发展中存在的现实问题，运用海陆一体化的理论，提出海陆区域经济一体化协调发展的对策[38,39]，尤其是海洋经济与环境资源系统的耦合问题[39]、资源环境约束下的海洋经济发展问题[40]；针对广西北部湾经济区发展中出现环境污染、人口增加、城市化建设等矛盾导致的海洋产业发展水平低、竞争力不强等问题，合理利用资源，实施海陆一体化，促进海洋产业转型升级[41,42]；山东半岛具备海、陆经济特色，属于海陆经济一体化的集成型经济区，将其打造成蓝色经济区，就能够实现山东社会经济发展模式的重大转型和经济增长方式的根本转变[43,44]，海陆一体化的耦合还是打造山东半岛蓝色经济区的重要原则及举措[45,46]；京津冀海陆兼备、发展迅速，但产业结构的问题影响了区域经济的发展水平，基于海陆经济一体化能够实现产业结构优化[47]；实现东北地区沿海-腹地的良性发展，需要研究沿海与内陆腹地的海陆产业的联动发展的部驱动力与海陆产业链的构造[19]。

（三）以某一省市区作为研究对象

由于学者的地域分布和研究关注点不同，海陆一体化的实证研究也集中在以某一省市区作为实证研究对象，定向、定量分析某地海洋经济发展中存在的问题，讨论海陆一体化发展的必要性，衡量海陆一体化的程度，提出下一步的发展建议。

以一个省为研究单位研究海陆一体化问题，河北省临港产业发展缓慢、港口资源开发力度不够、港口带动力不强等问题的出现，迫切需要实施海陆一体化战略[48]；为了促进江苏海洋产业持续发展、建设海洋经济强省，解决海洋产业发展中的问题，需要实现海陆一体化联动发展[49]；运用 SSM 对辽宁省的海洋产业结构进行阶段性演进分析，发现实现辽宁省海洋产业高级化，必须加强海陆联动[50]，尤其是沿海经济带的发展，必须坚持同腹地进行海陆联动一体化发展[51,52]，而基于有序度和协同演化模型的实证研究发现，辽宁省海陆经济系统协同发展、相互促进[53]，在陆海统筹下能够实现海陆经济协调持续发展[54]；采用定性、定量相结合研究山东省海陆一体化建设，观察其时空演变特征，确定海洋主导产业、陆域主导产业、海岸带区域经济增长点和发展轴以及近岸海域污染的海陆一体化[26,55]。

以一个市为研究单位研究海陆一体化问题，如大连市拥有丰富的海洋资源，海洋经济发展也比较迅速，但是海陆矛盾较为突出，迫切需要研究海陆互动机理，处理好海陆一体化问题[11]；天津市滨海新区海洋经济发展优势显著，但长期以来海陆经济战略各自独立发展，没有形成协调完整的战略体系，需要以海陆一体化集成的战略视角，提出切实可行的发展战略[13,56]，实证研究发现天津市海陆产业系统耦合度很高，协同发展状况属于良好耦合协调类型，未来海陆产业系统将步入极度耦合协调阶段，陆域产业系统能够继续带动海洋产业系统发展[56,57]；上海市作为我国最大的经济中心和全球吞吐量最大的港口城市，发展海洋经济的优势明显，但从战略上需要实施海陆联动、协调发展[58,59]。

三、海陆产业的关联研究

海洋产业与陆域产业的关联分析是构建海陆经济一体化模式的理论和实践基础，通过投入产出分析、灰色关联分析、相关分析、结构分析、贡献率分析等方法，实证分析海洋产业与总体经济、陆地产业间的生态、技术、经济、社会等的关联度、耦合度、耦合协调度，强调发挥沿海地区海洋与陆域资源、环境的综合协调优势，实现海陆一体化战略。

(一) 运用灰色关联模型研究海陆一体化

国内学者在计算关联度时，最为常用的邓聚龙的灰色关联分析模型，通过此方法计算海洋产业与地区经济、陆域产业发展的相似或相异程度，衡量海洋产业与地区经济、陆地产业间的关联程度。

1. 海洋产业与地区经济灰色关联分析。

吴以桥等(2010)在研究江苏海洋产业结构现状及演化的基础上,运用灰色关联法分析了江苏主要海洋产业与沿海区域经济发展的相关性,提出通过实施海陆一体化开发实现江苏海洋产业持续发展、实现沿海地区发展战略[60];常玉苗、成长春(2012)分析了江苏经济与陆地和海洋产业的关联效应,发现江苏经济与海洋产业的关联度远远低于陆地产业[49]。

2. *海陆产业的灰色关联度分析*。宋薇(2002)分析了海陆产业子系统间的密切关联,并将海陆产业的生产、布局投影在我国东部沿海地区,将海陆产业之间的联系由理论转化为实践[21];董晓菲运用灰色关联方法分析了东北海陆产业内部的关系,结合海陆产业联动发展的驱动力,提出了海陆产业联动发展的政策[20];赵昕、王茂林(2009)认为海陆产业关联度的测算,对沿海地区产业调整、制定产业战略至关重要,以山东省为例,测算海洋产业与陆域产业的灰色关联度,揭示了海陆产业的关联关系[61];卢宁(2009)运用灰色关联分析研究了山东省海陆产业关联问题[62];殷克东等(2009)运用灰色关联分析初步定量分析了我国陆海经济关联效应,结果显示陆海经济发展具有较高的关联效应,且海洋经济的结构变动指数比陆域经济的大[34];孙加韬(2011)在测试我国海陆产业灰色关联度的基础上,提出了一个侧重海陆一体化的基于产业结构、空间布局和生态资源环境的海陆产业关联分析模型[7];严焰,徐超(2012)利用灰色系统理论,计算海洋生物医药业、海洋电力业和海水利用业与产业链中海陆相关产业之间的实际关联度,以此提出加大海洋生物医药业的科研投入,实现海洋电力、海水利用产业与海洋相关产业的统筹发展[63]。

(二)运用耦合模型研究海陆一体化

发展海洋经济离不开陆域沿海区域经济社会的支撑,而陆域产业的发展链条必须向海洋延伸,因此,必须实现沿海与内陆区域发展战略的耦合协调[45]。海陆产业耦合协调研究是国内学者近年来研究海陆联动、海陆一体化的主要切入点之一,尤其是2010年以来,研究成果逐渐增多。

高乐华、高强运用耦合模型,测度了我国沿海11个省市区2000年—2009年海洋经济、社会和生态子系统的时空协调度[64];盖美等运用关联度和耦合度模型从时空两个维度研究了我国沿海地区海陆产业系统耦合程度,发现总体上我国沿海地区处于拮抗型耦合期、上海耦合协调度最高等结论[30];刘伟光分析了我国沿海地区海陆产业系统的耦合动力、耦合机制和耦合方式[28];李健、滕欣构建了海陆产业系统耦合协调评价指标体系,形成了海陆耦合协调模型,并实证分析了天津市2000至2010年海陆产业系统的耦合度和协调度,发现天津市海陆产业系统一直处于高水平耦合状态且协调度稳步提高[57]。

(三)运用相关分析方法研究海陆一体化

运用相关分析,分析海洋产业与经济增

长、陆地产业之间的相关程度。宋薇(2002)以全国人均GDP与海洋产业增加值为样本,运用相关分析法测度了海洋产业发展与经济增长的相关程度[21];吴姗姗运用相关分析法分析了海陆产业关系,并认为港口是区域经济发展核心动力[11];董晓菲(2008)以人均GDP和海洋产业产值分析1997年—2004年东北地区腹地经济与海洋产业的相关系数及相关程度[20];董晓菲等(2009)运用相关分析研究了东北沿海经济带与腹地海陆产业联动的动力机制[19];卢宁利用山东省及临海7市的GDP进行线性相关回归分析,测度了山东省临海经济与海洋经济的关联程度[26];赵亚萍(2012)综合采用相关分析和产值贡献率,计算了山东省海陆经济的关联性,发现山东省海洋经济对腹地的拉动作用巨大,海陆产业结构正逐步走向协调[65]。

此外,朱凌建立分类指标体系运用聚类分析对沿海地区海陆一体化建设类型进行区域划分[66];韩增林等(2011)通过计算城市流强度值,揭示辽宁沿海城市与内陆腹地的空间联系[52],曹可(2012)采用DEA方法对辽宁省海陆产业协同效率进行评价[67];刘伟光运用耗散结构理论分析了辽宁省海陆产业系统的协同演进效应[68];高扬(2013)运用能力结构关系模型,分析了环渤海的海陆经济能力结构并构建了评价体系[31]。此外,还有学者运用结构分析、贡献率分析、投入产出分析、层次分析、演变过程分析、弹性分析等方法研究了海陆一体化问题。

四、研究述评与结论

海陆一体化的研究丰富了中国海洋经济理论,同时,海陆一体化研究对于我国海洋经济政策的制定、海洋经济发展、海陆一体化、海岸带综合治理等具有较强的现实意义,逐渐成为海洋经济、产业经济、区域经济、经济地理等学科研究的热点。但总体来

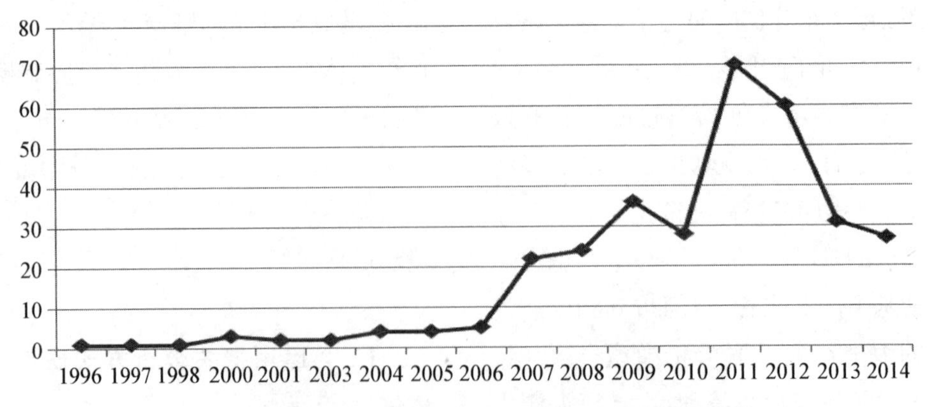

图1 1990至2014年中国海陆一体化研究文献增长态势

看，目前中国对海陆一体化的研究主要具有以下几方面的特点：

（一）理论研究尚处于起步阶段，无论是数量还是质量都亟需加强

根据CNKI-中国知网知识资源总库收录的论文资料，目前可查的第一篇关于海陆一体化的论文是1996年发表的"我国海洋经济展望与推进对策探讨"，可见中国海陆一体化研究最早出现在政府文件中，海陆一体化的理论研究同海洋战略政策相伴而生。文献统计表明，中国海陆一体化的研究可分为：1997至2006年分散、零星研究阶段；2007年受国家"海洋强国"战略影响，随着海洋开发强度增大，对海洋重视程度不断提高，海陆一体化研究步入起步期。

目前关于海陆一体化的理论研究仍然是早期的几篇关于概念、内涵的探讨，对海陆一体化规律的认识不够，理论的发展和深化也明显不足。理论研究无论数量还是质量都相对不足，从研究成果的数量上来看，研究样本322篇，不足海洋经济文献的1.5%，且研究过程中重应用、轻理论；高质量的研究成果较少，对照统计的文献来源期刊，发现《海洋开发与管理》载文量最多（13篇），而该刊不在CSSCI之列，无论在经济学、地理学还是海洋科学期刊中，都属于低影响因子之列，相关研究仅有较少高层次文献发表在海洋通报、经济地理等较高影响因子刊物。理论研究的不足造成目前中国关于海陆一体化的理论研究滞后、范畴概念模糊不清、理论体系不健全等一系列问题，理论研究无论是数量还是质量都亟待加强。

（二）研究内容分散且以实证为主，研究的系统性和深度亟需加强

目前的研究成果往往从单一角度研究单个地区的现实问题，没有进行区域经济社会环境的总体把握，从内容上看，多数是从海洋产业、陆地产业、海陆协调发展、海洋发展战略、海洋环境保护、海洋资源开发、临港地区开发建设等角度出发，研究领域较为分散和片面，缺乏区域经济统筹的角度，系统全面的研究很少，造成当前研究的广度和深度受到限定，研究缺乏体系性、前瞻性和战略性。

研究不成体系还体现在研究的核心作者所在单位没有形成系统的研究。从研究成果的作者所在单位分析，目前发文数量较多的是国家海洋局（8篇）、辽宁师范大学（8篇）、中国海洋大学（8篇）、广东海洋大学（6篇）、山东社会科学院（6篇）、中共福州市委党校（5篇），研究作者所在单位发文数量较少，显示中国研究海陆一体化的核心作者所在单位对这一问题的系统研究不足。

（三）定性分析较多、定量研究较少，亟需加强定量研究的广度和深度

中国目前关于海陆一体化的研究还处在初步探索阶段，大多是基于地区的定性分析，以某一区域为研究对象，针对海陆经济发展中的各种问题，提出海陆一体化的发展目标、发展战略，相关举措及政策建议。定量研究较少，主要采用灰色关联分析方法研究海陆产业经济关联问题,可喜的是2010年以来,定量研究的比重开始增大,且研究方法也逐渐增多,但是对于海陆一体化系统定量研究仍然较少,定量研究的方法总体来看也比较单一。

此外,对于海洋渔业、海洋交通运输业、海洋油气业等传统产业的研究较多,对于海水利用业、海洋生物医药业、海洋新能源等新兴产业的研究较为缺乏,忽略了海洋系统内部各产业间的关联性和复杂性,更重要的是大多研究未能将海洋经济系统和陆地经济系统作为二元经济结构进行深入、系统、全方面、定量化的研究,缺乏海陆互动的视角研究开发海洋的意识。

众所周知,海洋经济是陆域经济向海洋的拓展和延伸,海洋产业与陆域产业往往同属于一个完整的产业价值链的不同环节。然而,海陆产业之间互动机制不成熟,既制约着海洋产业的进一步发展,也未能有效促进陆域经济的增长。全球传统产业发展和工业化进程已经导致了一系列负面影响,未来将会出现新的产业革命范式,而中国海陆一体化发展应该遵循新产业革命的路径,在发展过程中也应该具有新的思路和模式。

参考文献

[1] 韩忠南. 我国海洋经济展望与推进对策探讨[J]. 海洋开发与管理,1995(01): 12-15.

[2] 栾维新. 发展临海产业实现辽宁海陆一体化建设[J]. 海洋开发与管理,1997(02): 34-37.

[3] 栾维新,王海英. 论我国沿海地区的海陆经济一体化[J]. 地理科学,1998(04): 51-57.

[4] 韩立民,卢宁. 关于海陆一体化的理论思考[J]. 太平洋学报,2007(08): 82-87.

[5] 周亨. 论海陆一体化开发[J]. 理论与改革,2000(06): 78-80.

[6] 徐质斌. 构架海陆一体化社会生产的经济动因研究[J]. 太平洋学报,2010,18(1): 73-80.

[7] 孙加韬. 中国海陆一体化发展的产业政策研究[D]. 复旦大学,2011.

[8] 刘伟光,盖美. 耗散结构视角下我国海陆经济一体化发展研究[J]. 资源开发与市场,2013(04): 385-389.

[9] 吴姗姗. 大连区域海陆经济互动机理研究[D]. 辽宁师范大学,2004.

[10] 李芳芳. 我国海洋经济活动陆岸基地建设与布局研究[D]. 辽宁师范大学,2006.

[11] 王磊. 天津滨海新区海陆一体化经济战略研究[D]. 天津大学,2007.

[12] 叶向东. 海陆经济一体化发展战略研究[J]. 海洋开发与管理,2008(08): 33-36.

[13] 王倩,李彬. 关于"海陆经济一体化"的理论初探[J]. 中国渔业经济,2011(03): 29-35.

[14] 鲍捷,吴殿廷,蔡安宁,等. 基于地理学视角的"十二五"期间我国海陆经济一体化方略[J]. 中国软科学,2011(05): 1-11.

[15] 叶向东,陈国生. 构建"数字海洋"实施海陆经济一体化[J]. 太平洋学报,2007(04): 77-86.

[16] 徐志良. "新东部"构想: 统筹中国区域发展的高端视野[J]. 海洋开发与管理,2008(12): 61-67.

[17] 董晓菲,韩增林,王荣成. 东北地区沿海经济带与腹地海陆产业联动发展[J]. 经济地理,2009(01): 31-35.

[18] 董晓菲. 辽宁沿海经济带与东北腹地海陆产业联动发展研究[D]. 辽宁师范大学,2008.

[19] 宋薇. 海洋产业与陆域产业的关联分析

[D]. 辽宁师范大学,2002.

[20] 都晓岩,韩立民. 论海洋产业布局的影响因子与演化规律[J]. 太平洋学报,2007(07): 81 - 86.

[21] 卢宁,韩立民. 海陆一体化的基本内涵及其实践意义[J]. 太平洋学报,2008(03): 82 - 87.

[22] 郑贵斌. 我国陆海统筹区域发展战略与规划的深化研究[J]. 区域经济评论,2013(01): 19 - 23.

[23] 王倩,李彬. 关于"海陆经济一体化"的理论初探[J]. 中国渔业经济,2011(03): 29 - 35.

[24] 卢宁. 山东省海陆一体化发展战略研究[D]. 中国海洋大学,2009.

[25] 栾维新. 海陆一体化建设研究[M]. 2004.

[26] 刘伟光. 我国沿海地区海陆产业系统时空耦合研究[D]. 辽宁师范大学,2013.

[27] 戴桂林,刘蕾. 基于系统论的海陆产业联动机制探讨[J]. 海洋开发与管理,2007(06): 87 - 92.

[28] 盖美,刘伟光,田成诗. 中国沿海地区海陆产业系统时空耦合分析[J]. 资源科学,2013(05): 966 - 976.

[29] 高扬. 基于能力结构关系模型的环渤海地区海陆一体化研究[D]. 辽宁师范大学,2013.

[30] 刘大海,纪瑞雪,关丽娟,等. 海陆二元结构均衡模型的构建及其运行机制研究[J]. 海洋开发与管理,2012(07): 112 - 115.

[31] 刘广斌,张义忠. 促进中国海陆一体化建设的对策研究[J]. 海洋经济,2012(02): 11 - 17.

[32] 殷克东,王自强,王法良. 我国陆海经济关联效应测算研究[J]. 中国渔业经济,2009(06): 110 - 114.

[33] 孙吉亭,赵玉杰. 我国海洋经济发展中的海陆经济一体化机制[J]. 广东社会科学,2011(05): 41 - 47.

[34] 盖美. 近岸海域环境与经济协调发展的海陆一体化调控研究[D]. 大连理工大学,2003.

[35] 董健. 我国海岸带综合管理模式及其运行机制研究[D]. 中国海洋大学,2006.

[36] 李锋,刘容子,齐连明,等. 环渤海区域海陆一体化发展对策研究[J]. 海洋开发与管理,2009(05): 82 - 85.

[37] 黄瑞芬,王佩. 海洋产业集聚与环境资源系统耦合的实证分析[J]. 经济学动态,2011(02): 39 - 42.

[38] 李彬. 资源与环境视角下的我国区域海洋经济发展比较研究[D]. 中国海洋大学,2011.

[39] 朱念,朱芳阳. 北部湾经济区海洋产业转型升级对策探析[J]. 海洋经济,2011(06): 40 - 44.

[40] 姚远. 北部湾海陆一体化下的政府协调机制研究[D]. 广东海洋大学,2012.

[41] 姜秉国,韩立民. 山东半岛蓝色经济区发展战略分析[J]. 山东大学学报(哲学社会科学版),2009(05): 92 - 96.

[42] 李军. 海陆资源开发模式研究[D]. 中国海洋大学,2011.

[43] 孙吉亭,孙莅元. "海陆耦合论"与山东半岛蓝色经济区建设[J]. 中国渔业经济,2011(01): 79 - 84.

[44] 宋军继. 山东半岛蓝色经济区陆海统筹发展对策研究[J]. 东岳论丛,2011(12): 110 - 113.

[45] 李文荣. 基于海陆互动的京津冀地区产业结构优化分析[J]. 港口经济,2009(10): 52 - 54.

[46] 李文荣. 河北省临港产业发展研究[D]. 河北师范大学,2004.

[47] 常玉苗,成长春. 江苏海陆产业关联效应及联动发展对策[J]. 地域研究与开发,2012(04): 34 - 36.

[48] 高源,杨新宇,张琳. 辽宁省海洋产业结构演进与部门发展动态研究[J]. 资源开发与市场,

2009(11): 986 - 989.

[49] 李靖宇,刘海楠. 论辽宁沿海经济带开发的战略投放体系[J]. 东北财经大学学报,2009(05): 47 - 54.

[50] 韩增林,郭建科,杨大海. 辽宁沿海经济带与东北腹地城市流空间联系及互动策略[J]. 经济地理,2011(05): 741 - 747.

[51] 范斐,孙才志. 辽宁省海洋经济与陆域经济协同发展研究[J]. 地域研究与开发,2011(02): 59 - 63.

[52] 周乐萍. 基于海陆经济一体化的辽宁省海陆经济协调持续发展研究[D]. 辽宁师范大学,2012.

[53] 赵亚萍,曹广忠. 山东省海陆产业协同发展研究[J]. 地域研究与开发,2014(03): 21 - 26.

[54] 李健,滕欣. 天津市海陆产业系统协同效应及发展趋势研究——以战略性新兴产业为例[J]. 科技进步与对策,2013(17): 39 - 44.

[55] 李健,滕欣. 天津市海陆产业系统耦合协调发展研究[J]. 干旱区资源与环境,2014(02): 1 - 6.

[56] 向云波,徐长乐,戴志军. 世界海洋经济发展趋势及上海海洋经济发展战略初探[J]. 海洋开发与管理,2009(02): 46 - 52.

[57] 胡麦秀. 上海海洋经济发展现状及其可持续发展的影响因素分析[J]. 海洋经济,2012(04): 55 - 61.

[58] 吴以桥,杨山,王伟利. 基于沿海大开发背景的江苏海洋产业发展研究[J]. 南京师大学报(自然科学版),2010(01): 130 - 135.

[59] 赵昕,王茂林. 基于灰色关联度测算的海陆产业关联关系研究[J]. 商场现代化,2009(15): 150 - 151.

[60] 卢宁. 山东省海陆一体化发展战略研究[D]. 中国海洋大学,2009.

[61] 严焰,徐超. 海洋高技术产业海陆交汇产业链构建及评价[J]. 科技进步与对策,2012.

[62] 高乐华,高强. 海洋生态经济系统交互胁迫关系验证及其协调度测算[J]. 资源科学,2012(01): 173 - 184.

[63] 赵亚萍. 基于海陆一体化的山东省海陆产业关联性分析: 第七届全国地理学研究生学术年会,中国河南开封,2012[C].

[64] 朱凌. 聚类分析法在海陆一体化建设区域类型划分中的应用[J]. 海洋开发与管理,2010(05): 56 - 59.

[65] 曹可. 环境约束下的辽宁省海陆产业统筹研究[D]. 大连海事大学,2012.

[66] 刘伟光. 辽宁省海陆产业系统协同演进与调控措施探讨_耗散结构理论下[J]. 现代商贸工业,2012: 56 - 60.

(执笔: 上海大学经济学院,
陈秋玲　于丽丽)

一 带 一 路

“一带一路”的效应分析

摘要: 本文首先分析了“一带一路”战略的提出背景,并探讨了“一带一路”战略的功能定位,以及为了实现这种功能定位所应当遵循的推进路径。然后,从中国参与全球化的不同发展阶段和对外开放政策的基本内容着手,分析了“一带一路”战略推进给中国对外开放带来的升级效应;从分析现有平台所承担功能的共性出发,概括了“一带一路”所具备的六大平台效应;从分析传统的互联互通的主要矛盾出发,论述了“一带一路”战略的推进对互联互通建设的加速效应;从区域经济辐射的基本概念出发,论述了“一带一路”辐射源建设所发挥的经济辐射效应。

关键词: 改革开放升级效应　平台效应　互联互通加速效应　经济辐射效应

一、提出背景

“一带一路”是“丝绸之路经济带”与“21世纪海上丝绸之路”的统称。2013年9月,习近平主席访问哈萨克斯坦时提出共建“丝绸之路经济带”;2013年10月,习近平主席访问印尼时提出共建“21世纪海上丝绸之路”;2015年3月,中国发改委、外交部和商务部在海南博鳌亚洲论坛上联合发布了《推动共建丝绸之路经济带和21世纪海上丝绸之路的愿景与行动》(以下简称《愿景与行动》),阐明了“一带一路”战略的宗旨、原则、思路等,标志着以中国“走出去”为鲜明特征的全球化新阶段。总体上,“一带一路”战略可以用“一个核心理念”(和平、合作、发展、共赢)、“五个合作重点”(政策沟通、设施联通、贸易畅通、资金融通、民心相通)和“三个共同体”(利益共同体、命运共同体、责任共同体)来表达。

“一带一路”战略是世界经济格局变化和经济全球化深入发展的必然结果,有深刻而复杂的提出背景。

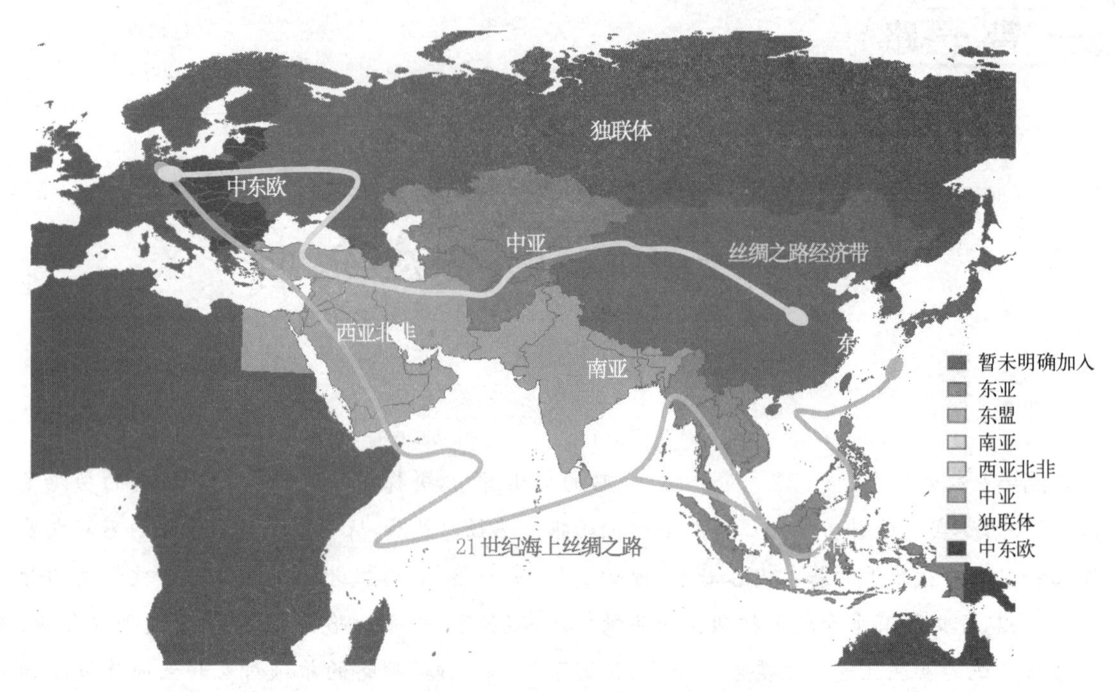

图1 "一带一路"途径区域

(一)"一带一路"战略是基于国际视角的新治理机制

"一带一路"两端分别是欧洲联盟与环太平洋经济带,经济发展水平相对较高,但在后危机时期,发达国家难以引领全球经济增长。"丝绸之路经济带"陆上沿线大部分发展中国家的经济发展水平虽与两端落差巨大,但有丰富的矿产、能源、土地和人口资源。"21世纪海上丝绸之路"沿线有多处世界级港口,但这些口岸板块并没有利用"海洋"这个天然纽带进行充分的经贸文化交流。发展经济与追求美好生活是"一带一路"沿线国家民众的普遍诉求,这种诉求的实现必然是以经济要素有序自由流动、资源高效配置和市场深度融合为前提的,需要更大范围、更高水平、更深层次的区域合作。

另一方面,当前"发达国家(金融、科技)—新兴国家(制造业)—欠发达国家(初级产品)"的三元结构已经取代了传统的"核心(发达国家)—边缘(欠发达国家)"二元结构,在这种经济格局变化过程中,世界贫富差距急剧扩大,据扶贫慈善机构Oxfam的研究,2016年占全球总人数1%的富人群体所拥有的财富将超过其余99%全球人口财富的总和。在推进经济全球化深入发展的同时避免贫富差距继续扩大,需要一个新的全球治理机制。

(二)"一带一路"战略是基于中国国情的新发展战略

中国持续30多年的"人口红利"逐渐

消失，部分劳动密集型产业正在失去竞争优势，技术、资本与劳动力正在失去平衡。

随着全球经济增长放缓，中国的钢铁、水泥和船舶等产业出现了严重的产能过剩，但多项过剩产能技术上却并不落后，因而与“一带一路”沿线多数国家有产能合作基础。冗余的外汇资产既可以作为国际支付手段，也可以作为资金池之一为中国企业的海外项目提供资金融通支持，安全、稳定的投资环境有助于化解外汇资产冗余的困境。

中国有一大批具有跨国投资和全球运营能力的跨国公司，这些有能力承载中国大规模“走出去”项目的企业需要一个大范围、高水平的资金融通平台。

中国中西部地区占国土面积近80%，人口近60%，但只占全国进出口的14%，吸引外资的17%，对外投资的22%，GDP也只有1/3左右。中国中西部地区与西向邻国的经贸往来虽古已有之，有合作基础但范围不够大、层次不够深，西部大开发战略以及与西向邻国的合作需要更高水平的国家战略支持。

（三）“一带一路”战略是基于中国和国际关系的新共赢理念

第一，改革开放以来，中国一方面通过引进资本、技术和管理经验推动了自身经济的高速发展；另一方面也逐步建立起了适应经济全球化的治理机制。当前，中国的经济已经与世界紧密联系在一起，需要为维护经济全球化的成果、发展经济全球化的机制做出更大的贡献，需要在符合当前世界发展机制和趋势的前提下更深地融入全球经济体系，并在引领世界经济发展的过程中发挥更积极的作用。

第二，广大发展中国家对全球经济增长实际贡献提升，未来经济增长潜力巨大。中国作为发展迅速的亚洲发展中国家，有责任与广大亚洲发展中国家共享发展成果，也有能力实施新战略，前瞻性地引领中国、亚洲以至全球的经济保持持续发展。并且，中国政府与周边国家以及国际组织在相关领域有长期合作，提出共建“一带一路”战略有必要的准备与铺垫。

第三，美国在后危机时期实施的重返亚洲与亚太再平衡战略，给中国带来了空间巨大的发展压力，包括与多个国家签订孤立中国的TPP协议，而多数签署国与中国本就有深层次的合作关系，并且中国对外贸易运输的60%以上、石油进口运输的90%以上均要经过的马六甲海峡也在美国的间接控制之下。在这种背景下，中国学界“西进”、“南下”等战略思路为提出“一带一路”构想提供了研究借鉴。

第四，作为典型的“贸易国家”，中国不具备调控全球金融资源和制定金融市场规则的能力，因而需要以东亚货币合作所遭遇的挫折为前车之鉴，借助新的区域经济、货币和金融合作来减少美元体系的风险与成本，包括推进人民币国际化，以及中国与亚欧主要债权国的货币金融合作。

中国的发展离不开世界，中国需要主动

倡导一个更符合国情、世情的国际合作平台来与世界进行更深入的发展互动;世界的发展也离不开中国,世界需要中国承担更多大国责任,倡导一个更加包容共赢的全球化发展新机制,让更多国家和地区共商、共建、共享全球化发展成果。

二、功 能 定 位

"一带一路"是中国新时期全方位扩大开放战略的重要组成部分,就其功能定位而言,可以从对外开放、结构调整、全球增长三重视角进行讨论。

推动形成对外开放新格局。首先,从对外开放政策对象拓展与内容提升角度看,"一带一路"从早先主要侧重对发达国家开放,转变为对发达国家与广大发展中国家双重开放并重;从地域上坚持扩大沿海地区开放的同时,加快西部和东北地区的开放步伐。其次,就针对广大发展中国家经济外交内涵演变角度观察,"一带一路"将政策、基建、贸易、投资、金融等合作内容有机结合起来,形成更为系统与完备的经济外交内容组合与战略架构。再次,针对经济全球化深化与现行国际金融经贸治理结构基本框架不相适应的现实矛盾,通过建立亚投行、金砖银行等机构,推进人民币国际化,以及中国与亚欧主要债权国的货币金融合作。

合作促进产业结构新调整。随着要素成本与比较优势结构演变,中国产业与经济结构调整必将进一步活跃展开,"一带一路"沿线国家依据各自所处发展阶段不同,也亟需借助资本流动和产能合作推进本国结构调整与经济发展。共建"一带一路"将扩大中国与沿线国家在不同行业以及特定行业上下游之间的投资范围,推进投资便利化进程以降低投资壁垒,通过共商共建各类产业园与集聚区探索投资合作新模式,从而为中国与沿线国家产能合作与产业结构调整升级提供广阔平台。

协同贡献全球经济新增长。一方面,随着中国与广大发展中国家在全球经济增长中相对贡献逐步提升,全球经济增长重心已经从发达国家转向新兴经济体与发展中国家。另一方面,中国与广大发展中国家经济联系加强,中国对外经贸增长重心正在从发达国家转向新兴经济体与广大发展中国家。"一带一路"沿线国家人口总数达44亿,经济总量约21万亿美元,分别占全球的63%与29%。但目前很多发展中国家经济持续增长潜力面临基础设施不足与体制政策局限两方面瓶颈制约,共建"一带一路"有助于推动中国与沿线国家的区域合作进程,保障经济持续较快增长,同时也可为全球可持续增长提供新的解决思路和方案。

因此,总的来看,共建"一带一路"是中国在复杂国内外形势下希望发掘古"丝绸之路"特有的文化价值和理念,为其注入新的时代内涵,探索推进全球化健康发展的尝试。它并不是中国的“特立独行”,也不是中国版的“马歇尔”援助计划,而是在经济全球化机制下促进区域共赢发展的国际合作平台,是开放、包容、均衡、普惠的区域经济合作架构。

三、推 进 机 制

“一带一路”以推动实现区域内“五通”为重点,以中国对外投资为主的基础设施互联互通、能源资源合作、园区和产业投资合作等领域为核心。因此,在很长的一段时期内,中国企业的“走出去”应当配合国家的大战略,抓住这个大机遇。要真正发挥好“一带一路”的引领工作,中国政府需要有一系列开拓性的政策与措施。

(一) 增强相关国家的合作共识

“一带一路”构想需要数十个不同国家共同参与和支持,需要所有国家在政治上坚定互信,才能在共商共建过程中实现经济上的长久可持续的共赢。为此,需要加强与各国、各民族、宗教间、文化传统与价值观念间的沟通交流,消除彼此隔阂与误解,凝聚对“一带一路”的理解和支持。

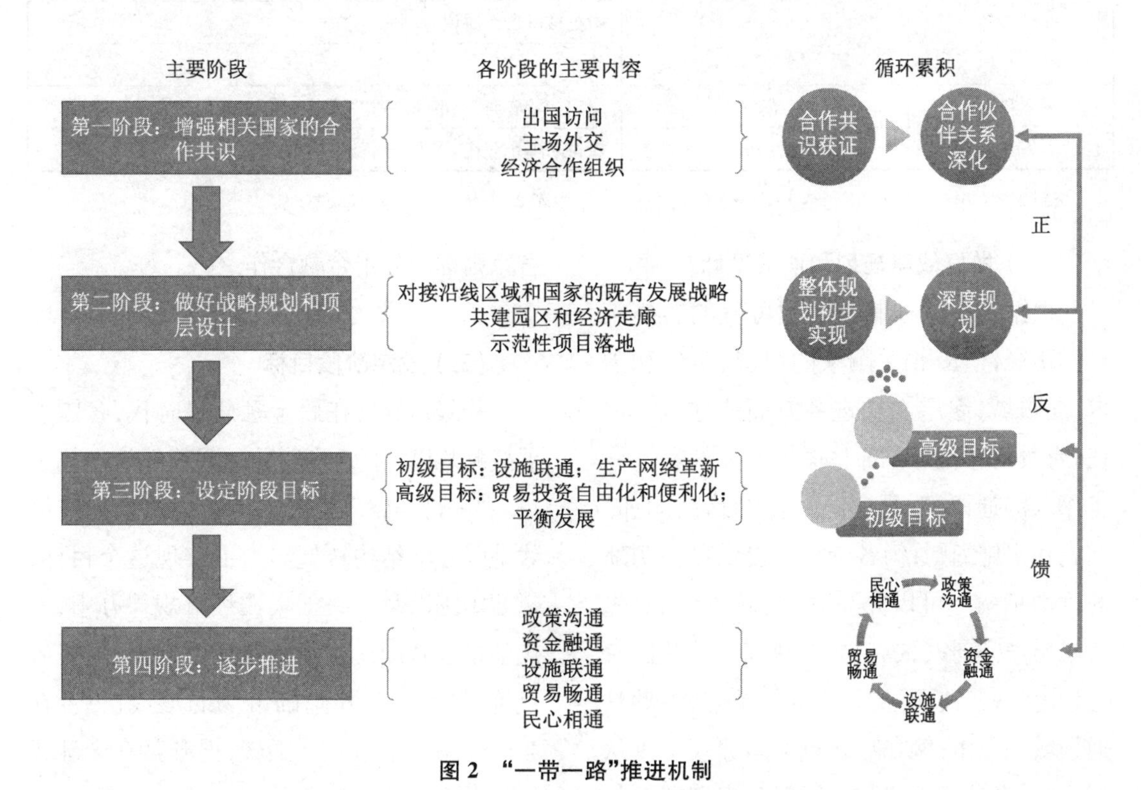

图 2 “一带一路”推进机制

表1 习近平主席2015年国事访问中的“一带一路”

出访时间	出访地点	主要成果
4月20日至21日	巴基斯坦	中巴战略合作伙伴关系提升为全天候战略合作伙伴关系
		“一带一路”首个旗舰项目——中巴经济走廊
		“丝路基金”首个对外投资项目——中巴清洁能源合作项目,签署《关于联合开发巴基斯坦水电项目的谅解合作备忘录》
4月21日至24日	印度尼西亚	“一路”与印尼发展海洋经济,建设海洋强国战略实现对接
5月7日	哈萨克斯坦	决定加强“一带”与“光明之路”新经济计划的衔接
5月8日至10日	俄罗斯联邦	中俄关系确定提升至全面战略协作伙伴关系
		决定加快“一带”与欧亚经济联盟合作对接
5月10日至12日	白俄罗斯	共建中国-白俄罗斯工业园
		帮助白俄罗斯对铁路、公路及其他基础设施进行现代化改造
7月8日至10日	金砖国家领导人第七次会晤和上海合作组织成员国元首理事会第十五次会议	《中蒙俄经济走廊合作规划纲要》
10月19日至23日	英国	英格兰北部振兴计划与“一带一路”战略对接
		就伦敦发行人民币债券达成协议
		中英核电合作协议
		共建“一路”
11月5日至6日	越南	决定加紧磋商“一带一路”和“两廊一圈”框架内的合作
11月6日至7日	新加坡	探讨两国企业在“一带一路”倡议下的合作

资料来源:根据《开创中国特色大国外交新局面—习近平主席2015年出访实录》视频整理

(二)做好战略规划和顶层设计

根据战略规划制订合理可行的实施策略和路径,适应相关国家的情况、条件和需求,逐领域、逐层次推进各方面的建设。要在《愿景与行动》基础上联合相关国家进一步深入沟通研究,提出进一步的路线图、时间表和实施细则,为各国合作提供更为明晰的行动指南。可以先易后难、以点带面,先考虑与一些国家试点建设一些产业园区、农业示范区、科技园区,并成为示范点,带动其他领域的合作,例如哈萨克斯坦建议可以从建设“信息丝绸之路”开始做起,俄罗斯总统普京则提出先走金融合作之路。

(三)设定阶段目标

初级目标。在后金融危机时代,各国发展战略均以保障经济增长,调整经济结构为重。“一带一路”建设伊始应致力于助推沿线地区经济结构转型。为了实现这个目标,需要中国以及沿线国家按经济规律办事,不仅要投资基础设施互联互通,推进区域基础设施、基础产业和基础市场的形成,更要在生产网络的革新上下工夫,提升其在全球经济体系中的地位和作用。

高级目标。基础设施投资结合“东亚生产网络”和“全球生产链”的特点，将有可能催生第三轮增长。打通陆海战略通道之后，具体发展项目得以落地，便有了更广泛互联互通的基础，贸易投资自由化和便利化得以实现。这样，就有可能从根本上缩小经济发展差距，纠正世界经济发展不平衡，形成“后危机时代”全新的国际经济合作格局。

（四）逐步推进

战略发展初级目标与高级目标实现的过程其实是政策沟通、设施联通、贸易畅通、资金融通、民心相通互为因果累积的过程。

政策沟通。构建“一带一路”区域合作治理架构，形成高效协商推进机制。“一带一路”倡议具有很多独特性：一是国家数量多，协商成本高，需要构造一个高效的治理架构和多层次的协调机制，如领导人非正式会议、部长会议、高官会议等；二是各国在文化、产业、资源禀赋方面存在巨大差异，落实包容平等理念需要机制保障，可尝试建立一种以发展为导向的综合治理模式，即“发展＋”治理模式，比如“发展＋环保”、“发展＋道义”、“发展＋安全”、“发展＋人文”等；三是合作任务艰巨，沿线国家的利益相关方来自官方、商业、产业、学术、媒体、军队、民间、宗教等各个领域，仅靠少数大国难以真正带动，需要有机制确保各国的积极参与，才能把这些利益相关方的利益考虑到、照顾到并协调到。

资金融通与设施联通。构建有效的融资合作机制，着力推进基础设施的互联互通。交通、电力、通信等基础设施建设是“一带一路”倡议的优先领域，关键要解决融资问题。当前中国政府已推动建立了亚洲基础设施投资银行、丝路基金（400亿美元）以及金砖银行等机构。另外，中国—东盟基金、中国国家开放银行等也可以对“一带一路”基础设施建设提供一定的支持。各国之间应进一步加强协调，设计富有吸引力的融资模式，如采取BOT、BT、PPP等方式，吸引区内外市场参与者，投身区内基础设施建设和互联互通。

贸易畅通。投资贸易合作项目，着力推进贸易投资便利化。经贸合作是“一带一路”倡议的重中之重，沿线各国应加强协调，深化海关、质检、电子商务、过境运输等领域的合作，提高沿线国家贸易便利化水平。搭建一批具有较大影响力的“一带一路”贸易投资交易与促进平台。充分利用信息化带来的新机遇，大力发展国际营销和跨境电子商务，引导企业在沿线交通枢纽和节点建立仓储物流基地和分拨中心，完善区域营销网络。坚持货物贸易和服务贸易并举，着力促进跨境运输、工程承包、国际旅游等服务贸易，培育具有丝绸之路特色的国际精品旅游线路和旅游产品。

民心相通。“国之交在于民相亲”，只有得到民心的“一带一路”才有坚实的社会根基。最高效且稳固的“民心工程”是沿线国家在文化、轻工业和现代农业等项目上的交融，诸如影视文化、美食文化、中医药、日用品等，相较于高铁、核电、航天科技和港口等更“轻”。这些“轻”项目一是能吸引各国更多中小企业参与,二是各国人民能更具体且充分地感受到“一带一路”战略给地区带来的发展,从供给和需求两侧发力民心,达到润物细无声的效果。另外,传承和弘扬丝绸之路友好合作精神,广泛开展文化交流、学术往来、人才交流合作、媒体合作、青年和妇女交往、志愿者服务等,都应当受到鼓励与支持,例如习近平主席所倡议的“百千万”工程。

四、效 应 分 析

(一) 中国对外开放的升级效应

对外开放是中国一项长期的基本国策。1979 年中国的改革开放,可以称为中国对外开放 1.0 版本,加入 WTO 是中国对外开放 2.0 的开端,而实施“一带一路”战略则是中国对外开放的 3.0 的新开端。

对外开放 1.0 以中国对外开放格局的形成为标志,主要分为四个步骤:一是创办经济特区,二是开放沿海港口城市,三是建立沿海经济开放区,四是开放沿江及内陆和沿边城市。经过由南到北、由东到西的多层次、有重点的实践,中国的对外开放城市已遍布全国所有省市区。

对外开放 2.0 以中国加入 WTO 为标志。根据“入世”承诺,中国不断在国内体制机制创新的基础上,扩大在工业、农业、服务业等领域的对外开放,加快推进贸易自由化和贸易投资便利化,推动了全球和地区产业分工格局的变化,当然,这也帮助中国经济更好地融入了国际经济社会,更好地利用了国际资源和国际市场的优化资源配置功能。

但是,在后危机时期,国际市场需求不断萎缩,外贸摩擦也愈发频繁,霸权主义国家把持下的旧全球治理制度已不适应当前世界与中国的发展关系,新的地区治理战略正悄然升温。中国长期出口拉动的部分行业产能严重过剩,资源能源对外依存度持续攀升,东西地区差异过大也始终是中国需求驱动转型的短板,依靠鼓励出口和依靠拼优惠、拼资源的招商引资的外向型小经济模式已经不适应当前中国社会经济的发展。

对外开放 3.0 以“一带一路”战略为标志,是更高层次、更大规模的开放型经济新体制,通过推动引进来和走出去并举,工业、农业、服务业并举,向发达国家、转型中国家、发展中国家开放并举以促进中国中西部地区和沿边地区对外开放,推动东部沿海地区开放型经济率先转型升级,深挖中国与沿线国家的合作潜力。作为制造业大国,中国可以为丝路国家提供各种日用商品、技术和设备;作为世界第一大外汇储备国,中国更加有实力投资海外,能够与各国共同应对金融风险,能够与急需资金的国家共同把握合作发展机会。“一带一路”将会推进区域合作的进程,中国可以更好地融入世界经济,获得更大的发展空间;沿线国家也可以更好地分享中国经济发展的红利,营造出更加有利于中国发展的国际环境。

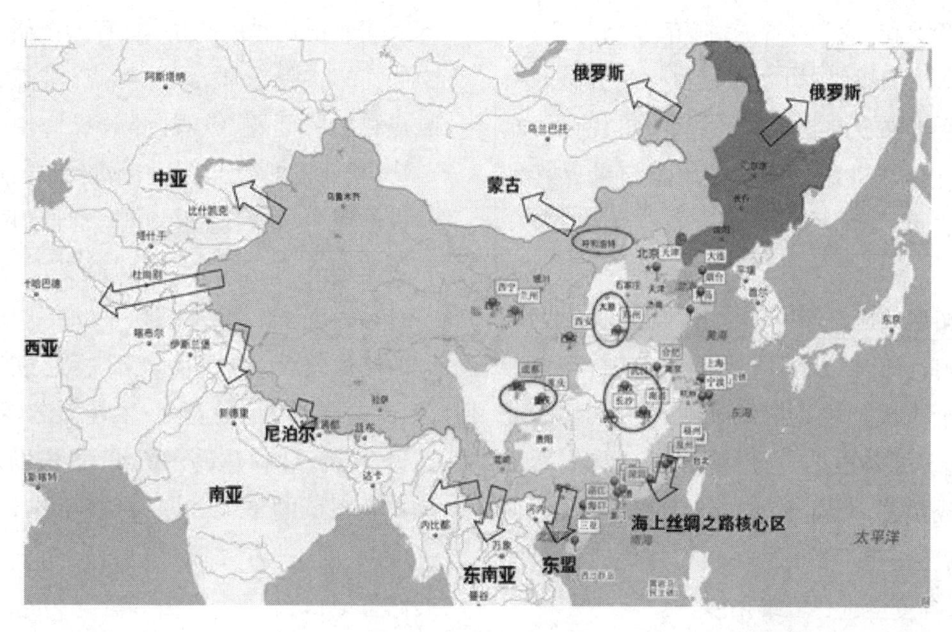

图3　对外开放升级

从对外开放政策的基本内容来看，“一带一路”战略的实施给对外开放带来的升级效应主要包括：通过逐步实施互联互通，激活“一带一路”沿线国家的市场需求，中国的对外贸易将获得巨大进展，特别是出口贸易，有利于中国向世界共享发展成果；在继续积极引进国外先进技术设备的同时，中国已然有能力帮助沿线企业进行技术改造，受益于外商直接投资，中国已拥有一大批优秀的中外合资、中外合作与外商独资企业，可以借助他们的跨境资本运作理念，在沿线地区开拓市场；有助于中国在更大范围内开展更高层次的对外承包工程与劳务合作；“一带一路”是中国发展对外经济技术援助与多种形式互利合作的优质平台；成熟的经济特区和沿海城市，将以更强大的辐射带动能力促进新一轮的对外开放，与以往不同的是这次的对外开放有更多互动，有更多协同。

（二）沿线国家加强合作的平台效应

“一带一路”自身就是一个巨大而包容的平台，这个平台能够容纳诸多利于开展全面合作的平台，诸如“环珠峰”全球论坛、“一带一路”农业与食品交易信息平台、丝绸之路国际博览会、欧亚经济论坛等，这些平台将在推动沿线国家的战略和政策对接、项目和企业对接、组织与机制对接等方面发挥重要的助推器作用，主要凸显“六大效应”：

整合效应。“一带一路”是关于经济和人文合作的倡议，是中国与沿线国家的共同事业。通过各个功能性平台把“一带一路”国家和亚投行成员集中联系起来，把各种资源整合起来，有利于互联互通，及时化解在合作中出现的误解、分歧和矛盾，增强团结意识和“家”的概念,摒弃零和博弈、你输我赢的旧思维,树立双赢、共赢的新理念;有利于加强资源整合和产能合作,优化资金使用,推动成员国之间、成员国与世界其他地区之间实现互联互通、优势互补、合作共赢。

拓展效应。“一带一路”以亚欧非大陆及其附近海洋为地理立足点,但是合作伙伴不限于古代丝绸之路和亚欧非大陆。在此基础上,可以根据实际情况和需要,不断吸纳新成员、扩大新话题、设立具体平台,延伸和丰富“一带一路”的内涵和外延,在广度、深度、高度上进行三维拓展。

深化效应。“一带一路”契合了中国和沿线国家的发展需要,符合有关各方共同利益,但存在道德风险、安全风险、法律风险等,特别是沿线国家法系不同,有大陆法系、英美法系和伊斯兰法系,需要深入研究和准确把握。各个具体的合作平台将在“共商、共建、共享”原则的指导下开展对话交流,有助于打通制约“一带一路”沿线国家深化合作的瓶颈和壁垒,增进沿线国家的相互信任和友谊,特别是增进中国与俄罗斯、印度等大国的友谊,积极争取这些国家的信任、理解和支持,提升“一带一路”的影响力、凝聚力和向心力。

风标效应。“一带一路”是一个开放的概念,是一种新型的国际合作模式,强调所有参与“一带一路”的沿线国家无论大小、强弱和贡献多少,政治和法律地位都是平等的,大家都是参与者、建设者和受益者。各个有具体使命的平台为“一带一路”架设了国家间非正式磋商的桥梁,有助于研讨发展中面临的实际矛盾,议论热点、难点、盲点、亮点和敏感问题,纵观国际风云,预判未来走势,共商发展大计,发出预警信号,彰显风向标作用,有效回避外来风险、地缘风险,找到合作切入点、着力点和利益交汇点,变竞争对手为合作伙伴,实现携手发展。

储备效应。“一带一路”将通过论坛年会、专题研讨会、座谈会、主题报告等方式,探讨“一带一路”建设在贸易、投资以及环境保护等领域的重大问题,寻找合作机遇,推进理念、理论、方式、路径创新,为下一步发展储备项目、思想、方法和智慧,形成同轴、同心、同环、同道、同调的合力发展格局,助力“一带一路”建设。

互补效应。沿线各国资源禀赋具有较强互补性,有的国家拥有丰富的自然资源、能源,中东、中亚、俄罗斯等国是世界上最重要的石油天然气出口国。区域中一些发展中大国,拥有低成本的人力资源,中国、印度、印尼、巴基斯坦、俄罗斯、孟加拉国均是人口过亿的大国,位居世界人口前十位之列。沿线国家产业互补性也很强,既有中国这样的制造业大国,有印度、土耳其等新兴工业化国家,也有不少工业化刚刚起步的发展中国家,还有俄罗斯、中东欧等技术实力雄厚的国家。

(三)互联互通的加速效应

实际上,中国与周边各国的基础设施互联互通建设早已开始。在2009年10月,第十二次中国与东盟领导人会议中就曾提出应加大中国与东盟国家基础设施互联互通的合作力度。2011年，在第十四次中国与东盟领导人会议时曾倡议成立中国—东盟互联互通合作委员会，加快推进互联互通。中国一直致力于加强与周边各国互联互通，但并未将其上升到国家战略层面，以往的互联互通工作存在诸多痼疾。

东南亚地区是互联互通枢纽所在地，大多是发展中国家，虽然人口稠密，但是基础设施建设情况却参差不齐。中亚、西亚地区基础设施普遍薄弱，相邻国家由于交流对话机制不够完善，交通联系先天不足。东欧地区基础设施虽比较完善，但与沿线国家经济文化交流不够频繁，连接性的交通基础设施有待进一步建设。以往基础设施互联互通推进过程中还会受到众多外部环境因素的影响，导致项目举步维艰甚至流产，例如中国在非洲的铁路项目、缅甸水电站合作项目以及铜矿项目、斯里兰卡科伦坡港口城项目等大规模的基础设施建设，都因种种不利的非经济因素而不得不搁浅，导致了巨额损失。

“一带一路”的互联互通，不仅是为了双边经贸往来，更是为了沿线国家的政策沟通、设施联通、贸易畅通、资金融通、民心相通；不仅是零散的修路架桥，更是开放、立体、网状的大联通。“一带一路”战略通过建立互信沟通机制，合理协调各方利益与标准，营造安全环境与信誉约束机制，克服制度与法律障碍，正确处理政府与民间关系，创新投融资机制等使得互联互通能够加速发展。

（四）“一带一路”的经济辐射效应

“一带一路”的经济辐射效应是指沿线经济发展水平和现代化程度相对较高的国家或地区与沿线较落后国家或地区进行资本、人才、技术、市场等要素的流动和转移，使得经济资源的配置效率在更大范围内获得提高，具体特点为：

图4 预计未来5年“一带一路”国家基建投资额

数据来源：申万宏源研究利用《中国直接对外投资统计公报》数据测算而得。测算范围为俄罗斯、蒙古国、中亚五国、东盟十国、印度、巴基斯坦、孟加拉、马尔代夫、斯里兰卡

互联互通的高度发展使得沿线国家或地区间建立起交通网、信息网和关系网，进而使经济更加开放，资源流动更加自由，这是经济辐射的前提条件。通过愈发完备的交通网、信息网、关系网等媒介，前者向后者传递先进的科学技术、资本、管理经验等；后者向前者提供自然资源、人才、市场等。

这种经济辐射的主要模式有点辐射、线辐射和面辐射，且多数辐射源的辐射模式并不固定，比如中国的长三角地区，对于江浙沪而言是面与点的关系，而对于长江经济带而言是点与线的关系，而长江经济带对于中国而言则是一个面状经济区。至于“一带一路”所指的两条“线”，则是亚欧非如此广阔面状地区的高度概括。辐射源建设是经济辐射效应发生的基础，当前“一带一路”辐射源建设主要模式有四个：

1. 沿线园区共建，如中国-白俄罗斯工业园建设；

2. 沿线世界城市网络的协同，包括并不限于全球化与世界城市研究小组与网络(GaWC)团队所公布的世界城市网络体系中的城市；

3. 沿线经济走廊共建，如中巴经济走廊、孟中印缅经济走廊等；

4. 与沿线国家的发展战略相衔接，如“一带”与俄罗斯欧亚经济联盟合作对接、与哈萨克斯坦的“光明之路”新经济计划对接，“一路”与印尼发展海洋经济、建设海洋强国战略实现对接，“一带一路”与中国西部大开发战略和英格兰北部振兴计划对接，等等。

这些辐射源不论是点、线或面，其辐射效应都将包含示范效应、竞争效应和集聚效应。“一带一路”辐射源的示范效应是指相对于辐射源外的地区，辐射源通常享受在土地出让、税收减免、投资补贴、吸引外资等方面的诸多倾斜性政策优惠，这使得源内企业率先依靠先进的生产技术、丝路相关投资和管理制度推动当地经济发展时，源外周边地区便会纷纷模仿和学习，进而获得发展。“一带一路”辐射源的竞争效应是指辐射源作为先行先试的实验点推动地区经济发展时，源外周边地区在区域经济竞争压力下会优化资源配置、强化自身改革来提高经济绩效，否则会面临生产要素的不断外流而失去发展能力。“一带一路”辐射源的集聚效应是指凭借自身所享有的优惠政策扶植，辐射源会在区域发展中形成资本、劳动力等要素配置的集聚经济体，而由于辐射源建设在短期内会迅速吸引大量优质跨国企业和高附加值企业，使得生产要素和经济活动倾向于向辐射源聚拢，同时通过区域经济关联带动周边地区的要素积累与资源配置。

“一带一路”可依托互联互通所建立起日益完备的交通网、信息网和关系网，并以之为支撑，弱化国家或地区间的行政壁垒，促进要素合理流动，并促进沿线各个国家或地区产业的创新与升级，以及相互之间的联动发展。同时，还能对辐射源间的互联互通沿线国家或地区有相当大的带动作用，最终实现点轴开发。

图 5 "一带一路"的点、线、面

五、研究的主要结论

(一)"一带一路"战略将给世界和中国带来巨大的发展机遇

中国倡议并主推的"一带一路"战略,是世界经济格局变化和中国主动参与经济全球化深入发展的必然结果。中国将通过与沿线国家共商共建"一带一路"而发现新的产能合作与产业结构调整升级的路径,从而获得进一步的协同发展动力,在世界经济发展中共同发挥更积极的作用。同时,"一带一路"战略比亚欧非地区任一既有区域合作机制都范围更大、水平更高、层次更深,能够促进区域内经济要素有序自由流动、资源高效配置和市场深度融合,并在经济全球化深入发展的同时避免贫富差距继续扩大,因而也是一种新的全球治理机制。

(二)"一带一路"战略的推进是有重点、多层次的共商共建

"一带一路"沿途经过数十个国家、民族和宗教,文化传统与价值观各异,地区关系复杂,经济发展状况不平衡。凝聚全部沿线地区的战略共识,搁置分歧,共商共建发展经济,是战略推进的首要阶段。共识的凝聚,实质是沿线国家探讨具体战略规划和顶层设计的过程,这个过程的实现则要通过对接沿线地区和国家的既有发展战略,共建园

区和经济走廊,以及示范性项目的落地。通过政策、资金、设施、贸易和民心领域的具体项目的不断推进和深化,来实现所设定的以设施联通和生产网络革新为主的初级目标,和以贸易投资自由化、便利化和平衡发展为主的高级目标。而这些阶段性目标的实现,作为整个规划的正反馈过程,将促进整体规划的深层次化,也将促使沿线地区和国家在合作过程中加强伙伴关系。"一带一路"战略的推进,必然是上述四个主要阶段和各阶段主要内容不断产生正反馈的循环累积过程。

(三)"一带一路"战略的推进效应将是丰富而深刻的

"一带一路"战略开启了中国对外开放3.0,而中国对外开放的这种升级效应将推动中国、沿线各国甚至世界的发展。同时,"一带一路"战略作为一个巨大而包容的平台,也将通过发挥整合效应、拓展效应、深化效应、风标效应、储备效应和互补效应推动沿线各国的战略和政策对接、项目和企业对接、组织与机制对接。高效的协商共建,保证了各个重点互联互通建设项目的有序开展,使得最初零散的修路架桥,成为有加速度的开放、立体、网状的大联通。互联互通的高度发展使得沿线国家或地区间建立起的交通网、信息网和关系网,进而使经济更加开放,资源流动更加自由,经济资源的配置效率在更大范围内获得提高,这就是战略实施所体现的经济辐射效应。

参考文献

[1] 白云真."一带一路"倡议与中国对外援助转型[J]. 世界经济与政治,2015,11: 53 - 71+157 - 158.

[2] 曹云华,胡爱清."一带一路"战略下中国—东盟农业互联互通合作研究[J]. 太平洋学报,2015,12: 73 - 82.

[3] 陈虹,杨成玉."一带一路"国家战略的国际经济效应研究——基于 CGE 模型的分析[J]. 国际贸易问题,2015,10: 4 - 13.

[4] 储殷,高远. 中国"一带一路"战略定位的三个问题[J]. 国际经济评论,2015,02: 90 - 99+6.

[5] 杜德斌,马亚华."一带一路": 中华民族复兴的地缘大战略[J]. 地理研究,2015,06: 1005 - 1014.

[6] 鄂志寰,李诺雅."一带一路"的经济金融效应分析[J]. 金融博览,2015,04: 52 - 53.

[7] 高程. 从中国经济外交转型的视角看"一带一路"的战略性[J]. 国际观察,2015,04: 35 - 48.

[8] 高志刚."丝绸之路经济带"框架下中国(新疆)与周边国家能源与贸易互联互通研究构想[J]. 开发研究,2014,01: 46 - 50.

[9] 公丕萍,宋周莺,刘卫东. 中国与"一带一路"沿线国家贸易的商品格局[J]. 地理科学进展,2015,05: 571 - 580.

[10] 龚婷."一带一路"倡议的中国传统思想要素初探[J]. 当代世界与社会主义,2015,04: 20 - 25.

[11] 郭宏宇,竺彩华. 中国—东盟基础设施互联互通建设面临的问题与对策[J]. 国际经济合作,2014,08: 26 - 31.

[12] 韩永辉,罗晓斐,邹建华. 中国与西亚地区贸易合作的竞争性和互补性研究——以"一带一路"战略为背景[J]. 世界经济研究,2015,03: 89 - 98+129.

[13] 韩永辉,邹建华."一带一路"背景下的中国与西亚国家贸易合作现状和前景展望[J]. 国际贸

易,2014,08: 21－28.

[14] 胡键."一带一路"战略构想与欧亚大陆秩序的重塑[J].当代世界与社会主义,2015,04: 13－19.

[15] 胡志丁,刘卫东,宋涛.主体间共识、地缘结构与共建"一带一路"[J].热带地理,2015,05: 621－627.

[16] 黄益平.中国经济外交新战略下的"一带一路"[J].国际经济评论,2015,01: 48－53＋5.

[17] 姜睿."十三五"上海参与"一带一路"建设的定位与机制设计[J].上海经济研究,2015,01: 81－88.

[18] 蓝建学.中国与南亚互联互通的现状与未来[J].南亚研究,2013,03: 61－71.

[19] 李丹,崔日明."一带一路"战略与全球经贸格局重构[J].经济学家,2015,08: 62－70.

[20] 李楠."一带一路"战略支点——基础设施互联互通探析[J].企业经济,2015,08: 170－174.

[21] 李向阳.构建"一带一路"需要优先处理的关系[J].国际经济评论,2015,01: 54－63＋5.

[22] 李晓,李俊久."一带一路"与中国地缘政治经济战略的重构[J].世界经济与政治,2015,10: 30－59＋156－157.

[23] 林乐芬,王少楠."一带一路"建设与人民币国际化[J].世界经济与政治,2015,11: 72－90＋158.

[24] 林民旺.印度对"一带一路"的认知及中国的政策选择[J].世界经济与政治,2015,05: 42－57＋157－158.

[25] 刘昌明,孙云飞.中国"一带一路"战略的国际反响与应对策略[J].山东社会科学,2015,08: 30－39.

[26] 刘国斌."一带一路"基点之东北亚桥头堡群构建的战略研究[J].东北亚论坛,2015,02: 93－102＋128.

[27] 刘海泉."一带一路"战略的安全挑战与中国的选择[J].太平洋学报,2015,02: 72－79.

[28] 刘慧,叶尔肯·吾扎提,王成龙."一带一路"战略对中国国土开发空间格局的影响[J].地理科学进展,2015,05: 545－553.

[29] 刘卫东."一带一路"战略的科学内涵与科学问题[J].地理科学进展,2015,05: 538－544.

[30] 刘卫东."一带一路"专辑序言[J].地理科学进展,2015,05: 537.

[31] 柳思思."一带一路": 跨境次区域合作理论研究的新进路[J].南亚研究,2014,02: 1－11＋156.

[32] 卢峰."一带一路"的经济逻辑[J].新金融,2015,07: 7－11.

[33] 卢锋,李昕,李双双等.为什么是中国?——"一带一路"的经济逻辑[J].国际经济评论,2015,03: 9－34＋4.

[34] 陆南泉.也谈"一带一路"的背景与实施[J].世界知识,2015,11: 66－67.

[35] 罗雨泽,汪鸣,梅新育等."一带一路"建设的六个"点位"改革传媒发行人、编辑总监王佳宁深度对话六位知名学者[J].改革,2015,07: 5－27.

[36] 马建英.美国对中国"一带一路"倡议的认知与反应[J].世界经济与政治,2015,10: 104－132＋159－160.

[37] 彭博."一带一路"战略探析[J].国际研究参考,2015,09: 1－8＋31.

[38] 彭刚,任奕嘉.互联互通: 经济新常态下的国家战略[J].人民论坛·学术前沿,2015,05: 49－57＋95.

[39] 桑百川,杨立卓.拓展我国与"一带一路"国家的贸易关系——基于竞争性与互补性研究[J].经济问题,2015,08: 1－5.

[40] 史育龙."一带一路"战略的立论基础与推进思路[J].经济科学,2015,03: 7－9.

[41] 宋国友."一带一路"战略构想与中国经济外交新发展[J].国际观察,2015,04: 22-34.

[42] 田惠敏,田天,曾琬云.中国"一带一路"战略研究[J].中国市场,2015,21: 10-12.

[43] 王诚志.中国—东盟互联互通的经济效应研究[D].外交学院,2013.

[44] 王达.亚投行的中国考量与世界意义[J].东北亚论坛,2015,03: 48-64+127.

[45] 王国刚."一带一路":基于中华传统文化的国际经济理念创新[J].国际金融研究,2015,07: 3-10.

[46] 王海运,赵常庆,李建民等."丝绸之路经济带"构想的背景、潜在挑战和未来走势[J].欧亚经济,2014,04: 5-58+126.

[47] 王娟娟,秦炜.一带一路战略区电子商务新常态模式探索[J].中国流通经济,2015,05: 46-54.

[48] 王娟娟.京津冀协同区、长江经济带和一带一路互联互通研究[J].中国流通经济,2015,10: 64-70.

[49] 王俊生."一带一路"与中国新时期的周边战略[J].山东社会科学,2015,08: 50-56+49.

[50] 王敏,柴青山,王勇等."一带一路"战略实施与国际金融支持战略构想[J].国际贸易,2015,04: 35-44.

[51] 王明国."一带一路"倡议的国际制度基础[J].东北亚论坛,2015,06: 77-90+126.

[52] 魏磊.丝路基金助推"一带一路"互联互通[J].国际商务财会,2015,04: 7-11.

[53] 吴蒙.互联互通与中国对外战略[D].外交学院,2015.

[54] 吴湉.天津港建设对"一带一路"区域经济辐射作用的研究[J].中国集体经济,2015,36: 13-14.

[55] 伍琳,李丽琴."一带一路"战略下福建投资东盟的产业选择——基于贸易的竞争性与互补性[J].福建论坛(人文社会科学版),2015,12: 186-191.

[56] 夏丹,武雯,汪伟."一带一路"战略下的商业银行业务发展契机与策略建议[J].新金融,2015,09: 35-39.

[57] 徐念沙."一带一路"战略下中国企业走出去的思考[J].经济科学,2015,03: 17-19.

[58] 许英明."一带一路"战略视角下中欧班列发展路径探讨[J].西南金融,2015,10: 70-73.

[59] 薛力.中国"一带一路"战略面对的外交风险[J].国际经济评论,2015,02: 68-79+5.

[60] 杨韶艳."一带一路"建设背景下对民族文化影响国际贸易的理论探讨[J].西南民族大学学报(人文社科版),2015,06: 38-42.

[61] 杨思灵."一带一路"倡议下中国与沿线国家关系治理及挑战[J].南亚研究,2015,02: 15-34+154-155.

[62] 于翠萍,王美昌.中国与"一带一路"国家的经济互动关系——基于GDP溢出效应视角的实证分析[J].亚太经济,2015,06: 95-102.

[63] 袁胜育,汪伟民.丝绸之路经济带与中国的中亚政策[J].世界经济与政治,2015,05: 21-41+156-157.

[64] 翟崑."一带一路"建设的战略思考[J].国际观察,2015,04: 49-60.

[65] 张红力.金融引领与"一带一路"[J].金融论坛,2015,04: 8-14.

[66] 张军.我国西南地区在"一带一路"开放战略中的优势及定位[J].经济纵横,2014,11: 93-96.

[67] 张可云,蔡之兵.全球化4.0、区域协调发展4.0与工业4.0——"一带一路"战略的背景、内在本质与关键动力[J].郑州大学学报(哲学社会科学版),2015,03: 87-92.

[68] 张明.直面"一带一路"的六大风险[J].国

际经济评论,2015,04：38－41.

[69] 张茉楠.全面提升“一带一路”战略发展水平[J].宏观经济管理,2015,02：20－24.

[70] 赵世举.“一带一路”建设的语言需求及服务对策[J].云南师范大学学报(哲学社会科学版),2015,04：36－42.

[71] 赵天睿,孙成伍,张富国.“一带一路”战略背景下的区域经济发展机遇与挑战[J].经济问题,2015,12：19－23.

[72] 郑蕾,刘志高.中国对“一带一路”沿线直接投资空间格局[J].地理科学进展,2015,05：563－570.

[73] 中国社会科学院“一带一路”研究系列·智库报告[J].经济研究,2015,06：194.

[74] 周五七.“一带一路”沿线直接投资分布与挑战应对[J].改革,2015,08：39－47.

[75] 竺彩华,韩剑夫.“一带一路”沿线FTA现状与中国FTA战略[J].亚太经济,2015,04：44－50.

[76] 邹嘉龄,刘春腊,尹国庆等.中国与“一带一路”沿线国家贸易格局及其经济贡献[J].地理科学进展,2015,05：598－605.

(执笔：上海大学经济学院,陈龙飞；
上海大学社会科学学院,夏 露)

中国古代海上丝绸之路的历史变迁

摘要：海上丝绸之路历史悠久，影响广泛。本文介绍了海上丝绸之路开拓发展的历史阶段，从秦汉时期海上航道的开辟，到隋唐宋元的繁荣鼎盛，再到明清时期由盛至衰，再现了海上丝绸之路的兴衰史。并对海上丝绸之路的主要航线及主要港口做了详细介绍，最后总结了海上丝绸之路给世界各族人民带来的巨大影响。

关键词：海上丝绸之路　历史变迁

说起古代丝绸之路，人们脑海中首先想到的大多是那个茫茫大漠、驼铃声声的悠远画面，其实，这只是陆上丝绸之路，是中国古代海外商贸往来和文化交流的海陆两道之一。它是从中国长安(今西安)出发，经河西走廊、塔里木盆地，穿越帕米尔高原，然后通往土耳其或伊拉克、叙利亚等阿拉伯国家，到达终点站罗马帝国。大量的中国丝绸和丝织品经此路运销西方，德国地理学家、地质学家李希霍芬把这条中西贸易通道形象生动地称为丝绸之路。与此相得益彰的是海上丝绸之路，海上丝绸之路起自中国东南沿海港口，往南穿越南海，经马六甲海峡进入印度洋、波斯湾地区，远及东非、欧洲；或从北方沿海通过东海前往日本、朝鲜。1990年联合国教科文组织以“海上丝绸之路”为主题，发起对丝绸之路的综合考察，使“海上丝绸之路”的提法广为人知。相比与人们更熟悉的陆上丝绸之路，海上丝绸之路延续时间更长，发生范围更广泛，影响更显著。

一、海上丝绸之路开拓发展的历史阶段

中国人的祖先很早就开始了海上活动。先秦时期，居住在沿海地区的百越、东夷的居民，都有一定规模的造船业，他们以船为车，以楫为马，从事海上活动和交流。秦始皇统一中国以后，我国以丝绸贸易为中心的海上交流活动日趋频繁，形成了从中国起

航，面向东北亚、东南亚、印度洋以及波斯湾、东非沿海的海上丝绸之路，其发展阶段可分为以下几个时期：

（一）秦汉时期海上航道的开辟，标志着海上丝绸之路初步形成

先秦和南越国时期的岭南地区海上交往为海上丝绸之路的形成奠定了基础。据考古发现，早在距今6 000年左右，岭南先民已经利用独木舟在近海活动。先秦时期，岭南先民已经穿梭于南中国海乃至南太平洋沿岸及其岛屿，其文化间接影响到印度洋沿岸及其岛屿。赵佗在岭南建立的南越国拥有发达的造船业和强大的海军，主导着南海交通与贸易。南越国的输出品主要是：漆器、丝织品、陶器和青铜器。输入品有古文献所列举的“珠玑、犀（牛）、玳瑁、果、布之凑。”番禺作为南越国的国都和岭南中心城市，是南海北岸的主要港口和舶来品集散中心。在广州西汉南越王墓出土文物里，有一捆五支原支的非洲象牙，同墓出土的还有一只与伊朗出土的波斯薛西斯王的类同的银器——银盒，这是迄今发现最早的海上舶来品。

西汉初年，汉武帝平定南越国后，便派使者沿着百越民间开辟的航线，从广州出发，带领船队远航南海和印度洋，经过东南亚，横越孟加拉湾，到达印度半岛的东南部，抵达锡兰（现在的斯里兰卡）后返航。汉武帝时期开辟的航线，标志着海上丝绸之路的发端。汉初在相当长的一段时间内推行“休养生息政策”，并采取了一系列措施大力扶持和发展农业。伴随着农业的飞速发展，汉代的纺织业也得到了显著发展，官营、私营纺织业这时皆已颇具规模。汉朝政府设置官营丝织作坊，西汉设有东、西两织室，在山东淄博设立三服官，这些官营工场人数众多，具有大规模生产能力。汉代纺织业更普遍存在民间纺织品生产。政府一年间就在各地征收丝帛达500余万匹，丝织品因此成为这一时期的主要输出品。

（二）魏晋南北朝时期为持续发展期

魏晋南北朝时期的中国基本上处于分裂状态，但是同海外国家贸易往来的海上丝绸之路却持续发展，并开辟了新的航路。首先是造船技术有了很大的提高，能造“载六七百人，物出万斛”的船舶；从广东到东南亚各国的商船已经不再沿着海岸近海，而能够在深海航行。南海丝路开辟了自广州起航，经海南岛东面海域，穿越西沙群岛海面的深海航线。这条航线穿越马六甲海峡、印度洋后，向西延伸到了西亚地区。那时，从那婆提（今爪哇）至广州，定期航船的航班期是50天。东晋末，高僧法显大师去天竺（今印度）取经，就是从这条海上丝绸之路回国的。这段时期，丝绸是主要的输出品。输入品有珍珠、香药、象牙、犀角、玳瑁、珊瑚、翡翠、孔雀、金银宝器、犀象、吉贝（棉布）、斑布、金刚石、琉璃、珠玑、槟榔、兜鍪等。

（三）隋唐时期为繁荣期

隋唐时期，中国经济重心南移，社会经济取得了高度的发展，并创造了雄厚的物质基础和空前强大的国力,中国与西方的交通以陆路为主转向以海路为主,海上丝绸之路进入大发展时期。隋炀帝时期开辟了海上丝绸之路的新航线;从广州出发,沿安南(今越南)海岸航行,通过真腊海岸,最后到达马来半岛北部东岸。唐朝宰相贾耽撰《皇华四达记》记录了从沿边州郡进入"四夷"的七条路线,其中登州海行入高丽渤海道、广州通海夷道为主要海路。广州通海夷道贯穿南海、印度洋、波斯湾和东非海岸的 90 多个国家和地区,是中古世界最长的远洋航线,这条航线把中国和东南亚地区、南亚地区和阿拉伯地区联系起来。这些地区都是中国丝绸的集散地,也是当时世界政治、经济、宗教、文化的中心。当时通过海上丝绸之路往外输出的商品主要有丝绸、瓷器、茶叶和铜铁器(含铜钱)四大宗,往国内运的主要是香料、宝石、象牙、犀牛角、玻璃器、金银器(包括白银)、珍禽异兽等。

唐代南海丝绸之路与东南沿海交通紧密对接,并与航向日本、朝鲜的东海丝绸之路相连接,交州、广州、泉州、明州(宁波)、扬州、登州等成为海上丝绸之路上的重要港口。唐朝在广州设立市舶使,创立新的贸易管理制度,宋代以后在其他港口设置市舶司,一直到清代,始为海关制度取代,对海上丝绸之路发展起着重要的促进作用。

(四)宋元时期为鼎盛期

唐安史之乱后,吐蕃、契丹、女真等民族相继崛起,到了北宋,北方先后有辽、西夏和金政权占据,陆上丝绸之路贸易受阻。国际上阿拉伯商人也正在寻找新的贸易路线;而这一时期,中国江南经济和沿海城市进一步发展,加上造船技术的进步和罗盘针的使用,因此北宋海上丝绸之路的贸易更加兴盛,到了南宋更是空前繁荣。官方除了坚持实行开放政策,积极经营对外贸易外,又允许私人出海贸易,还大力鼓励外国人到中国贸易,宋代先后在广州、明州、杭州、泉州、温州、秀州和密州等沿海港口设置市舶司,管理海外贸易,而以粤、闽、浙最为紧要,合称"三路市舶"。神宗时颁布了中国历史上第一部海洋贸易管理条例——《广州市舶条》。

宋代商品出口能力突破了以往的水平。宋朝农业生产技术水平明显提高,加上土地开垦和水利兴修,粮食作物和经济作物种植面积得到扩大,稻、麦、茶、桑种植更为普遍,单位面积产量有所提高。手工业上,各种作坊的规模和内部分工的细密都大大超过了前代。以出口的"三大件"为例。茶叶生产上,北宋江南茶园遍布,淮南还出现了种茶专业户"园户",茶叶产量大、品种多,制茶技艺也显著提高。丝织业进入大发展时期。东京的绫锦院,真宗年间有织机 400 多张,润州织罗务年产量万匹,新兴丝织业中心城市婺州,"万室鸣机杼,千艘隘舳舻"(司马光诗),号称"衣被天下"。太湖流域"茧簿山立,缫车之声连甍相闻"(李觏《富国策》)。制瓷业更是发展空前,窑户遍布全国,官窑(河南开封)、钧窑(河南禹州)、汝窑(河南汝州)、定窑(河北曲阳)、哥窑(浙江龙泉)是北宋五大名窑,其生产的瓷器精美,数量和品种均大大超过前代,其胎质、釉色、花纹、样式各有特色,争相媲美。

元代,同中国贸易的国家和地区已扩大到亚、非、欧、美各大洲。特别是1258年,西亚阿拔斯王朝被旭烈兀率领的元朝西征军推翻,强大的阿拉伯帝国的帆船队败落,元朝商船队在海上丝绸之路上获得空前机遇,使得元海外活动的范围远远超越前代。据元代航海家汪大渊的《岛夷志略》记载,元代同中国进行丝绸、瓷器贸易的地区和国家就多达220个。另外,元代对海外贸易的法规进行了修订,先后颁行了《至元市舶法》、《延祐市舶法》,堪称中国历史上第一部系统性较强的外贸管理法则。

(五)明清时期为由盛转衰的转折期

明初郑和七下西洋,是我国开拓海上丝绸之路的伟大壮举,其规模之大,次数之多,延续时间之长,所到地区之广,在中外航运史上都是空前的。但是在郑和下西洋之后,明清两代政府实行海禁政策,压制了唐宋以来蓬勃发展的海洋贸易,长期关闭除广东之外的福建、浙江市舶司。清朝统一台湾后,在沿海设置了粤、闽、浙、江四海关,由于历史、地理、政治等因素,中国与西方国家的贸易逐渐集中到广东。1757年,清廷将对欧洲贸易限于广州,即所谓的“一口通商”,一直到鸦片战争后五口通商为止。

二、海上丝绸之路的主要航线和主要港口

从中国沿海起航的海上丝绸之路主要有两条:

一是东海丝绸之路,分北线和南线。

北线自登州、莱州起航,越渤海,经百济、对马、壹岐等海域,抵日本博多、难波。

南线自楚州、扬州、越州、明州等地起航,渡海抵日本。

二是南海丝绸之路,分南线和东线。

南线是海上丝绸之路最早开辟的、最主要航线。自番禺(今广州)、徐闻、合浦起航,进入南海,沿着中南半岛沿海海域,穿越马六甲海峡,进入印度洋,至西亚和非洲东海岸各国,支线经波斯湾、红海,延伸至欧洲。

东线开辟于16世纪大航海时代,自广州、澳门、漳州月港起航,抵菲律宾马尼拉,再横渡太平洋到美洲新大陆。

主要港口:

广州,古称番禺,位于南海之滨,凭借自身拥有的海上交通中心的优越条件,成为中国古代海上丝绸之路的发祥地。从3世纪30年代起,广州已成为海上丝绸之路的主港。唐宋时期,广州成为中国第一大港,是世界著名的东方港市。由广州经南海、印度洋,到达波斯湾各国的航线,是当时世界上最长的远洋航线。元代时,广州的中国第一大港的位置被泉州替代,但广州仍然是中国第二大港。在海上丝绸之路2 000多年的历史中,相对其他沿海港口,广州被认为是唯一长期不衰的港口。明初、清初海禁,广州长时间处于“一口通商”局面。

泉州，唐代置州，是古代中国海外交通贸易重要港口，海上丝绸之路起点之一，唐五代环城种植刺桐树，亦别称“刺桐城”。宋末至元代时，泉州超越广州，并与埃及的亚历山大港并称为“世界第一大港”，与世界近百个国家和地区商贸文化交往密切，影响力可与亚历山大港匹比。国内外商贾从泉州运载丝绸、瓷器、茶叶等货物往他国销售，从他国运来香料、药材、珠宝到中国贸易，泉州港呈现出“涨海声中万国商”的繁华景象。意大利旅行家马可·波罗在其《游记》中盛赞：“刺桐港是世界最大的港口，胡椒出口量乃百倍于亚历山大港”；摩洛哥旅行家伊本·白图泰则发出了“刺桐(港)为世界第一大港，余见港中大船百艘，小船无数”的赞叹。

宁波，古称明州，位于东海之滨，甬江下游，是奉化江、余姚江、甬江交汇处，南通闽、粤，东临日本，北与朝鲜半岛遥遥相望，自古有“海道辐辏之地”之称。2 400 多年前，杭甬运河的修建，连通了宁波到杭州的交通命脉，再加上京杭大运河航运，宁波成为大运河出海口，通过钱塘江、长江、大运河等众多水系，使宁波港的辐射力拓展到众多内陆省份。唐长庆元年(821)明州迁治三江口后，构建州城，兴建港口，置官办船场，修杭甬运河等一系列重大举措，使宁波成为我国港口与造船最发达的地区之一，成为日本遣唐使的主要登陆港之一。北宋淳化二年(991)始设市舶司，成为中国通往日本、高丽的特定港，同时也始通东南亚诸国。两次受旨打造“神舟”，造船技术居世界领先地位。宋元时期与广州、泉州同时列为对外贸易三大港口重镇。

扬州，扬州在中国航海和水运史上举足轻重。早在春秋末年，吴王夫差筑邗城开邗沟，便揭开了扬州作为港埠的序幕；至盛唐，扬州成为中国东南沿海一个相当发达的著名国际大港，大食、波斯的航商侨居者有数千人之众。扬州作为长江和京杭大运河的交汇点，兼得江、河、海运之便。在隋朝就确立了全国水陆交通枢纽地位。唐代扬州由于处在长江河口段时期，有适宜的港口，又处在南北大运河中段淮南运河入江的河口位置上，南向可以进入江南运河，直达杭州，东向可以出海，直达日本或南下西洋，西向可以溯江而至襄鄂，或由九江南下洪州，转由梅岭之路到达广州，北向沿着运河直抵京洛，有着四通八达的水陆交通线路，是每个通商大港最为理想的市场和财货集散地。那时，扬州港是对日本、新罗、高丽、百济等国家直接通商的口岸，并和南亚、西亚的林邑、昆仑、狮子国、波斯、大食等许多国家和地区有较多友好往来。

漳州，漳州月港曾在海上丝绸之路的时空链条中起着重要的作用，月港在漳州城东南 20 公里，北距泉州城 80 公里属于内河港，港道从海澄港口起，沿南港顺流而东，要经海门岛才到九龙江口的圭屿，再经今天的厦门岛方可出海。正因为月港港道水浅，大型舶船不能靠岸，不利于官府掌控，管理和盘查，月港很快一举成为东南沿海最大私商港口。在西方商业扩张势力东进时，内地私商可以通过月港到近海的西方商业据点去交易。1567年隆庆元年，明朝廷迫于内外压力，解除海禁开放月港，“准贩东西洋”，月港终于得到正名，迎来中国海外贸易的月港时代，繁荣兴旺近200年，与东南亚、印度支那半岛以及朝鲜、琉球、日本等47个国家和地区有直接贸易往来，并以吕宋（菲律宾）为中转，与西班牙荷兰等西欧扩张势力相互贸易，在我国外贸史上占有重要地位。

福州，地处福建闽江口。福州开港的历史比泉州更古老。汉元封元年设东冶县（县治福州）置东冶港，将福州开辟为对外交通和贸易的港口并与中南半岛、夷洲（今台湾）、日本、澶洲（今菲律宾）开辟定期航线。唐后期文宗大和年间（公元827—835年）在此设置了市舶司，管理海税等税的征收。唐五代，福州怀安窑所产的外销陶瓷器直接贩运至日本及东南亚各国，阿拉伯商船满载各国货物航抵福州，国人与之交易后，携舶来品溯闽江而上将货物贩卖至全国各地。唐末五代王审知及其后裔治闽期间重视海外交通贸易的发展，并设立市舶司作为管理海外贸易的专门机构。宋元时期是整个福建海外交通最发达时期，福州亦是重要贸易港口，成为当时第一大港泉州港的重要支线港和重要支撑，同时是全国重要造船基地之一，造船工艺先进装备精良，在全国居领先地位。明朝，福州太平港为郑和七下西洋候风扬帆出发地。并在福建市舶司从泉州迁至福州后成为与琉球的经贸文往来的窗口。清道光二十四年（1844），福州正式辟为五口通商口岸。

蓬莱，即先秦时期的黄、腄两地，今之山东烟台市蓬莱县。濒临渤海，与辽东半岛隔海相望。是唐代内对东北地区，外对高丽、日本的主要港口，又可南下入大运河，或由沿海入长江口。山东自古以来是我国丝织品的主要产地，并盛产黄金。经济及航海的地位都极重要，是北方第一大港。据现有可查阅资料表明，历朝历代朝、日使节共有65次在登州登陆的记录。唐宋时，在此设立“新罗馆”、“高丽馆”专门接待水路来朝的使节。

徐闻，徐闻县是广东最早的县治之一，远在汉武帝元鼎六年（公元前111年）已经设置。它位于雷州半岛南端，与海南岛隔海相望，是汉代海上丝绸之路最早发祥地。据《汉书·地理志》记载，汉武帝曾派人从徐闻（今广东徐闻）、合浦（今广西合浦）港出海，经过日南郡（今越南）沿海岸线西行，到达黄支国（今印度境内）、已不程国（今斯里兰卡），随船带去的主要有丝绸和黄金等物。这些丝绸再通过印度转销到中亚、西亚、和地中海各国。这是“海上丝绸之路”最早的记载。

北海（合浦），西汉元鼎六年（公元前111年）设置合浦郡，是汉朝南海对外海上贸易的中心和枢纽。因为当时珠江出海口尚未开辟，从中原来的物资，通过湘江进入灵渠，沿桂江南下到藤县、苍梧、梧州囤积，再沿北流江南下，进入南流江，运到被称为“海口”的北海。因此，合浦早在先秦便成了中国海上丝绸之路最主要的出海基地和口岸，并在随后的两千多年历史中成为中外通商往来的重要门户和节点。

处在海上丝绸之路上的外国港口城市有:

室佛利逝,即今日印度尼西亚苏门答腊的巨港,就是唐时的三佛齐,处于海上丝绸之路的要道上,是商舶从太平洋入印度洋的中途停泊地和货物转运站。从广州到三佛齐,“泛海便风二十日”。

占城,今越南南部的占城,在宋代取代交州成为印度支那的国际贸易中心,各国商人云集。961 年至 1174 年,占城遣使来华足有 60 次之多。这期间,占城战乱频仍,致使在占城定居经商的阿拉伯人纷纷移居岭南沿海。据《宋史》载,986 年,阿拉伯商人蒲逻遏率百余人从占城来到海南岛的儋州,以后跟随而来的商人很多,使海南岛的对外贸易一时大为活跃。

故临,今印度喀拉拉邦奎隆县城镇和行政中心,是宋代中国与阿拉伯地区之间海上交通的重要中转站。《岭外代答》、《诸蕃志》分别记载了宋人商船从广州及泉州出发到达印度喀拉拉邦奎隆这个当时海上贸易之路中转站的航线的情况。

乌剌,位于底格里斯河和幼发拉底河交汇的夏台 · 阿拉伯河西岸,南距波斯湾 55 公里,是伊拉克第一大港及第二大城,建于 635 年。

阿丹,今也门的亚丁,位于阿拉伯半岛的西南端,扼守红海通向印度洋的门户,素有欧、亚、非三洲海上交通要冲之称,也是世界著名的港口。

此外还有日本的难波、朝鲜的乐浪、马尼拉交趾、埃及的达米塔,肯尼亚的马林迪、沙特阿拉伯的麦加、东非的桑给巴尔等。

三、海上丝绸之路的历史影响

海上丝绸之路把世界各地的文明古国如:希腊、罗马、埃及、波斯、印度和中国,又把世界文化的发源地如埃及、两河流域、印度、美洲印加和中国等连接在一起,形成了一条连接亚、非、欧、美的海上大动脉。使这些古代文明经过海上大动脉的互相交流而放出了异彩,给世界各族人民的文化带来了巨大的影响。

第一,促进了东西方生产力的发展和经济的繁荣。中国丝绸的外传有助于改善当地人民的穿衣问题,古代南亚、东南亚各地人民都喜欢穿中国的丝绸制的筒裙直到今天仍然如此;美化了人民的生活,东南亚地区人民“以帛缠首”在中国文献中比比皆是。至今缅甸人辗仍喜戴丝绸制的“岗包”(帽子),这就是说丝绸还可作为一种修饰品来丰富和美化人民生活;海上丝绸之路还远远不只是向外传布丝绸,还把中国古代的发明创造,如指南针、火药、造纸和活字印刷术、瓷器、医学、中草药等传布到世界各地。同时也把外国的特产如:珍珠、宝石、象牙、犀角、香料;矿产如:金、银、铜;动植物和经济作物等新品种传入中国。海上丝绸之路影响中国社会生活的一个重要方面,就是各种香料的输入。这些香料分别出产于东南亚、南亚次大陆、阿拉伯半岛、非洲东海岸等地，种类繁多，名目不一，在中文古籍中可以找出上百种名称，包括丁香、沉香、伽南香、鸡舌香、苏合香、安息香、龙脑香、胡椒等等。虽然香料也由陆上丝绸之路输入中国，但主渠道则是海上丝绸之路。海外各国普遍将香料作为贡品呈献给中国皇帝，而且往往动辄进贡成千上万斤，甚至有一次超过十万斤的。更多的香料则是由中外商人贩运入华的。来自海外异国的香料通过各种途径被输入中国后，或与食物一起直接烹煮，或被加入到药物中，或被加工成液体(如香水)，或被做成固体(如香丸)，广泛用于烹饪、医疗、美容、家居、祭祀等领域。这种发明创造和生产技术的互相交流，促进了人类历史的前进和社会生产力的发展，丰富了人类文化的内涵，而且还深刻影响了古代各国人民的社会生活。

第二，海上丝绸之路是东西方友好交往的重要通道，是各国政府之间建立政治联系的纽带。南海诸国派遣使节，经由海上丝绸之路前来中国。唐朝以后，历代王朝在广州等港口设置市舶使(司)主管海路邦交外贸，设立馆驿接待外国使节。承担外交事务、主管海外贸易成为沿海地区官员的一项重要职能。唐朝海路大通，中外交往盛况空前，与中国有官方关系的国家和地区多达 70 余个。唐诗云："开元太平时，万国贺丰岁"；"梯航万国来，争相贡金帛。"宋元时期与中国有交往的国家、地区多达 140 多个。从地中海西部的西班牙南部，经过地中海，非洲东部，穿过印度洋各国，到中南半岛和南海诸国，直至中国东南沿海各地，都在海上丝绸之路所编织的海洋贸易网络之中。明初经过郑和下西洋等事件推动，永乐朝有 46 个国家由海路前来朝贡。海上丝绸之路开辟了中国文明影响世界、维系对外友好关系的重要途径。

第三，海上丝绸之路促进了东西方思想文化的交流。中国的纺织、造纸、印刷、火药、指南针、制瓷等工艺技术，绘画等艺术手法，通过海上丝绸之路传播到海外，在中国周边国家和地区产生了重要影响，对近代西方各国发展也产生一定程度的影响。与此同时，西方的音乐、舞蹈、绘画、雕塑、建筑等艺术，天文、历算、医学等科技知识，佛教、伊斯兰教、摩尼教、景教等宗教，通过海路传入中国。在中国早期的佛教传播中，有不少外国或中国僧人取道海上丝绸之路，其中最著名的有昙摩耶舍、菩提达摩、法显、义净等。同样，在伊斯兰教东传的过程中，海上丝绸之路也发挥了重要的历史作用，当时穆斯林商人一手提着货物，一手拿着《古兰经》，乘着海船向东方驶来，在中国古代名港广州、泉州、扬州等地留下了不少伊斯兰教的遗迹。16 世纪天主教耶稣会传教士入华也大都由海路而来，如利马窦、汤若望等，他们一方面向中国人传播西方的科学知识和天主教教义，另一方面将中国文化介绍到西方，从而在西方形成一股东方热潮。中国既是宗教文化的接受者，也是宗教文化的传播者。中国的儒教、佛教、道教曾对周围国家产生了不小的影响，例如佛教在传入日本、朝鲜的过程中,中国的天台宗、华严宗、禅宗对其影响巨大。此外,以妈祖信仰为代表的中国民间信仰也随着海员、海外移民而传入海外,尤其是在东南亚地区,其影响不容忽视。

第四,海上丝绸之路开阔了普通人的视野,带来了古代人口洲际间的流动。海上丝路的打开,让不少域外的人士,随着航海船,经过狂风和海浪的洗礼来到中国的各个港口城市。在唐代扬州,不仅有西亚的大食国(阿拉伯国家)人、波斯(伊朗)人,还有东南亚的婆罗门(印度)人、昆仑(马来西亚一带)人、占婆国(越南)人以及东北亚的日本、新罗、高丽等国人。新罗人崔致远曾于唐代乾符年间来到扬州,在淮南节度副大使高骈属下任都统巡官承务郎一职,为高骈掌管"笔砚军书"事务,深受高骈的赏识,赐官至殿中侍御史、内供奉、赐佩紫金鱼袋。崔致远所撰的《桂苑笔耕集》中,曾用题柳诗来作为结尾,足以说明他对扬州有着深厚的感情。宋元时期的泉州也聚集了不同肤色、不同服饰的外国商人和前来进贡朝廷的诸国使者,一些外国商人,聚居在泉州城南一带,形成了"蕃人巷"。中国人也借助海上丝绸之路,探索海外世界,唐、宋、元各代,特别是从明代开始,中国海商和破产的农民,为了往海外谋生,通过这条海上丝绸之路流亡到世界各地定居,并婚娶繁衍,这是造成今天海外华侨人数众多的原因之一,他们对发展当地的工农业生产,繁荣商业和城市建设,都作出过很大贡献。

在漫长历史进程中,始于两千多年前的古代海上丝绸之路,同陆上丝绸之路交相辉映,记载着中外人民友好往来、互通有无的文明和历史。今天,面对着复杂多变的国际形势,中国国家领导人高瞻远瞩,以宽阔的全球视野,提出了建设"21 世纪海上丝绸之路"的战略构想,从而赋予古老的海上丝绸之路以新的意义与生命。可以相信,随着"21 世纪海上丝绸之路"建设步伐的加快,一个更富活力的中国对促进区域繁荣、推动全球经济发展必将起到更加重要的作用,中国的社会生活也必将变得更加丰富多彩,欣欣向荣。

(执笔:上海大学经济学院,姜立杰)

海洋产业

中国海洋产业转型升级研究

摘要：文章综合运用相似系数、新兴产业比重、劳均增加值、岸线增加值、科技创新度等指标测度出中国的海洋产业发展存在产业结构不合理、产业效率较低下两方面的问题，产业转型升级势在必行。从海洋产业结构优化度及海洋产业转型度两个角度出发，设计了测度海洋产业转型升级的指标体系，对中国沿海 11 个省市区的海洋产业转型升级水平进行测度。运用聚类分析，将沿海 11 省市区分为四种类型。根据各类型地区的特征及存在的共同问题，提出海洋产业转型升级策略。

关键词：中国海洋产业　产业结构　产业效率　产业转型升级

进入 21 世纪以来，越来越多的沿海国家都制定了海洋强国战略，把海洋经济发展提到了战略高度。中国在“十二五”规划中明确提出要“大力发展海洋经济”，“坚持海陆统筹，制定并实施海洋发展战略，提高海洋开发控制综合管理能力”，标志着中国“海洋强国战略”的全面实施。

海洋经济已成为拉动中国国民经济发展的有力引擎，成为中国经济发展的新增长点。2012 年中国海洋产业生产总值突破 5 万亿元，占国内生产总值的 9.6%，海洋经济增长 7.9%，略高于 7.8%的 GDP 增速，“十一五”时期海洋经济年均增长 13.5%①。但从全球海洋产业的价值链角度，中国依然在价值链的低端，处于加工、制造环节，附加价值和技术含量都很低。而当今全球性的“人口、资源、环境”问题越来越突出，抢夺海洋资源的战争愈演愈烈，加快海洋产业转型升级势在必行。

① 2012 年中国海洋产业生产总值调查探讨. http://www.chinairn.com/news/20130510/11373682.html

一、文献回顾

国外学者立足于产业同构视角,对产业结构状况进行了研究,Kim(1995,1998)①发现在19世纪末20世纪初时期制造业较为集中,而随着经济的发展,20世纪中期后制造业集中度急剧下降,产业结构的差异性显著降低。Amiti(1998)②、Brulhart(2001)③通过研究产业的基尼系数,发现欧盟各国地区专业化趋势略微提高,但制造业集中程度略有下降。Chettys(2002)④根据M. Porter集群理论对新西兰海洋产业集群演化过程与国际竞争力的提升过程进行了动态关联分析,提出集群演化过程是一个结构调整和组织成长综合作用的结果。Nijdam和Langen(2004)⑤对荷兰海洋产业集群中领军企业的行为进行了相关研究,认为集群化的竞争优势在于这些领军企业的行为以及他们之间的相互作用关系。

国内学者们通过对中国海洋产业现状以及海洋产业结构的研究,认为中国的海洋产业结构存在不合理之处,与世界上的海洋强国相比,中国对海洋的利用程度不高,海洋产业结构亟需优化升级。黄瑞芬、苗国伟、曹先珂(2008)⑥运用霍夫曼系数、第三产业增长弹性系数等指标,从横向和纵向两个角度对沿海省市海洋产业结构进行了比较分析与评价,并提出优化海洋产业的对策。李宜良、王震(2009)⑦通过研究中国海洋产业现状及存在的问题,提出了海洋产业优化升级的对策建议。武京军、刘晓雯(2010)⑧研究了中国海洋产业的发展情况,对中国主要海洋产业进行排序,并分类,提出了各省海洋产业优化调整对策。王丹等(2010)⑨分别应用主成分分析法和Weaver Tomas组合系数法,研究出辽宁省海洋经济"支柱产业地位稳定,主导、潜导双向转移"的产业功能结构演变模式和以大连为稳定核心发展的

---

① Kim S. Expansion of Markets and the Geographic Distribution of Economic Activities: The Trends in U. S. Regional Manufacturing Structure,1860-1987[J]. The Quarterly Journal of Economics,1995, 110(4): 881-908. Kim S. Economic Integration and Convergence: US. Regions, 1840-1987[J]. Journal of Economic History, 1998, 58(3): 659-683.

② Amiti M. New Trade Theories and Industrial Location in the EU: A Survey of Evidence[J]. Oxford Review of Economic Policy, 1998, 14(2): 45-53.

③ Brulhart M. Evolving geographic Concentration of European Manufacturing Industries [J]. Weltwirtsch — aftliches Archiv, 2001 (9): 145-174.

④ Chetty, S. (2002). Disasters and transport systems: Loss, recovery and competition at the Port of Kobe after the 1995 earthquake. Journal of Transport Geography, 2002, 8(7): 53-65.

⑤ Nijdam, M. H., and Langen, P. W. de. Leader Films in the Dutch Maritime Cluster. Paper presented at the ERSA Congress, 2003(32): 16-27.

⑥ 黄瑞芬,苗国伟,曹先珂. 我国沿海省市海洋产业结构分析及优化[J]. 海洋开发与管理. 2008(03): 54-57.

⑦ 李宜良,王震. 海洋产业结构优化升级政策研究[J]. 海洋开发与管理. 2009(06): 84-87.

⑧ 武京军,刘晓雯. 中国海洋产业结构分析及分区优化[J]. 中国人口·资源与环境. 2010(S1): 21-25.

⑨ 王丹,张耀光,陈爽. 辽宁省海洋经济产业结构及空间模式演变[J]. 经济地理. 2010(03): 443-448.

空间模式。

有些学者从产业结构优化的标准出发，研究中国海洋产业结构转型升级的三次产业内外部结构标准。于海楠等(2009)①运用“三轴图”法对中国海洋产业结构的演进过程进行分析，得出海洋产业结构呈现出由第一产业占主导，第二、第三产业迅速发展并最终由第三产业占主导地位的“三二一”结构顺序的动态演化过程。翟仁祥、许祝华(2010)②采用产业结构变度 M 指标、产业结构变动幅度 K 值指标、产业结构熵指数 Et 指标等对江苏省海洋经济产业结构变动的方向、速度及效率进行定量测算。也有学者提出海洋产业结构的优化标准与陆域产业结构存在着差异，不能简单地将“三二一”为序的产业结构作为标准。照搬陆域产业将提高海洋第三产业比重作为标准是不合适的，要以海洋资源是否得到合理的开发为标准，突出海洋第二产业的地位(纪玉俊、姜旭朝，2011)③。

总体而言，海洋产业结构的研究成果主要集中在对海洋产业的发展现状、发展中存在的问题，海洋产业的地区差异、地区发展对策研究，海洋产业结构分析、产业结构与国外比较等方面，且研究海洋产业结构转型升级的文献，多数研究不太关注海洋产业效率即海洋产业转型问题，而是集中在海洋产业结构的现状上，来阐述海洋产业结构不合理并提出海洋产业发展的对策。

二、中国海洋产业发展问题剖析

目前，中国海洋产业发展过程中由于产业结构趋同、战略性新兴产业发展滞后导致产业结构不合理，加上产业效率较低下，问题较为突出，产业转型势在必行。

(一) 中国海洋产业结构不合理

1. 中国海洋产业结构趋向同构化

中国海洋产业结构倾向同构化主要表现在地区间海洋三次产业结构相似性较高，产业结构存在较严重的趋同现象。从表 1 可以看出，中国沿海 11 省(市、区)海洋产业结构的相似系数大部分在 0.9 以上，具有高度的产业同构现象，其中，最小值天津和海南的产业结构相似度也达到 0.694。

中国各地区海洋资源禀赋、经济基础、政策条件、人才技术等都不同，适宜发展的海洋产业也不同，而从相似系数来看，中国

---

① 于海楠，于谨凯，刘曙光. 基于“三轴图”法的中国海洋产业结构的演进分析[J]，云南财经大学学报. 2009(04)：71-76.

② 翟仁祥，许祝华. 江苏省海洋产业结构分析及优化对策研究[J]. 淮海工学院学报，2010(01)：88-91.

③ 纪玉俊，姜旭朝. 海洋产业结构的优化标准是提高其第三产业比重吗？——基于海洋产业结构形成特点的分析[J]. 产业经济评论，2011(10)：82-94.

各地区的产业趋同现象较严重,这在某种程度上意味着存在特色资源利用效率低,重复建设,不能形成规模经济等问题。各地区海洋支柱产业及相关产业结构的趋同化,必然会造成小规模、高成本、低收益的产业格局,形成资源浪费的局面。

表 1 2010 年各沿海省份海洋产业结构相似系数

地区＼相似系数＼地区	上海	浙江	江苏	广东	广西	海南	福建	山东	天津	河北	辽宁
上海	—	0.976	0.939	0.983	0.934	0.910	0.979	0.957	0.872	0.924	0.963
浙江	0.976	—	0.987	0.997	0.981	0.890	0.999	0.996	0.943	0.979	0.997
江苏	0.939	0.987	—	0.986	0.962	0.809	0.981	0.997	0.984	0.999	0.981
广东	0.983	0.997	0.986	—	0.963	0.869	0.995	0.993	0.945	0.978	0.987
广西	0.934	0.981	0.962	0.963	—	0.919	0.984	0.975	0.910	0.953	0.993
海南	0.910	0.890	0.809	0.869	0.919	—	0.905	0.848	0.694	0.784	0.906
福建	0.979	0.999	0.981	0.995	0.984	0.905	—	0.992	0.931	0.972	0.998
山东	0.957	0.996	0.997	0.993	0.975	0.848	0.992	—	0.969	0.993	0.992
天津	0.872	0.943	0.984	0.945	0.910	0.694	0.931	0.969	—	0.991	0.934
河北	0.924	0.979	0.999	0.978	0.953	0.784	0.972	0.993	0.991	—	0.973
辽宁	0.963	0.997	0.981	0.987	0.993	0.906	0.998	0.992	0.934	0.973	—
全国	0.974	0.999	0.992	0.998	0.973	0.870	0.997	0.998	0.954	0.985	0.993

注:全国与各省市的产业结构相似系数中,全国指的是全国海洋产业的三次产业结构
数据来源:《2011 年中国海洋统计年鉴》

2. 中国海洋战略新兴产业滞后化

海洋战略性新兴产业是以科技含量大、技术水平高、环境友好为特征,处于海洋产业链高端,引领海洋经济发展方向,具有全局性、长远性和导向性作用的海洋新兴产业。包括:海洋生物医药业、海水利用业、海洋电力业。

中国海洋战略新兴产业滞后化,主要表现在海洋战略新兴产业起步晚、规模小、底子薄。目前,中国基本形成了海洋渔业、海洋油气业、海洋交通运输业和滨海旅游业四大支柱产业。海洋生物医药业、海洋电力业和海水利用业属于海洋战略新兴产业,虽近年来发展迅速,增长速度保持在 10%以上,但占海洋产业总增加值的比例较小(见表 2),产业规模较小。数据显示,发达国家科学进步因素在海洋经济发展中的贡献率已达到 80%左右,而我国只有 30%多。战略性新兴产业的发展最离不开的是科技进步,必须加快科技发展,促进传统海洋产业的高新技术化。

表2 2006至2010年中国海洋战略新兴产业占比

年份	2001	2002	2003	2004	2005	2006	2007	2008	2009	2010
规模	0.22%	0.36%	0.44%	0.42%	0.49%	0.51%	0.54%	0.62%	0.63%	0.81%

数据来源：历年《中国海洋统计年鉴》数据整理而来

(二) 中国海洋产业效率较低下

1. 中国海洋产业劳均增加值差异大

中国海洋产业劳均增加值差异大首先表现在与国外海洋产业差距较大；其次从分地区角度而言，中国沿海11个省市区的劳均增加值差异大，且和陆域产业相比产业劳均增加值低。

如表3所示，中国海洋产业劳均增加值从2001年的8.0增加到2010年的20.0，增长了150%。但美国2004年海洋经济的劳均增加值就已经达到49.2万元/人，远高于我国2010年海洋产业效率的20.0万元/人，也远大于我国同期水平。2004年，如表4所示，美国的海洋矿业劳均增加值达到542.25万元/人，是我国2010年海洋矿业的53倍之多，可见，中国与美国海洋产业效率差距较大。

表3 中国海洋产业劳均增加值 （单位：万元/人）

	2001	2005	2006	2007	2008	2009	2010
海洋渔业及相关产业	2.8	2.4	2.3	2.4	2.8	3.1	3.4
海洋油气业	14.3	11.1	14.8	18.7	27.9	34.8	33.9
海洋矿业	1.0	1.5	2.2	5.3	5.5	8.4	10.2
海洋盐业	2.2	1.7	1.4	1.7	1.7	1.6	1.7
海洋化工业	4.0	3.6	4.3	6.3	6.2	17.6	19.8
海洋生物医药业	9.5	16.5	20.6	21.1	31.8	38.7	45.4
海洋电力和海水利用业	4.1	3.9	4.5	5.5	5.9	8.7	10.3
海洋船舶工业	5.3	4.3	5.3	6.6	8.8	10.6	16.1
海洋工程建筑业	2.8	2.8	3.5	4.0	4.3	7.0	8.1
海洋交通运输业	25.9	22.5	24.6	26.7	30.6	32.1	37.6
滨海旅游业	13.7	14.7	10.1	13.0	16.8	21.6	25.9
海洋产业	8.0	11.1	12.6	14.0	16.0	16.9	20.0
全部海洋产业	4.5	6.3	7.3	8.1	9.2	9.9	11.8

注：劳均增加值＝海洋产业增加值/海洋产业就业人员数；海洋产业包括主要海洋产业及海洋科研教育管理服务业；全部海洋产业包括海洋产业及海洋相关产业

数据来源：2011年《中国海洋统计年鉴》

表4 2004年美国海洋经济劳均增加值

行业	建筑业	生物资源	矿业	修造船	旅游与休闲	运输	合计
劳均增加值（万元/人）	82.52	93.88	542.25	55.25	33.16	76.71	49.2

注：人民币衡量的劳均增加值按照当年美元兑人民币汇率计算，1美元约为8.27人民币

数据来源：数据由《美国海洋和海岸带经济状况(2009)》计算而来

中国沿海11个省市区的海洋产业劳均增加值差异大,且和陆域产业相比产业劳均增加值低。如表5所示,2010年,上海、江苏的海洋产业劳均产值较大,分别为15.0和10.5,表现出了较高的海洋产业效率。而广西、海南的劳均增加值仅为3.1,低于全国的平均水平6.8,是最高产业效率省市——上海海洋产业劳均增加值的五分之一。此外,中国沿海11个省市区陆域产业效率比海洋产业效率高且差距较大。如表6所示,中国各地区陆域产业劳均增加值均大于海洋产业劳均增加值,特别是广西和海南两省区,2008年海洋产业劳均增加值仅为2.3和2.5,而陆域产业的劳均增加值为14.4及12.9,陆域产业的产业效率是海洋的5倍多。

表5 中国沿海各省市区海洋及陆域产业劳均增加值 (单位:万元/人)

		天津	河北	辽宁	上海	江苏	浙江	福建	山东	广东	广西	海南
海洋	2008	6.2	8.6	4.1	13.6	7.2	4.0	3.9	6.3	4.7	2.3	2.5
	2009	7.0	5.5	4.7	12.6	8.5	4.9	4.3	6.4	5.4	2.7	2.7
	2010	9.8	6.4	5.3	15.0	10.5	5.4	4.7	7.9	6.3	3.1	3.1
陆域	2008	15.2	14.5	13.3	13.5	11.4	10.3	11.3	12.9	11.9	14.4	12.9

注:劳均增加值=海洋产业增加值/海洋产业就业人员数

数据来源:根据2011年《中国海洋统计年鉴》第二次经济普查以及各省市区统计年鉴的数据整理计算而来

2. 中国海洋产业岸线增加值不均衡

地区岸线增加值率是衡量地区经济效益的指标,计算中国沿海11个省市区历年来的岸线增加值率,见表6,以各省市区为单位来看,上海和天津岸线增加值率分处于第一和第二位,2010年达到14.38和10.82。两省的海岸线长度分别为211公里和154公里,而浙江、山东、辽宁的海岸线长度均大于2 000公里,福建、广东等省市的海岸线长度均在3 000公里以上。上海和天津是海岸线最短的两个地区,在资源禀赋上呈现弱势,却在单位岸线增加值上遥遥领先于国内其他省市。而福建、辽宁等省市在海岸线长度上有一定的优势,岸线增加值率却较小,每公里海岸线的海洋产业增加值还不到1亿元,广西、海南的岸线增加值率最小,仅为0.21亿元/公里和0.26亿元/公里。

中国沿海11省市区海洋产业岸线增加值呈现出不均衡的态势,上海和天津的经济效益大大高于其他省市,可以看出除上海、天津外的其他省市的经济效益均较差。

表6 2010年中国沿海各省市区经济效益情况岸线增加值 (单位:亿元/公里)

	天津	河北	辽宁	上海	江苏	浙江	福建	山东	广东	广西	海南	全国
2010	10.82	1.22	0.78	14.38	2.05	0.99	0.51	1.59	1.50	0.21	0.26	1.27

数据来源:2011年《中国海洋统计年鉴》

3. 中国海洋产业科技创新度不高

海洋科技是海洋资源可持续开发利用的支撑和动力，科技创新能力对产业发展至关重要，是提高海洋产业资源利用效率，提高海洋产业竞争力，提高海洋产业技术水平不可或缺的重要因素。尽管中国海洋经济发展较快，产值占 GDP 的比重逐渐增加，但是海洋领域的科研力量还比较薄弱，且海洋科技创新能力不强。2011 年《中国海洋统计年鉴》显示，2010 年全国海洋科研机构 181 个，科技活动人员 29 676 人，占涉海就业人员的 0.089%，2010 年 R&D 人数占就业人员总人数的 0.336%①，大于中国海洋产业科技活动人员比重。

各地区海洋科研经费投入比重较小且地区差异较大(如图 1)。一是海洋科研经费投入较少，陆域产业 2010 年科研经费投入占国内生产总值的比重达到 1.76%，比上年提高了 0.06%②。而 2010 年全国海洋科研经费投入占地区生产总值的比重仅为 0.78%，还不到陆域产业科研经费投入强度的一半。二是地区差异较大，从各地区海陆对比情况看，海洋科研经费投入强度均小于陆域产业的科研经费投入强度且差距较大，差距最大的为江苏、上海、浙江、广东这几个省市，差距均大于 1.4%。仅从海洋产业角度分析，海洋科研经费投入占地区生产总值的比重较大的为 2010 年天津市的 1.73%以及上海市的 1.32%，剩余大部分地区比重还不到 0.5%，最低的海南省科研经费投入占地区生产总值比重仅为 0.2%，是天津市科研经费投入比重的 8.65 倍。

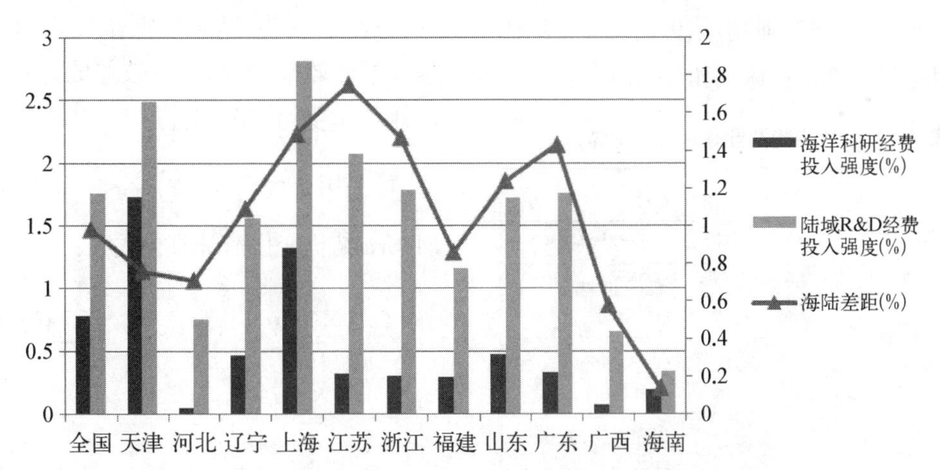

图 1 2010 年海洋科研经费投入强度与陆域科研经费投入强度对比

注：科研经费投入强度(%)为陆域产业 R&D 经费投入与地区国内生产总值之比；海洋科研经费投入强度(%)为海洋产业科研经费与地区国内生产总值之比

数据来源：由《2010 年全国科技经费投入统计公报》,《2011 年中国海洋统计年鉴》,《中国科学技术发展报告 2011》整理而得

① 中国科学技术发展报告 2011，中华人民共和国科学技术部 http://www.most.cn/mostinfo/xinxifenlei/kjtjyfzbg/kxjsfzbg/201303/t20130325_100413.htm

② 数据来自：《2010 年全国科技经费投入统计公报》，中华人民共和国财政部。http://www.mof.gov.cn/zhengwuxinxi/bulinggonggao/tongzhitonggao/201109/t20110928_597044.html

三、中国海洋产业转型升级测度

从产业结构优化度及产业结构转型度二维角度进行设计,建立海洋产业转型升级测度的指标体系来研究中国海洋产业转型升级的水平。

(一) 中国海洋产业转型升级测度指标

产业结构的转型升级不能用某一个单一指标来表示,因为它涉及发展成果、结构形态以及投入产出等诸多因素。为反映地区产业结构转型升级的真实情况,在结合前文中国海洋产业结构转型升级问题剖析的基础上,并综合考虑指标值的可获得性与计算的简洁性,构建产业结构优化度与产业结构转型度的评价指标体系如表 7 所示:

表 7　产业结构转型升级评价指标体系

目标层	准 则 层	指 标 层
产业结构转型升级	海洋产业优化度	地区海洋产业结构系数
		海洋第三次产业增长弹性系数
	海洋产业转型度	海洋产业结构 Moore 结构变化角度 θ 值
		海洋产业结构变动值指标 K 值

地区海洋产业结构系数:反映地区海洋产业结构调整和优化水平。其计算公式为:

第三产业海洋经济占比/第二产业海洋经济占比①。

海洋第三次产业增长弹性系数:是表现海洋产业结构优化程度的另一指标,反映海洋第三产业与总体海洋产业发展速度的相对快慢程度,通过测定发展速度的相对快慢程度来体现海洋第三产业发展是否超前以及产业结构的优化水平。其计算公式为:

海洋第三产业增加值的增长率/总体海洋产业增加值的增长率。

海洋产业结构转型度:反映地区海洋产业结构转型水平,判断各地区海洋产业转型快慢程度。产业结构转型是促进海洋产业提高产业效率,增加经济效益的过程。海洋产业结构变动程度(海洋产业结构转型度 K 值)可采用公式 $K=\sum_{i=1}^{3} \mid q_{i1}-q_{i0} \mid$ 测度②。Moore 结构变化值计算公式为:

$$M_t^{+}=\sum_{i=1}^{n}(W_{i,t}\cdot W_{i,t+1})/\left(\sum_{i=1}^{n}W_{i,t}^{2}\right)^{1/2}\cdot\left(\sum_{i=1}^{n}W_{i,t+1}^{2}\right)^{1/2} \tag{1}$$

式中 M_t^{+} 表示 Moore 结构变动值,$W_{i,t}$ 为第 t 期第 i 产业所占比重,$W_{i,t+1}$ 表示第 $t+1$ 期第 i 产业所占比重。

我们定义矢量(产业份额)之间变化的

① 陈秋玲,肖璐,张青,曹庆瑾. 地区安全生产的经济社会风险因子分析——基于我国面板数据的实证分析[J]. 华东经济管理. 2011,25(03):51-56.

② 刘志彪,安同良. 中国产业结构演变与经济增长[J]. 南京社会科学,2002(01):1-4.

总夹角为 θ,那么就有:

$$\cos\theta = M_t^+,\ \theta = \arccos M_t^+ \qquad (2)$$

其中,θ 越大,表示产业结构变化的速率也越大。

(二)中国海洋产业聚类分析结果分析

以中国海洋产业转型升级测度指标为基准,从产业结构优化度和产业结构转型度二维角度出发对其进行聚类分析。运用SPSS对沿海各省市区各年的数据进行系统聚类分析,得出沿海11省市区的四种海洋产业转型升级类型(详见图2)。

(三)中国海洋产业转型升级类型分析

海洋产业结构优化度和海洋产业转型度是决定海洋产业结构的转型升级水平的基本因素。通过以上两个维度聚类分析,出现四种不同的海洋产业结构类型,四种不同的海洋经济发展模式。下面从体制机制、自然资源、人才、资金以及科技五方面来探究海洋产业转型升级各类型的共同特征及问题(见表8)。

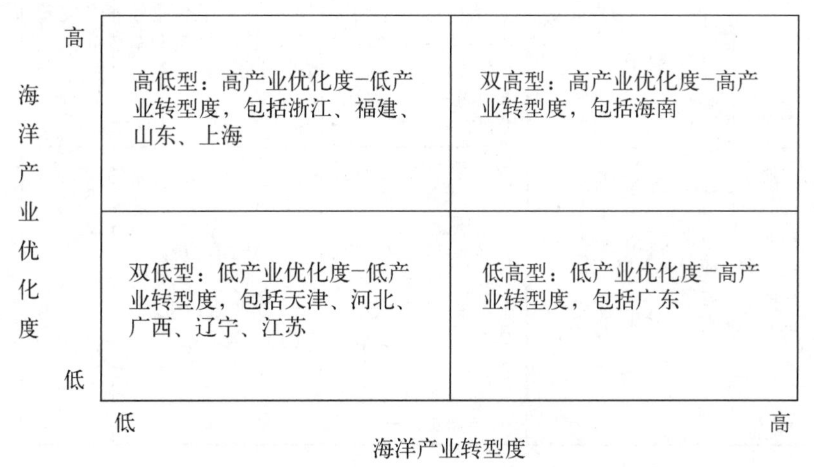

图2　海洋产业转型升级水平测度聚类分析

表8　中国海洋产业转型升级四类型共同特征及问题探究

类　型	地区	各类型共同特征及问题				
		体制机制	自然资源	人　才	资金	科　技
双高型:高产业优化度-高产业转型度	海南	市场化程度较低;以第一第三产业为主;产业规模较小,仅占2%;海洋产业竞争力弱	海洋新能源资源稀少;海水养殖面积小,为全国平均水平的十分之一;海岸线长度处于平均水平;港口资源少;滨海旅游资源少	科技活动人员占涉海就业人员比重较小;科研人员的综合素质有待提高	资金投入较少	科技不发达;科研投入产出比小;海洋科技研发能力最弱

(续表)

类 型	地区	各类型共同特征及问题				
		体制机制	自然资源	人 才	资金	科 技
低高型： 低产业优化度-高产业转型度	广东	市场化程度高；第二、第三产业比例相近，第一产业比例较小；产业规模大，增加值占全国比为22%；海洋产业竞争力强	海洋新能源资源较丰富；海水养殖面积处于平均水平；海岸线长度全国第二；港口资源丰富，2010年吞吐量占全国27%，各年集装箱吞吐量位居全国之最；滨海旅游资源较多	科技活动人员占涉海就业人员比重较小；科研人员的综合素质有待提高，海洋专业硕博、本专毕业生数量较少	资金投入多	科技较发达；以沿海港口为支撑点，带动海陆经济发展；海洋科技研发能力较强
高低型： 高产业优化度-低产业转型度	浙江 福建 山东 上海	市场化程度高；产业规模较大，除上海为8%，其余均在10%以上；海洋产业竞争力较强	海洋新能源资源丰富，尤其是浙江福建两省；浙江、福建、山东海水养殖面积大，但上海海水养殖面积极小；除上海外海岸线均较长；港口资源丰富，尤其上海的集装箱运量各年均高居首位；滨海旅游资源较多	科技活动人员占涉海就业人员比重较大；海洋专业硕博、本专毕业生数量较多，尤其山东的数量居全国之首	资金投入较多	科技较发达；以沿海港口为支撑点，带动海陆经济发展；海洋科技研发能力强
双低型： 低产业优化度-低产业转型度	天津 河北 广西 辽宁 江苏	市场化程度一般；产业规模一般，增加值占全国比10%以下；海洋产业竞争力一般	海洋新能源资源稀少；海水养殖面积辽宁全国之最，其余省市较小；除辽宁海岸线处于平均水平外海岸线长度均较短；港口资源辽宁、天津较多，港口吞吐量较高，其余省港口资源较少；旅游资源一般	科技活动人员占涉海就业人员比重较大；科研人员的综合素质一般	资金投入一般	科技较不发达；海洋科技成果产业化率低，沿海港口建设缓慢；海洋科技研发能力一般

注：体制机制：市场化程度；产业规模；海洋产业竞争力；

自然资源：海岸线；海水养殖面积(渔业资源)；海洋新能源(包括潮汐能、波浪能、潮流能、近海风能)；港口资源；滨海旅游资源；

人才：科技活动人员占涉海就业人员比重；科研人员的综合素质(海洋专业博、硕、本、专毕业生人数，科技活动人员职称构成情况)；

资金：全社会固定资产投资(亿元)来衡量；

科技：科研投入产出比(为单位科研经费能产出科技课题、发表科技论文和专利授权的数量)；海洋科技研发能力(用海洋科研机构数、海洋科研机构从业人员、海洋科研机构经费收入总额、海洋科研机构专利申请数、海洋科研机构专利授权数、海洋科研机构拥有发明专利数六个指标来衡量)；

"双高型"海南省：海洋产业发展程度较低，各方面均不占优势，但第三产业比重较大且增速较快，体现了产业结构优化度较高。由于产业基础较差，转型的空间很大，近年来随着对海洋产业的重视，转型速度较快。

"低高型"广东省：海洋产业规模最大，发展程度较高，但由于其第二第三产业比重相似，第三产主导地位不明确，表现出海洋产业优化度不高的特点。广东省在机制、自然资源、资金及科技等方面均有优势，但人才方面却存在弱势，科技活动人员数量及科技人员的综合素质有提高的空间。

"高低型"省市：海洋产业市场化程度高，规模较大且竞争力较强。在人才、科技方面都领先于其他省市，产业结构的优化程度及产业效率较高且结构较稳定，但转型升级空间小且较缓慢。

"双低型"省市区：海洋产业机制层面处于均势，在自然资源方面处于劣势，在科技、资金、人才三方面均没有优势，但是也不处于劣势地位。该类地区基本上海洋第二产业比重均大于第三产业，第三产业有待发展。这些地区由于自然资源的限制以及海洋第二产业比重较大，海洋产业转型升级存在较大的阻力。

四、中国海洋产业转型升级策略

基于前文对中国海洋产业结构问题剖析、海洋产业转型升级测度的结果及对各类型地区共同特征及问题的分析结论,分别对四类型地区提出海洋产业转型升级的策略。

(一)增强科技创新能力,提高海洋产业效率

"双高型"的海南省存在产业结构低度化、劳均增加值低、岸线增加值小、海洋科技创新能力弱、海洋第一产业比重较大及海洋第二产业发展滞后等问题。同时也存在着海洋第三产业发展比重较大(大于50%),近年来转型升级速度较快等优势。科技创新能力的增强和海洋产业效率的提高是产业结构摆脱低度化发展的有效途径,也能解决劳均增加值低及岸线增加值小的问题,海洋新兴产业和海洋服务业的发展也将逐渐进入轨道。

提高海洋科技创新能力具体可从以下几个方面入手:一是应加强海洋教育与科技普及,提高海洋从业人员的数量和专业素质;二是应加强海洋前沿技术、海洋关键技术的研发,为拓展海洋自然资源和海洋空间提供保障;三是应提高海洋科技在海洋环境管理、监测、预报、灾害预警、生态保护等方面的应用程度,提高海洋科技转化为现实生产力的程度,实现技术的物质转化。

提高海洋产业效率和核心竞争力,包括促使海洋增长方式从粗放型向集约型转变,提高海洋产业的市场化程度及产业竞争力等内容。提高海洋产业效率具体可从以下几个方面入手:一是确立可持续发展理念,保护海洋自然资源与生态环境,提高海洋自然要素生产力;二是提高自然资源的开发利用效率,开发与保护并重;三是提高海洋自然要素转化为现实生产力的程度。

(二)扩大海洋人才队伍,优化海洋产业结构

"低高型"广东省海洋第二、第三产业比例相近,第一产业比例较小,有着丰富的自然资源、较大的海洋产业规模、较高的市场化程度、较强的海洋产业竞争力以及较强的科技研发能力,但科技活动人员占涉海就业人员比重较小,高学历的海洋产业人才较少。人才队伍建设是海洋产业结构优化和海洋产业转型的重点。完善的人才培养体系及庞大的人才队伍能极大地促进海洋科技研发能力和海洋技术水平的提高,扩大海洋新兴产业及海洋服务业的发展,提高传统产业的技术含量,有效地实现海洋产业转型升级。

打造海洋人才队伍,为海洋产业发展提供人才保证的具体策略如下:一是贯彻落实海洋人才发展顶层设计,在《全国海洋人才队伍建设战略研究》的基础上,全面贯彻落

实《全国海洋人才发展中长期规划纲要》,实施海洋强国人才工程,重点抓好一线人才队伍建设,大力加强青年专业技术人才、海洋战略研究人才、国际组织后备人才的选拔培养。二是研究编制省(市区)海洋教育发展规划,深化涉海高校建设工作,推进科研机构与高校联合培养研究生,充分发挥涉海高校在海洋人才培养方面的基础性作用。积极倡导共建例如广东海洋大学之类的涉海高校加快人才培养。

(三)提升海洋产业能级,推动产业链高端化

"高低型"的省市存在海洋产业规模较大、自然资源丰富、劳均增加值高、岸线增加值大、海洋科技创新能力较强、海洋第三产业发展比重较大(大于50%)等优势,但也存在着科技创新能力可以进一步增强、海洋产业结构与其他地区趋同、海洋产业转速度较慢等问题。"高低型"的省市应大力发展战略性新兴产业与海洋服务业,摆脱与其他地区海洋产业结构趋同的问题,大力发展高端海洋服务业,如海洋产业重点领域:海洋金融服务、航运服务、海洋工程技术服务、海洋商务服务等海洋服务业。

一是瞄准产业链的高端环节,优先发展海洋产业重点领域。以科学发展观为指导,以结构转型和创新发展为主线,瞄准产业链的高端环节,聚焦海洋科技创新发展,打造海洋科技产业化高地,关注重点领域、重点企业和重点区域,全面提升研发、制造和管理能力,形成海洋先进产业集群。二是抓住时代机遇,引领错位发展。突出区域优势,坚持因地制宜,根据各区域海洋产业基础、技术支撑、人力资源等条件和潜在优势合理布局;构建差别化发展战略,规划建设海洋新兴产业基地,明确发展方向、发展目标、产业布局、技术路线和政策支撑,做大做强优势海洋产业,形成错位发展和良性竞争机制。三是关注区域合作,推动联动发展。以跨区域的合作为着眼点,逐渐形成各省市独有的海洋产业特色。大力拓展区域外合作,充分利用外部资源,形成资源共享的局面。坚持以技术、资金、管理、人才换资源和发展空间思路,研究与区域外省市区的开发合作。

(四)升级海洋产业技术,推进产业高效率化

"双低型"的省市区在体制机自然资源、人才、资金、科技等方面总体处于均势。在产业结构方面海洋第三产业发展滞后,比重均在50%以下;海洋第二产业较发达,天津市2010年海洋第二产业比重为65.5%,河北为56.7%,江苏为54.3%,广西和辽宁也均在40%以上。在产业效率方面除天津外岸线增加值率较低,且海洋产业转速度较慢。天津岸线增加值率较高的原因也在于海岸线还略小于全国平均水平的十分之一。

"双低型"的省市区海洋发展策略应从大力发展第三产业来优化产业结构,提高科技创新能力、推进产业高效率化来转变海洋第二产业发展方式两方面入手。

一是优化产业结构,实现海洋产业发展

高效化。推进海洋产业集群建设，完善产业链缺口，推进海洋交通运输业、海洋旅游业等传统产业优化升级，大力发展海洋工程装备产业、海洋新能源产业、海洋生物医药产业、海水淡化与利用等先进海洋制造业，推进海洋金融、海洋信息产业等现代海洋服务业，聚焦重点领域、重点企业，全面提升研发、制造和管理能力，形成海洋先进产业集群。

二是加强科技创新，发展海洋战略性新兴产业。通过投资获得海洋生物疫苗、海水淡化、海洋工程新材料等一系列海洋战略新兴产业的核心技术，扶持培育高端工程设备制造、海洋生物医药、海水利用三个战略新兴产业。通过扩大资金投入，提升海洋科研人员的综合素质，来提高海洋科技成果转化率和海洋产业效率。

三是整合海洋资源，提高资源开发利用效率。重点要整合产业资源、突破技术关键、推进成果转化投入使用，“制造、研发、应用、推广”四位一体的推进海洋产业持续高效发展。

参考文献

[1] 国家海洋局海洋发展战略研究所课题组. 中国海洋发展报告(2010)[M]. 北京：海洋出版社，2010：240－241.

[2] Kim S. Expansion of Markets and the Geographic Distribution of Economic Activities：The Trends in U. S. Regional Manufacturing Structure, 1860 - 1987 [J]. The Quarterly Journal of Economics, 1995, 110(4)：881－908.

[3] Kim S. Economic Integration and Convergence：U. S. Regions, 1840－1987[J]. Journal of Economic History, 1998, 58(3)：659－683.

[4] Amiti M. New Trade Theories and Industrial Location in the EU：A Survey of Evidence[J]. Oxford Review of Economic Policy, 1998, 14(2)：45－53.

[5] Brulhart M. Evolving geographic Concentration of European Manufacturing Industries [J]. Weltwirtsch — aftliches Archiv, 2001 (9)：145－174.

[6] Chetty, S. (2002). Disasters and transport systems：Loss, recovery and competition at the Port of Kobe after the 1995 earthquake. Journal of Transport Geography, 2002, 8(7)：53－65.

[7] Nijdam, M. H., and Langen, P. W. de. Leader Films in the Dutch Maritime Cluster. Paper presented at the ERSA Congress, 2003 (32)：16－27.

[8] 黄瑞芬，苗国伟，曹先珂. 我国沿海省市海洋产业结构分析及优化[J]. 海洋开发与管理. 2008(03)：54－57.

[9] 李宜良，王震. 海洋产业结构优化升级政策研究[J]. 海洋开发与管理. 2009(06)：84－87.

[10] 武京军，刘晓雯. 中国海洋产业结构分析及分区优化[J]. 中国人口·资源与环境. 2010(S1)：21－25.

[11] 王丹，张耀光，陈爽. 辽宁省海洋经济产业结构及空间模式演变[J]. 经济地理. 2010(03) 443－448.

[12] 于海楠，于谨凯，刘曙光. 基于“三轴图”法的中国海洋产业结构的演进分析[J]，云南财经大学学报. 2009(04)：71－76

[13] 翟仁祥，许祝华. 江苏省海洋产业结构分析及优化对策研究[J]. 淮海工学院学报，2010(01)：88－91.

[14] 纪玉俊,姜旭朝. 海洋产业结构的优化标准是提高其第三产业比重吗?——基于海洋产业结构形成特点的分析[J]. 产业经济评论,2011(10):82 - 94.

[15] 陈秋玲,于丽丽,金彩红. 主题报告:中国海洋产业转型升级及空间优化,《中国海洋产业研究报告 2012—2013》[M]. 上海大学出版社. Jan,2014.

[16] 陈秋玲,肖璐,张青,曹庆瑾. 地区安全生产的经济社会风险因子分析—基于我国面板数据的实证分析[J]. 华东经济管理. 2011,25(03):51 - 56.

(执笔:上海大学经济学院,于丽丽;
上海财经大学浙江学院,金彩红)

中国海洋工程装备制造业产业布局研究

——以32家海洋工程装备制造业上市公司为例

摘要：海洋工程装备制造业是高端装备制造业的重要组成部分，推动海洋工程装备制造业发展，优化海洋工程装备制造业布局，是发展海洋强国战略的要求，也是进一步推进海洋工程装备制造业在国际上走出第三梯队的强烈愿望。本文基于上市公司资产总额对我国海洋工程装备产业布局的规模分布定性描述，通过 G_{EG} 系数，HHI 指数，γ_{EG} 系数分别对我国海洋工程装备制造业现实集中度、市场集中程度和空间集聚水平进行定量分析。结果发现我国海洋工程装备制造业在区域上发展不平衡，总体上集中度有下降趋势，空间的集聚水平不高等特点，并从优化产业布局，积极形成产业集聚，培养海洋科技人才等三个方面对中国海洋工程装备制造业提出合理化的建议，为政府制定决策提供参考依据。

关键词：海洋工程装备制造业　产业布局　产业集聚　γ_{EG} 系数

一、引　言

2014年中国装备制造业产值规模突破20万亿元，占全球比重超过三分之一，稳居世界首位。装备制造业不仅是国民经济发展的支柱型产业，同时也扮演了实体经济最重要的角色。而具有技术密集、附加值高、成长空间大、带动作用强等特点的高端装备制造业是未来国民经济可持续发展的重要发展引擎。

海洋工程装备制造业是战略性新兴产业的重要组成部分，也是高端装备制造业的重要方向，具有知识技术密集、物资资源消耗少、成长潜力大、综合效益好等特点，是发展海洋经济的先导性产业。《“十二五”国家战略性新兴产业发展规划》将海洋工程装备产业纳入国家重点扶持的战略新兴产业①之一,国家计划将战略新兴产业占 GDP 比重到 2020 年提高到 15%,达到11.5万亿元,将创造约 8 万亿的市场规模,极大推动海洋工程装备产业的发展。2012 年 2 月,工业和信息化部等部门联合制定《海洋工程装备制造业中长期发展规划》。该《规划》将会在提升海洋工程装备产业规模、创新能力和综合竞争力以及完备产业体系和产业集聚方面具有重要的指导意义。

海洋工程装备是人类开发、利用和保护海洋活动中使用的各类装备的总称,是海洋经济发展的前提和基础,处于海洋产业价值链的核心环节。推动海洋工程装备发展,优化海洋工程装备布局,是推动中国成为世界主要的海洋工程装备制造大国和强国的目标要求,也是促进中国海洋工程工业结构调整转型升级的重要步伐,对维护国家海洋权益、加快海洋开发、保障战略运输安全、促进国民经济持续增长具有重要意义。

二、理论基础和文献综述

产业布局是指一个国家或地区产业各部门、各环节在地域上的动态组合分布,是国民经济各部门发展运动规律的具体体现。产业布局理论形成于 19 世纪到 20 世纪中期,主要经历了杜能的《孤立国》、韦伯的工业区位理论、近代区位理论三个阶段。鉴于笔者获取资源有限性,关于海洋工程装备制造业产业布局相关问题的研究相对较少,对海洋工程装备制造业国外尚没有专门的研究。

在已有的文献里,Anonymous(2010)深入分析了中国 2010 年导航、气象和海洋装备制造业、市场驱动、重点企业和他们的策略,以及技术和投资状况、风险和趋势等,但并未涉及我国海洋工程装备制造业空间布局的研究方面。

我国学者对海洋工程装备制造业产业的研究很多,一般都是基于产业链、国际竞争力、成长性评价、产业集聚、融资效率等的研究。从定性的方面来说,陶永宏和陈勇(2010)基于 SWOT 分析对我国海洋工程装备业发展战略进行了思考,并提出发展我国海洋工程装备业的增长型战略(SO)、多元经营战略(ST)、扭转型战略(WO)和防御型战略(WT)等。杜利楠和姜昳芃(2013)从发展海洋工程装备制造业的必要性出发,分析了我国海洋工程装备制造业的发展历程,发展现状以及发展过程中存在的问题,最后在提高我国海洋工程装备制造业竞争力方面提出建议。苏昆等(2013)从上游供应商供货不确定性及海洋工程装备供应链特点出发,

① 2012 年 7 月,我国"十二五规划"提出的七大战略性新兴产业包括:节能环保、新一代信息技术、生物、高端装备制造业、新能源、新材料、新能源汽车产业等。其中,高端装备制造业指:现代航空装备、卫星及应用、轨道交通装备、海洋工程装备和智能制造装备产业。

构建一个基于激励措施的海洋工程装备供应链协同模型，在JIT供货系统下，提出利用激励措施来调节供应商的供货提前期，保证供应商准时交货，增加供应商和制造商的协同性，使海洋工程装备供应链总成本最优，再通过一个算例来验证模型的有效性。李彬(2010)、程逸飞等(2014)分别从政府在我国海洋工程装备制造产业“国际化”战略中的职能定位以及我国海洋工程装备制造企业发展的政府规制问题做了一定的研究。洪雯等(2015)从我国技术发展方面分析了海洋工程装备产业发展的外部环境，从产业分工布局和竞争对手角度研究了海洋工程装备产业整体竞争环境。并得出目前我国海洋工程装备产业虽然在国际产业分工中处于劣势地位，但也初步具备了与参与国际竞争的条件。

从定量的角度来说，吴小东和黄剑锋(2013)基于“钻石模型”构建了海洋工程装备产业的关联因素指标体系，利用辽宁、山东、江苏、上海、广东五省市的数据计算关联因素指标与海洋工程装备市场业绩的灰色关联度。张伟等(2015)借助SWOT方法，系统地分析了影响我国海洋工程装备产业发展战略选择的关键因素，并运用层次分析法(AHP)从定量角度分析，计算出各因素的权重，最后在此基础上提出了适合我国海洋工程装备产业发展的战略。唐书林等(2015)基于中国三大海洋工程装备制造业集群对网络嵌入、集聚模仿与大学衍生企业知识溢出做了实证研究，并引入新网络特征——空间集聚结构发现，得出我国企业集群知识溢出存在空间模仿效应。吴小东等(2015)基于集成DEMATEL/ISM的海洋工程装备产业发展问题的相互关系分析，通过构建海洋工程装备产业的发展问题体系，利用集成DEMATEL/SIM方法得出各问题之间的综合影响程度及中心度和原因度，建立反映问题之间相互作用的多层次递阶系统结构模型。

关于海洋工程装备制造业产业布局，郭静(2011)对我国海洋工程装备制造业产业发展和布局进行了研究，但只是简单的定性表述。魏晨(2013)对我国环渤海经济圈海洋工程装备制造业产业集群竞争力研究，并未涉及全国层面。目前，尽管在海洋工程装备制造业研究方面已经取得了一些成果，但是总体上看关于海洋工程装备制造业的产业布局的研究成果还比较少，缺乏对海洋工程装备制造业空间布局存在问题的具体研究，缺乏有效工具优化海洋工程装备制造业产业布局。合理的海洋工程装备制造业产业布局是实现海洋资源综合利用的前提，是海域使用整体功能与整体效益有效发挥的综合体现，因此对我国海洋工程装备制造业的布局研究有很强的实证意义和现实意义。

三、产业集聚程度的测定方法

关于产业集聚程度的测定方法有很多，Duranton和Overman(2005)将产业集聚程度的测度方法的演变划分为三代：第一代是关于产业地理集中度的测度方法，主要涉及集中率、*HHI*（赫芬达尔系数）、区位基尼系数和Hoover地方化系数等；第二代是关于产业地理集聚的测度方法，主要涉及γ_{EG}系数（也称EG系数）、γ_{MS}系数等；第三代是基于距离的产业集聚测度方法等。通常对产业集聚水平的测度至少应该满足：任何关于集聚的测度必须在所有的行业之间是可比的，同时，测度指标必须能够控制区域经济总量规模。另外，产业集聚的测度要控制其集中水平。

作为一个评价指标体系，它所选择的指标需要反映出评价目标的经济特点和评价要求。针对不同目标的评价指标体系，其指标采集、适用范围、对象、评价方法等方面会有很大区别。本文在现有研究工作的基础上，基于γ_{EG}系数法，从区域层面对2010至2014年我国海洋工程装备制造业集聚情况进行测算和分析。γ_{EG}系数的分析方法由Ellison和Glaeser在1997年创建，产业集聚程度指数γ_{EG}可以通过下式计算得到：

$$\gamma_{EG}=\frac{G_{EG}-(1-\sum_r x_r^2)H}{(1-\sum_r x_r^2)(1-H)} \qquad (1)$$

其中，$G_{EG}=\sum_r (x_r-s_r)^2$，$x_r$是区域$r$所有行业职工人数占全国所有行业职工人数的比例，$s_r$是行业$i$在区域$r$的职工人数占该行业全国职工人数的比例。$H$为行业的赫芬达尔系数，反映企业的规模分布（即市场集中度）。$H=\sum z_i^2$，z_i是企业k的职工人数占行业i（包括1，…，k个企业）职工人数的比例。

该系数综合考虑了总就业（反应最终需求的分布情况）和产业集中度因素，对集中系数进行矫正，去除了企业在布局过程中以市场接近为导向的布局行为产生的所谓集聚，并且也避免了由于产业中一两个企业的布局造成产业集聚的假象。

四、中国海洋工程装备制造业产业布局情况

我们研究的对象是32家海洋工程装备制造业上市公司，如表1所示。这些上市公司一般会涉及很多产业，但是我们通过查找相关数据发现各上市公司海洋工程装备和造船业占据很大比重，并不会对我们的分析产生很大的影响。

（一）中国海洋工程装备制造业产业布局情况

1. 中国海洋工程装备制造业产业发展的基本情况

海洋工程装备产业是开发利用海洋资源的物质和技术基础，是中国当前加快培育和发展的战略性新兴产业。2013年，韩国、中国、新加坡分列世界海洋工程装备订单前三位，市场份额分别占全球42%、24%、18%。中国海洋工程装备（含海工船）订单额为180亿美元，占全球订单总额的29.5%，2014年1至8月，该订单额则达到100.7亿美元，占全球订单总额的33.0%。现在，中国涉足海工建造的企业不断增多，目前各类平台等大型装备建造企业已达20多家，海洋工程船建造企业达100多家。中

国已成为自升式平台和海工辅助船的制造大国。但是并不是海洋工程装备制造业的强国，我们通过对中国海洋工程装备产业布局的研究，可以发现产业布局中的问题，在结构调整方面促进中国海洋工程装备的发展。

表 1　中国海洋工程装备制造业概念股一览

1	船舶制造	600150 中国船舶、600072 钢构工程、600685 中船防务	12	海上起吊设备吊索吊具	002342 巨力索具
2	海洋油气开发	600583 海油工程、600150 中国船舶、601989 中国重工、000039 中集集团	13	船用锚链和海洋系泊链	601890 亚星锚链
3	海工平台制造	600320 振华重工、600685 中船防务	14	海底光电缆	600522 中天科技
4	油气开采服务	601808 中海油服	15	船舶舱室配套	002314 雅致股份
5	设备设计总承	300008 上海佳豪、000852 石化机械、002353 杰瑞股份	16	钻井、油田综合测试服务	000084 海默科技等
6	海上石油直升机服务	000099 中信海直	17	国内唯一一家全产业链一站式石油钻采装备制造商	002490 山东墨龙
7	综合录井仪、采油气树和油品分析仪	002278 神开股份	18	钢制管件、法兰以及管子加工和Ⅰ、Ⅱ、Ⅲ类压力容器的生产制造	002445 中南重工
8	钻采设备电控自动化产品	300023 宝德股份			
9	钻头、钻具制造	000852 石化机械、002353 杰瑞股份、002423 中原特钢	19	海洋雷达、通信、导航、电子干扰与对抗、电子科技产品和系统等	300065 海兰信、600990 四创电子、000777 中核科技、002151 北斗星通、002465 海格通信、002241 歌尔声学
10	海工设备钢材	000898 鞍钢股份、600019 宝钢股份、601268 二重重装			
11	油气输送不锈钢焊接管	002318 久立特材	20	海工设备产品运输	600428 中远航运

资料来源：互联网资料整理

2. 中国海洋工程装备制造业产业布局规模分布基本特征

从地区的资产总额①来看，2014 年东部三大经济圈地区的比重达到了 97.56%，处于较大的优势地位，中西部地区占 1.54%，与东部地区相比，在海洋工程装备制造业总规模上还存在较大的差距，如图 1 所示。

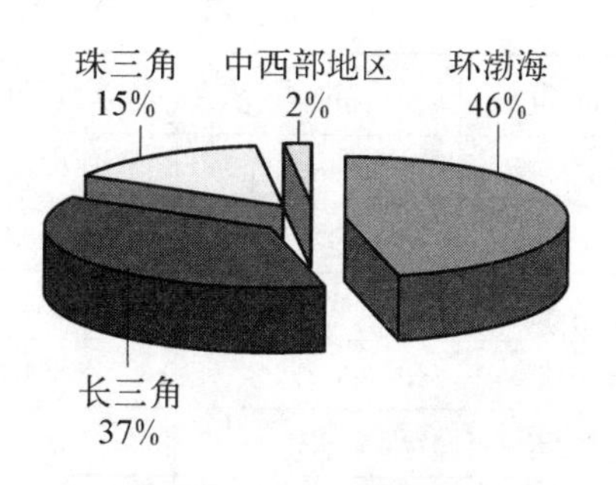

图 1　2014 年海洋工程装备制造业分地区资产总额

① 资产总额根据上市公司财务报表整理所得，包括固定资产，流动资产和长期股权投资。

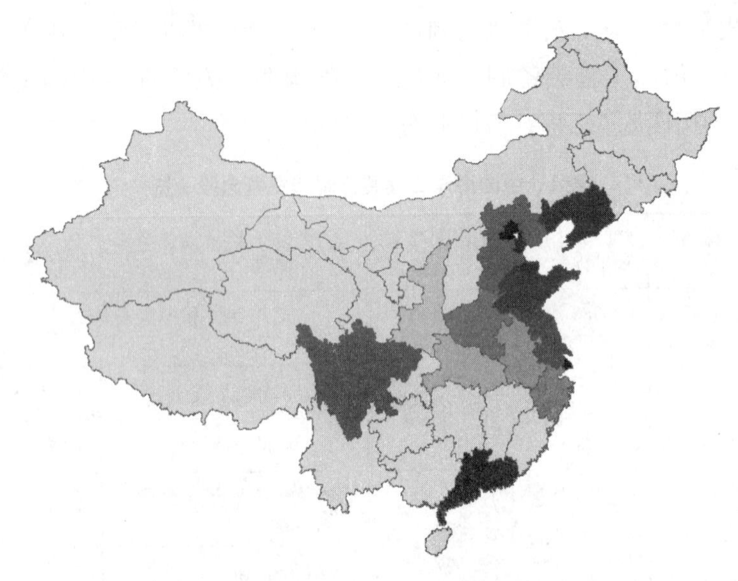

图 2　中国海洋工程装备制造业 2014 年资产总额空间分布图

从 2014 年中国各地区海洋工程装备制造业资产总额分布情况来看，如图 2 所示。上海市是中国海洋工程装备制造业资产总额最大的省市，占全国总量的 34.47%，排在第二位的是北京市，占 21.07%，接下来的是广东省，天津市，辽宁省，山东省，这 6 个省的资产总额占比达到了 94.79%。

(二) 基于 γ_{EG} 系数的中国海洋工程装备制造业产业集聚分析

1. 数据来源

本文的研究区域为中国大陆地区，研究数据来自我国大陆 31 个省市 2010 至 2014 年底从业人数，如表 3，来源于各省市统计年鉴和中国统计年鉴；中国海洋工程装备制造业 2010 至 2014 年底从业人数，如表 4，来源于 Wind 数据库。

表 2　我国部分省市 2010 至 2014 年底从业人数　(单位：万人)

省　市	2010	2011	2012	2013	2014
北京市	1 031.60	1 069.70	1 107.30	1 141.00	1 156.70
天津市	728.70	763.16	803.14	847.46	877.21
山东省	6 401.90	6 485.60	6 554.30	6 580.40	6 606.50
辽宁省	2 317.50	2 364.90	2 423.80	2 518.90	2 626.00
河北省	3 865.14	3 962.42	4 085.74	4 183.93	4 294.24
上海市	1 090.76	1 104.33	1 115.50	1 137.35	1 149.70
江苏省	4 754.68	4 758.23	4 759.53	4 759.89	4 760.83
浙江省	3 636.02	3 674.11	3 691.24	3 708.73	3 714.15

（续表）

省　市	2010	2011	2012	2013	2014
广东省	5 870. 48	5 960. 74	5 965. 95	6 117. 68	6 345. 41
湖北省	3 645. 00	3 672. 00	3 687. 00	3 692. 00	3 687. 50
陕西省	2 074. 00	2 059. 00	2 061. 00	2 058. 00	2 067. 26
河南省	6 041. 56	6 197. 85	6 287. 50	6 386. 57	6 520. 03
安徽省	4 050. 00	4 120. 90	4 206. 80	4 275. 90	4 311. 00
四川省	4 772. 53	4 785. 47	4 798. 30	4 817. 31	4 833. 00
全国	76 105	76 420	76 704	76 977	77 253

注：河北，广东 2014 年为拟合数据，上海 2014 年就业人口由于 2015 和 2014 年的统计年鉴不一致，也采用拟合数据，陕西的 2014 年就业人口为陕西省统计局预测数据，四川 2014 年就业人口为人社局数据。

表 3　中国海洋工程装备制造业 2010 至 2014 年底从业人数　（单位：人）

省　市	股票代码	上市公司	2010	2011	2012	2013	2014
北京	601989	中国重工	9 123	12 116	10 552	11 559	12 565
北京	300065	海兰信	285	433	356	368	405
北京	002151	北斗星通	658	1 177	1 209	1 393	1 453
天津	600583	海油工程	9 435	8 948	8 539	7 958	8 279
天津	601808	中海油服	9 290	9 852	12 991	13 830	16 096
山东烟台	002353	杰瑞股份	863	1 390	1 970	2 917	4 734
山东寿光	002490	山东墨龙	2 731	2 832	2 687	2 662	2 675
山东潍坊	002241	歌尔声学	6 226	10 527	19 275	22 590	27 308
辽宁鞍山	000898	鞍钢股份	29 875	28 816	28 044	33 520	39 446
河北保定	002342	巨力索具	4 708	4 904	4 559	4 362	3 415
上海	600150	中国船舶	9 123	12 116	10 552	11 559	12 565
上海	600072	钢构工程	876	856	908	975	903
上海	600320	振华重工	4 782	5 005	5 564	6 258	6 827
上海	300008	上海佳豪	461	782	841	848	829
上海	002278	神开股份	699	1 306	1 339	1 270	1 159
上海	600019	宝钢股份	42 308	41 919	32 598	37 487	37 838
江苏靖江	601890	亚星锚链	2 051	2 187	2 229	2 241	2 339
江苏南通	600522	中天科技	4 780	4 832	4 942	4 729	5 439
江苏苏州	000777	中核科技	1 147	1 268	1 309	1 244	1 221
江苏江阴	002445	中南重工	412	408	356	631	508
浙江湖州	002318	久立特材	1 847	2003	2 427	2 416	2 587

(续表)

省　市	股票代码	上市公司	2010	2011	2012	2013	2014
广东广州	600685	中船防务	3 397	3 503	3 883	9 947	12 219
广东广州	600428	中远航运	3 960	3 822	3 754	5 710	5 354
广东广州	002465	海格通信	1 509	1 753	2 230	2 593	4 278
广东深圳	000039	中集集团	63 354	64 530	58 535	57 686	61 390
广东深圳	000099	中信海直	839	894	899	922	978
广东深圳	002314	南山控股	7 787	8 140	6 648	5 209	3 615
湖北武汉	000852	石化机械	1 659	2 561	3 716	3 559	3 282
陕西西安	300023	宝德股份	138	115	245	123	148
河南济源	002423	中原特钢	4 032	3 962	3 913	3 830	3 800
安徽合肥	600990	思创电子	981	1 138	1 702	1 868	2 035
四川德阳	601268	二重重装	11 497	11 783	11 728	11 563	11 403

数据来源：Wind 数据库

2. 集聚程度的测定及结果

基于所选区的数据，通过(1)式计算，结果分别如图3和表4所示。

2.1　基于 G_{EG} 系数的分析

为了构造 γ_{EG} 系数，Ellison 和 Glaeser (1994，1997)首先设计了“原始集中度系数” G_{EG} (raw concentration index)，用该系数来测度各产业的现实集中程度。从图3可以看出中国海洋工程装备制造业的现实集中度有进一步下降的趋势，在2013年略有回升，之后又下降。

2.2　基于 *HHI* 指数的分析

HHI 指数为行业的赫芬达尔系数，反映企业的规模分布(即市场集中度)。值越大，表明市场集中度越高。当市场处于完全垄断时，$HHI = 1$；当市场上有许多企业，

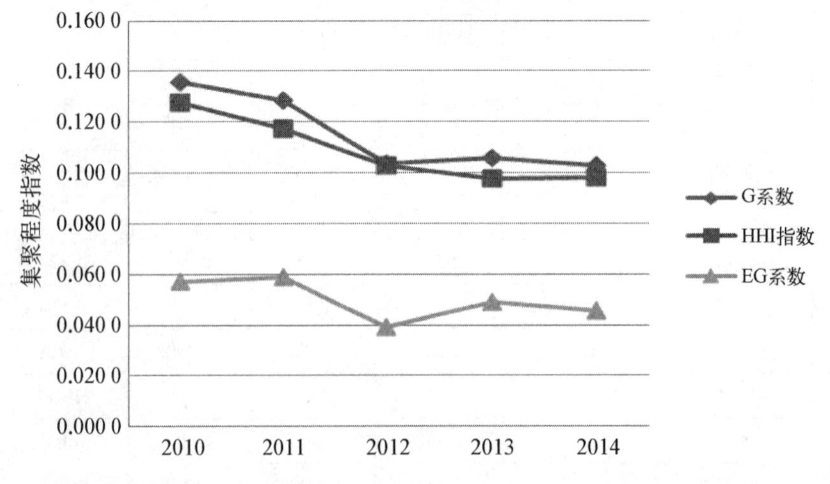

图3　中国海洋工程装备制造业2010—2014年 G_{EG} 系数、*HHI* 指数、γ_{EG} 系数变化趋势

表 4 中国海洋工程装备制造业 2010 年—2014 年集聚程度水平

年份	G_{EG} 系数	HHI 指数	γ_{EG} 系数
2010	0.135 5	0.127 7	0.057 2
2011	0.128 3	0.117 5	0.059 0
2012	0.103 7	0.103 0	0.039 1
2013	0.105 8	0.097 8	0.049 0
2014	0.102 9	0.098 0	0.045 8

且规模都相同时，$HHI = 1/n$，n 趋向无穷大，HHI 就趋向 0。从图 3 可以看出中国海洋工程装备制造业 HHI 指数总体上逐年下降，2014 年略有回升，说明中国海洋工程装备制造业集中度总体上有进一步降低的趋势，表现为市场中企业的竞争性进一步增强。

2.3 基于 γ_{EG} 系数的分析

我们不妨借鉴张明倩(2007)①确定的中国制造业产业空间集聚程度的评价标准，具体为：$\gamma_{EG} < 0.026$ ——低度行业区域集聚；$0.026 \leqslant \gamma_{EG} < 0.098$ ——中度行业区域集聚；$\gamma_{EG} > 0.098$ ——高度行业区域集聚。从图 3 可以看出中国海洋工程装备制造业整体空间集聚程度不高，属于中度行业区域集聚，但是有逐年下降的趋势，2013 年稍有反弹，之后又下降。γ_{EG} 系数很好地反映了中国海洋工程装备制造业空间集聚水平，也弥补了 G_{EG} 系数和 HHI 的缺陷。

五、驱动中国海洋工程装备制造业产业布局优化的路径实施

合理的海洋工程装备制造业产业布局，有助于发挥地区比较优势和绝对优势，提高资源的利用效率，促进海洋经济效益的提高。中国海洋工程装备制造业产业布局存在问题的主要是在区域上发展不平衡，总体上集中度有下降趋势，空间的集聚水平不高等特点。因此结合中国海洋工程装备制造业在产业布局方面的特点提出以下建议：

（一）因地制宜布局，形成合理的产业分工

影响工业布局的因素有很多，主要包括原料因素、动力因素、市场因素、运输因素、劳动力因素、时间因素和原有工业基础等，中国海洋工程装备制造业产业布局应遵循集中和分散相结合等工业布局原则，因地制宜形成合理的产业布局。充分考虑资源的综合利用，组织企业协作化、联合化生产，形成分工明确、布局合理、协同发展的格局，推动海洋工程装备制造业产业集群快速发展。

（二）加强基础设施建设，优化产业空间整体布局

海洋工程装备制造业需要完善的海洋基础设施作为配套条件，如交通基础设施、海洋

① 张明倩(2007)基于 Ellison 和 Glaeser(1997)的分析思路，对中国的区域规模分布重新确立了评价标准。

发电等。依托城市群,积极引导海洋基础设施建设,加强与相关产业配套设施共享。经济发展到一定阶段,产业布局就会呈现出区域集聚的态势。在产业空间形态上,通过积极推进产业集聚,形成产业链。推进实施示范区产业空间布局规划,建立市、区联动机制,协调推进各园区重大项目落地实施。建立产业准入和退出机制,开展示范区产业布局调控,建立土地集约节约利用评价和监控体系。

(三)提升自主创新能力,积极培养海洋专业人才

海洋工程装备制造业应依托科研院校布局,另外需要加大对海洋专业人才的培养,加大高校或科研院所的研究海洋工程装备研究资金支持。同时鼓励和支持科研院校积极承担国家标准化重大课题,这对提升海洋工程装备行业在设计、建造与管理方面创新性和规范性具有积极的推动作用,对国家海洋工程装备业持续稳步健康发展具有深远意义。企业也可以加强和国家相关科研机构的合作,共同研发市场所需的高端装备产品。中国的海洋工程装备制造业要在一定程度上摆脱靠低价赢市场的举动,努力提高产品质量,用质量去占领全球市场。

参考文献

[1] 海洋工程装备制造业中长期发展规划. http://www.miit.gov.cn/n11293472/n11293832/n11294072/n11302450/14521189.html

[2] "十二五"国家战略性新兴产业发展规划. http://www.gov.cn/zwgk/2012-07/20/content_2187770.htm

[3] 苏东水,产业经济学. 产业经济学(第三版)[M]. 北京: 高等教育出版社,2010.8.1.

[4] 杨林,滕晓娜. 海洋高技术产业空间布局优化的动力机制: 设计与实施[J]. 产业经济评论,2014,07: 39-47.

[5] 陶永宏,陈勇. 基于 SWOT 分析的我国海洋工程装备业发展战略思考[J]. 江苏科技大学学报(社会科学版),2010,03: 32-35.

[6] 杜利楠,姜昳芃. 我国海洋工程装备制造业的发展对策研究[J]. 海洋开发与管理,2013,03: 1-6.

[7] 苏昆,陶永宏,陈慧敏. 成本视角下海洋工程装备供应链协同模型研究[J]. 科技管理研究,2013,08: 209-212+233.

[8] 李彬. 论政府在我国海洋工程装备制造产业"国际化"战略中的职能定位[J]. 经济研究导刊,2010,23: 74-75+78.

[9] 程逸飞,贾向锋. 谈我国海洋工程装备制造企业发展的政府规制问题[J]. 商业时代,2014,01: 105-106.

[10] 洪雯,陈亮亮,茅寅敏. 我国海洋工程装备市场现状和发展趋势研究[J]. 中国海洋平台,2015,04: 5-8.

[11] 吴小东,黄剑锋. 海洋工程装备产业的关联因素分析与发展对策——基于"钻石模型"与灰色关联分析法[J]. 科技管理研究,2013,22: 126-130.

[12] 张伟,周怡圃,朱凌. 基于 SWOT-AHP 的我国海洋工程装备产业发展战略分析及选择[J]. 海洋经济,2015,03: 3-11.

[13] 唐书林,肖振红,苑婧婷. 网络嵌入、集聚模仿与大学衍生企业知识溢出——基于中国三大海洋工程装备制造业集群的实证研究[J]. 科技进步与对策,2015,11: 131-136.

[14] 吴小东,黄剑锋,赵晶英. 基于集成DEMATEL/ISM的海洋工程装备产业发展问题的相互关系分析[J]. 科技管理研究,2015,04: 145-148+161.

[15] 郭静. 我国海洋工程装备制造业产业发展和布局研究[D]. 辽宁师范大学,2011.

[16] 魏晨. 环渤海经济圈海洋工程装备制造业产业集群竞争力研究[D]. 沈阳大学,2013.

[17] 杨林,滕晓娜. 海洋高技术产业空间布局优化的动力机制: 设计与实施[J]. 产业经济评论,2014.11: 39-47.

[18] 汪若君. 海岸带区域产业布局评价指标体系设计[J]. 财贸研究,2009.6: 20-25.

[19] 张明倩. 中国产业集聚现象统计模型及应用研究[M]. 北京: 中国标准出版社,2007.

[20] 李孟刚. 蒋志敏. 产业经济学(第二版)[M]. 北京: 高等教育出版社,2013.9.1.

(执笔: 上海大学经济学院,
石灵云　谢孝忍)

中国海洋船舶工业国际竞争力研究

——基于灰色关联度和理想解的组合评价

摘要： 依据产业国际竞争力的层次观点，构造了船舶行业国际竞争力评价指标体系。在该体系的基础上，选择全球范围内六个较为主要的船舶工业大国与中国船舶行业进行对比，运用灰色关联度和理想解的组合评价方法，对各国船舶行业的国际竞争力进行分析，对比出中国船舶行业目前的优势和劣势。根据实证分析结果，提出了有关加大科技研发投入和提高产业集中度等若干建议，以提高中国船舶行业的国际竞争力。

关键词： 海洋船舶工业　国际竞争力　灰色关联度　理想解　组合评价

“向海则兴，背海则衰”。21世纪是“海洋的世纪”，发展海洋事业已成为全球的一种广泛共识，而作为海洋产业的支柱性产业——海洋船舶制造业也受到了广泛关注。海洋船舶工业是以金属或非金属为主要材料，制造海洋船舶、海上固定及浮动装置的生产活动，以及对海洋船舶的修理及拆卸活动，是一种集劳动、资金、技术于一体的密集型产业。受国际金融危机影响，世界船舶行业出现了一定程度的衰退，船舶订单量大幅下降。与此同时，中国海洋船舶工业保持着平稳快速的发展，三大造船指标显著提升。

世界海洋船舶工业对技术、产品、市场的全方位竞争日益激烈，进入了新的发展阶段。同时，中国海洋船舶工业创新能力弱、高端产品少、配套产业滞后等结构性问题依然存在，面对如此局面，中国船舶产业转型升级提高国际竞争力刻不容缓。

一、船舶行业的现状

近些年来，世界经济呈缓慢增长趋势，地缘政治矛盾凸显，国际航运市场仍处于低位，大宗商品价格持续下跌，全球造船完工量不断下降，新接订单量虽继续增长，但增幅明显呈下降趋势。船舶市场复苏显然无法仅仅依靠投机性订单和政策性订单来支撑，船舶市场在未来几年内将呈现新常态即低速发展，船舶企业结构也将随之调整转型，直至升级进入发展新阶段。

新船成交量从2014年以来依旧保持高位，但新接量状态呈现逐月递减。2014年1至11月，世界新船订单10 212万载重吨，同比下降35.6%。随着新船成交量的缩减，2014年年中开始主要船型新船价格出现回落，新船价格一改回升势头。2014年11月新船价格综合指数为139点，相比于年中高点下滑1点。

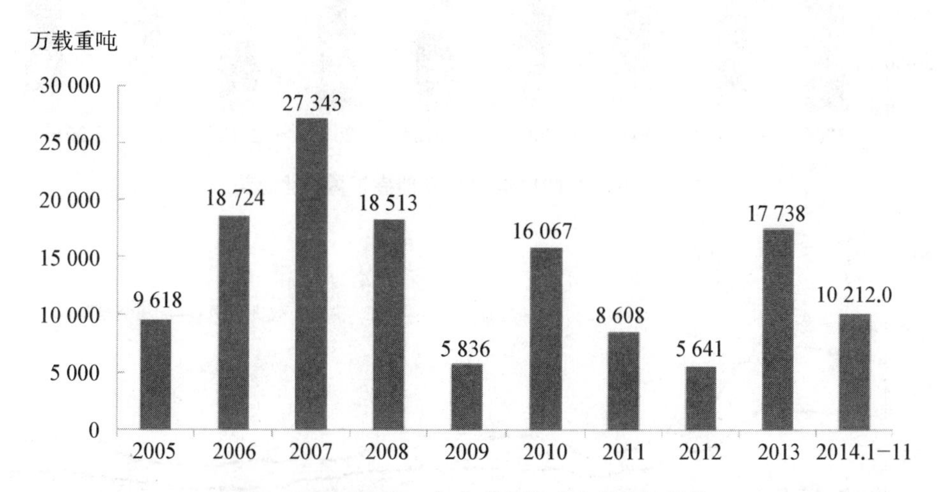

图1　2005至2014年全球新船成交量变化趋势

数据来源：中国船舶工业年鉴

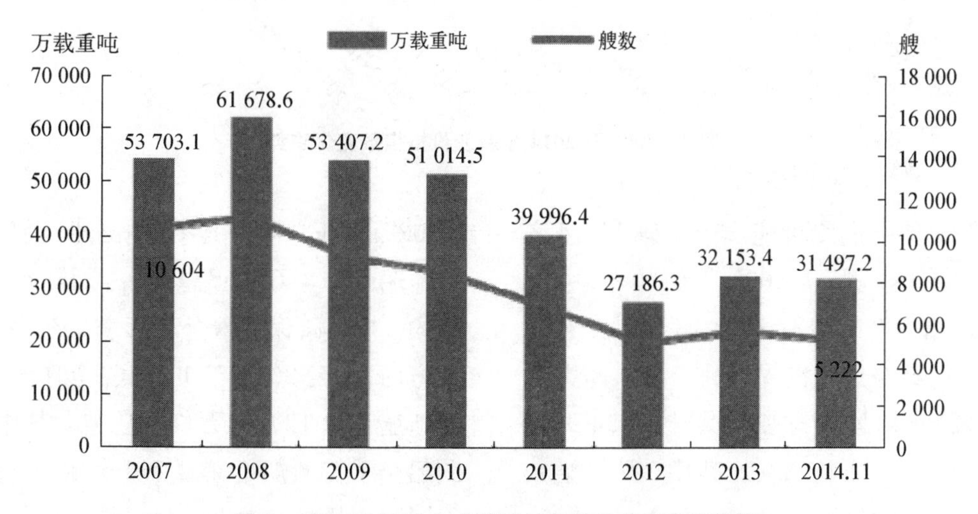

图2　2007至2014年全球手持船舶订单量变化趋势

数据来源：中国船舶工业年鉴

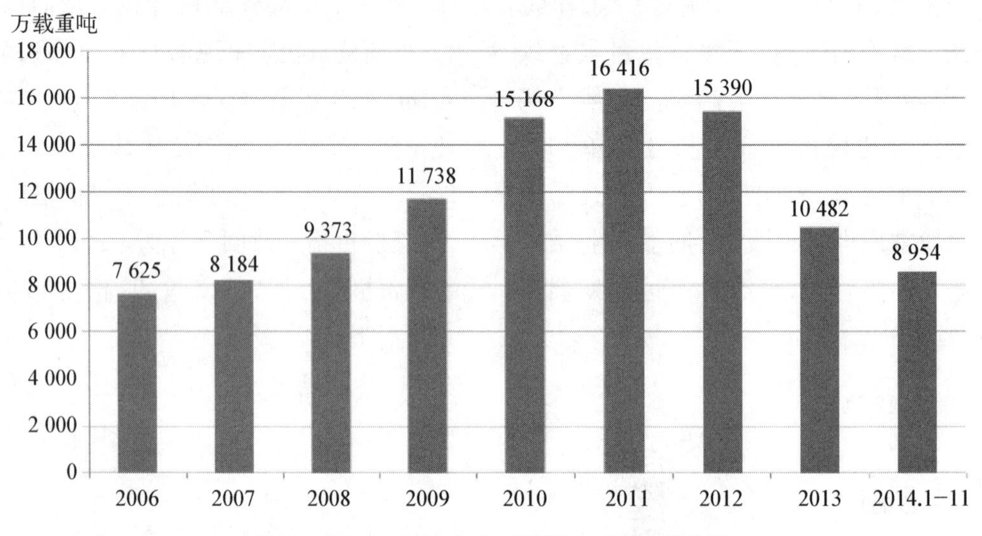

图 3　2006 至 2014 年全球新船完工量变化趋势

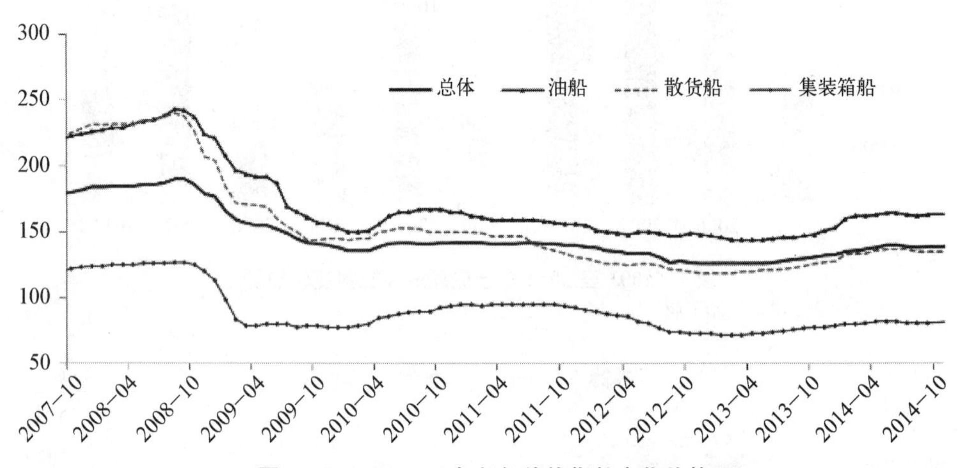

图 4　2007 至 2014 年新船价格指数变化趋势

数据来源：中国船舶协会

“21 世纪最终可能属于中国”,《经济学人》如此预测,从 2000 年到如今,中国造船产量占全球造船产量的份额由 5%升至 40%,跻身到了世界前列。在造船完工量方面,2014 年全球船企共计 4 394 万修正总吨,同比下降 3%。其中,中国船企 1 648万修正总吨,占全球总量的 37.5%。在成交量方面,全球船企交付新船共计 3 502万修正总吨。其中,中国船企船企交付新船 1 173 万修正总吨,占国际市场份额的 33.5%,保持着全球第一。在手持订单方面,截至 2015 年 1 月底,全球船企手持新船订单 12 028 万修正总吨。其中,中国船企手持新船订单 4 711 万修正总吨,占国际市场份额的 39.2%,继续位居全球第一。

表 1　2014 年船舶行业三大指标及中国占世界百分比

日　期		完 工 量	成 交 量	手持定单量
2014	中国(m. CGT)	16. 481 61	11. 726 25	47. 110 085
	占全球市场份额(%)	37. 5	33. 5	39. 2

数据来源：Clarksons Research 2015(Shipping Intelligence Network：www. clarksons. net)

二、文 献 综 述

船舶产业的发展，促进了相关学者对于船舶产业国际竞争力理论及实践的深入研究。

首先在研究船舶产业国际竞争力理论方面，Porte(1990) 提出了著名的“波特钻石模型”掀起了当代研究产业国际竞争力的热潮，但是“钻石模型”的适用性存在争议。基于此，一些专家又进一步拓展了“钻石模型”，如 Rugman & Cruz(1993)以加拿大为分析对象提出了“双钻石模型”；之后“双钻石模型”又被 Moon，Rugman & Verbeke (1998)拓展为“一般化的双钻石模型”适用于分析所有小国经济。这是运用多因素综合评价法进行的产业国际竞争力研究，此外，还存在应用贸易数据和应用生产率指标进行分析的两种典型做法。贸易数据方面，Balassa(1965)提出显示性比较优势指数 RCA，贸易竞争力指数 TC，以及国际市场份额 IMS 等。Vollrath et al. (1988)在 RCA 的基础上考虑加入进口因素，提出了显示性竞争优势 CA。此后大量学者运用这些指标对产业竞争力进行判断，我国学者邹薇(1999)、范爱军(2002)对此深有研究。1983 年，荷兰格林根大学的 ICOP 项目组开始了关于产业国际竞争力的评价应用生产率指标的研究，此后还有很多学者将市场份额指标结合生产率指标进行研究国际竞争力。

以上属于产业国际竞争力的基础性研究，并没有涉及产业竞争力主要指标之间的联系，即对不同层次的指标进行逻辑区分与适度结合。金碚(1997)系统地提出了提升产业国际竞争力的策略和思路，对于如何建立一国产业竞争力的评价指标体系这一问题提供了独到的见解和看法。陈立敏等(2004，2008)对产业竞争力进行了四层次区分：竞争力的来源——产业环境，竞争力的实质——生产率，竞争力的表现——市场份额，竞争力的结果——产业利润率，本文也是在此基础上构建了海洋船舶业的国际竞争力评价指标体系。

其次在研究船舶产业发展实践方面，Philip S. Rinaldo，Herbert F. Fitton (1929)通过研究美国船企在 1921 至 1928 年造船完工量的变化，提出了控制造船材料能使船舶企业提高造船效率减少成本，进而提高国际竞争力。面对 20 世纪 80 年代中国船舶产业的发展,Boa Zhang Lu,Alan S. T. Tang(2000)从宏观和微观方面对其进行了分析研究,认为中国船舶产业的国际竞争力主要受劳动力成本、人民币汇率以及政府支持等因素的影响,并提出中国船舶企业要提高其管理能力和生产效率,增强国际竞争力。21世纪中国船舶制造业飞速发展也引发了国内学者对船舶行业研究的热潮,张嘉国(2003),李彦庆、韩光(2003),柯王俊(2006)等分别在自己的文章中对中国船舶工业竞争力进行了不同程度的研究,提出了如何提高中国船舶行业的国际竞争力。

基于以上研究,本文从产业国际竞争力方面着手,运用灰色关联度和理想解的组合方法,对中国与德国、印度、意大利、日本、韩国、波兰(2014年船舶产品(HS89)出口量前7名的国家)七个国家海洋船舶行业的国际竞争力进行了比较分析。

三、评价指标体系的构建

由于产业国际竞争力的影响因子广泛,在选取海洋船舶行业国际竞争力评价指标时,既要考虑到指标体系的科学完备性,也要考虑到指标的典型、非重复与可行性。笔者基于产业国际竞争力的四层次观点(陈立敏等,2008),针对船舶行业的具体情况和特点,构建了一个多级的国际竞争力评价指标体系,见表2。

表2 海洋船舶行业国际竞争力的评价指标体系

目标层	准则层	因素层	指标层
国际竞争力	竞争力的来源	宏观经济环境	GDP增长率
			人均GDP
			最终消费增长率
			FDI
		相关产业环境	工业指数增加值
			钢材表观消费量
	竞争力的实质	比较优势	劳动力成本
			铁矿石自给指数
		竞争优势	全员劳动生产率
			产业集中度
			船舶产业扩张系数
			产业关键技术水平
	竞争力的表现	贸易竞争力	显示性比较优势
			贸易竞争优势指数

（续表）

目标层	准则层	因素层	指标层
国际竞争力	竞争力的表现	贸易竞争力	显示性竞争优势指数
			产业内贸易指数
		市场占有率	国际市场份额
		质量及附加值	单位产品价格变动指数
	竞争力的结果	产业利润	产值

资料来源：笔者在陈立敏(2008)产业竞争力的四层次观点基础上设计制作

（一）表征竞争力来源的指标

1. 宏观经济环境。船舶行业的发展依赖于宏观经济环境的运行、对外经济的发展状况等经贸环境，并且船舶行业的周期性与宏观经济周期密切相关。因此这里选取了 GDP 增长率、人均 GDP、最终消费增长率和外商直接投资 FDI 四个指标。

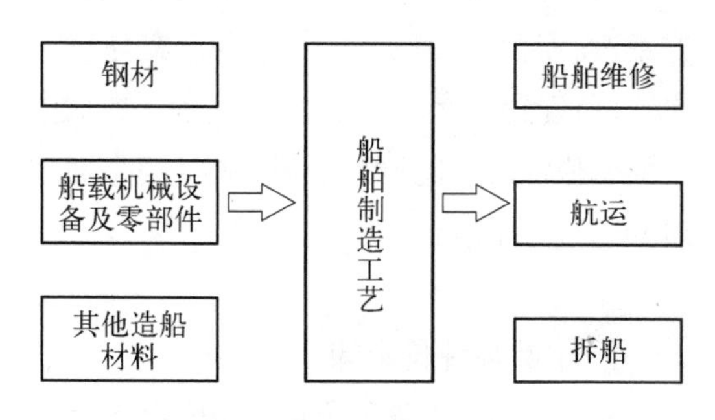

图 5 船舶制造业产业链

资料来源：Wind 资讯

2. 相关产业环境。船舶制造业与上下游产业关联密切，上游与钢材、船载机械设备及零部件、其他造船材料相关联，下游与船舶维修、航运、拆船等产业密切关联，船舶制造业及其相关产业之间相互发展相互促进。笔者选用了工业指数增加值、钢材表观消费量两个指标。

（二）表征竞争力实质的指标

产业国际竞争力的实质最终归结为各国产业生产率的优势，这些优势来源于先天有利的自然资源和后天形成的技术优势及产业发展的综合有利条件。

1. 比较优势。笔者选用了铁矿石自给程度(国内铁矿石产量/生产使用量)指标和劳动力成本(单位劳动力工资)指标。

2. 竞争优势。一国船舶制造业的生产力水平由全员劳动生产率代表。由于船舶行业具有显著的规模经济，所以产业集中度(CR_4)也是衡量各国船舶行业竞争力的重要指标。产业扩张系数(船舶完工量增长率/GDP 增长率)显示了该国该产业的相对规模及其成长性。此外，船舶行业是技术密集型行业，拥有先进的设备和技术水平，可以大幅度增加生产效率及产品附加值，极大地减少生产成本，因此，关键技术水平(修载比＝CGT/DWT)也是衡量一国船舶制造业国际竞争力的重要指标。

（三）表征竞争力表现的指标

1. 贸易竞争力的常用指标有显示性比

较优势(Revealed Comparative Advantage, RCA)、贸易竞争指数(Trade Competition, TC)、显示性竞争优势指数(Comparative Advantage,CA)和产业内贸易指数(Intra-Industry Trade,IIT)[①]。

2. 市场占有率一般用国际市场份额(International Market Share, IMS)指标表示,其值越大表明产品贸易竞争力越强。

3. 质量及附加值采用单位产品价格变动指数[②]这一指标。在对外贸易方面,船舶行业竞争力不仅表现在船舶产品的出口规模上,还体现为出口产品的质量,一个代表着出口规模的扩大,另一个则表示了出口产品附加值的增加。

(四) 表征竞争力结果的指标

产业利润不仅仅是产业拥有竞争力的结果,同时还是产业打造竞争力的终极目标,因此也是对产业国际竞争力进行评价的重要指标。

四、七国船舶行业国际竞争力的评价与比较分析

研究样本为中国与世界另外六个主要船舶生产和贸易国家的船舶行业,选取研究时间截面为 2014 年。基于表 2 海洋船舶行业国际竞争力的评价指标体系,采用灰色关联度和理想解法的组合评价方法。该方法通过引入灰色系统理论对传统理想解法进行了拓展,提出了一种基于灰色关联分析(GRA,Grey Relational Analysis)和理想解法(TOPSIS, Technique for Order Preference by Similarity to Ideal Solution)的组合决策方法,从而使欧氏距离和灰色关联度有机合成,构造一种新的相对贴进度对方案进行评价。新贴进度是各方案与理想方案、负理想方案之间的位置关系及数据曲线的相似性差异的同时反映,更客观全面地对问题进行了解析。

(一) 具体评价步骤

现以层次一"竞争力的来源"中 6 个指标为例,对 7 国船舶制造业进行评价。以

---

① $RCA=(E_j/E_t)/(W_j/W_t)$,其中 E_j、E_t、W_j 和 W_t 分别代表一国 j 产品的出口值、一国商品的总出口值、世界 j 商品的出口值和世界商品的总出口值。该比率大于 1 说明该国此种商品具有优势,小于 1 则说明该国在此种商品中处于劣势。$TC=(E_j-I_j)/(E_j+I_j)$,其中 E_j 和 I_j 表示一国 j 产业当期的出口额和进口额, $TC\in[-1, 1]$,一般认为 $TC>0$ 表示处于竞争优势, $TC<0$ 处于竞争劣势, $TC=1$ 和 $TC=-1$ 表示一国该产业只有出口或只有进口的极端情况。$CA=RCA-RIA$,$RIA=(I_j/I_t)/(W_{ij}/W_{it})$,其中 I_j、I_t、W_{ij} 和 W_{it} 分别代表一国 j 商品的进口值、一国商品的总进口值、世界 j 商品的进口值和世界商品的进口总值。$IIT=1-(E_j-I_j)/(E_j+I_j)$,其中 E_j 和 I_j 表示一国 j 产业的出口额和进口额,其值越大,表示产业内贸易水平越高。

② 单产品价格变动指数$=(E_t/X_t)/(E_0/X_0)$,其中 E_0、X_0 分别表示基期的某商品出口金额和出口量,E_t、X_t 则分别表示报告期的某商品出口金额和出口量。

MATLAB7.0 为工具,具体评价步骤如下:

1. 确定指标权重向量。权重选取分为主观赋权法、客观赋权法和组合赋权法,笔者采取客观赋权法中的变异系数法,即根据各指标的变异程度来确定指标的权重ω(V=std(x)/abs(mean),ω=v/sum(v))。将变异系数法引入权重计算使得权重来自数据本身,可以有效消除权重赋予中的人为因素,使评价结果更加客观。依此方法得出6个指标的权重向量为 ω=(0.125 9,0.094 7,0.154 2,0.241 6,0.155 8, 0.227 8)。

2. 对原始矩阵进行无量纲处理得标准化矩阵 Y_1。由 m 个方案、n 个指标可得原始决策矩阵 $X=(X_{ij})_{m\times n}$。对其进行无量纲化处理后得标准化矩阵 $Y=(y_{ij})_{m\times n}$,本例中 $m=7,n=6$。

$$Y_1=\begin{bmatrix} 1.3005 & -1.0916 & 1.1726 & 2.2596 & 2.1976 & 2.2582 \\ -0.5077 & -1.0916 & -0.5406 & -0.4438 & -0.0889 & -0.4002 \\ 1.3005 & -1.2594 & 1.6072 & -0.1984 & -0.4226 & -0.2557 \\ -1.1312 & 0.4798 & -0.7693 & -0.3924 & -0.5069 & -0.4693 \\ -1.0377 & 1.0614 & -1.0009 & -0.4373 & 0.0049 & -0.2883 \\ 0.0223 & 0.2297 & -0.3105 & -0.4293 & -0.4785 & -0.3365 \\ 0.0534 & -0.6167 & -0.1315 & -0.3583 & -0.7057 & -0.5082 \end{bmatrix}$$

3. 计算加权标准化矩阵 U_1。加权标准化矩阵 $U=(u_{ij})_{m\times n}=(\omega * y_{ij})_{m\times n}$。

$$U_1=\begin{bmatrix} 0.1638 & -0.1034 & 0.1808 & 0.5459 & 0.3423 & 0.5145 \\ -0.0639 & 0.1133 & -0.0834 & -0.1072 & -0.0138 & -0.0912 \\ 0.1638 & -0.1193 & 0.2479 & -0.0479 & -0.0658 & -0.0582 \\ -0.1424 & 0.0454 & -0.1228 & -0.0948 & -0.0790 & -0.1069 \\ -0.1307 & 0.1005 & -0.1543 & -0.1056 & 0.0008 & -0.0657 \\ 0.0028 & 0.0218 & -0.0479 & -0.1037 & -0.0745 & -0.0767 \\ 0.0067 & -0.0584 & -0.0203 & -0.0866 & -0.1099 & -0.1158 \end{bmatrix}$$

4. 确定理想解 U^+ 和负理想解 U^-。

$U_1^+=(0.163\ 8,0.113\ 3,0.247\ 9,0.545\ 9,0.342\ 3,0.514\ 5)$

$U_1^-=(-0.142\ 4,-0.119\ 3,-0.154\ 3,-0.107\ 2,-0.109\ 9,-0.115\ 8)$

5. 计算7国竞争力的来源指标理想解与负理想解直接的欧氏距离 D^+ 和 D^-。

$D_1^+=(0.226\ 9,1.040\ 1,0.949\ 4,1.099\ 9,1.061\ 3,1.032\ 9,1.061\ 9)$

$D_1^-=(1.111\ 1,0.274\ 1,0.514\ 1,0.171\ 2,0.251\ 4,0.234\ 8,0.210\ 6)$

6. 计算7国竞争力的来源指标理想解与负理想解直接的灰色关联度 R^+ 和 R^-。

$R_1^+ = (0.905\ 1, 0.541\ 3, 0.624\ 4, 0.488\ 5, 0.519\ 8, 0.517\ 5, 0.496\ 8)$

$R_1^- = (0.509\ 5, 0.819\ 1, 0.756\ 9, 0.904\ 5, 0.862\ 0, 0.821\ 6, 0.863\ 2)$

7. 对距离和关联度采用无量纲化处理之后进行合并。由于 D_i^- 和 R_i^+ 数值越大,方案越接近理想方案;而 D_i^+ 和 R_i^- 数值越大越远离理想方案。因此合并式可确定为:

$$S_i^+ = \alpha_1 D_j^- + \alpha_2 R_i^+ (i = 1, 2, \cdots, m),$$

$$S_i^- = \alpha_1 D_i^+ + \alpha_2 R_i^- (i = 1, 2, \cdots, m)$$

其中 α_1, α_2 满足 $\alpha_1 + \alpha_2 = 1$,笔者取 $\alpha_1 = \alpha_2 = 0.5$。$S_i^+$ 代表了方案与理想方案的接近程度,其值越大方案越优;S_i^+ 则代表的是方案与理想方案的远离程度,其值越小方案越优。

$S_i^+ = (0.311\ 3, 0.115\ 6, 0.169\ 2, 0.090\ 6, 0.108\ 9, 0.105\ 6, 0.098\ 7)$

$S_1^- = (0.063\ 5, 0.154\ 3, 0.141\ 7, 0.166\ 7, 0.159\ 8, 0.154\ 0, 0.160\ 0)$

8. 计算各国理想解相对贴进度 $= D_i^- / (D_i^+ + D_i^-)$

灰色关联相对贴进度 $= R_i^+ / (R_i^+ + R_i^-)$

综合相对贴进度 $= S_i^+ / (S_i^+ + S_i^-)$

从计算结果表 3 可以看出综合贴进度排序结果与灰色关联度贴进度排序一致,与 TOPSIS 的排序基本一致,这也验证了这一评价指标的稳健性。由于同时考虑了方案与理想方案和负理想方案数据曲线在趋势或形状上的差异,造成了不同的排序结果。

表 3　7 国船舶行业竞争力来源层次的相对贴进度及排序

Reporter	D_1^+	D_1^-	R_1^+	R_1^-	S_1^+	S_1^-	TOPSIS 贴进度/排序	灰色关联 贴进度/排序	综合 贴进度/排序
中　国	0.226 9	1.111 1	0.905 1	0.509 5	0.311 3	0.063 5	0.830 4/1	0.639 8/1	0.830 5/1
德　国	1.040 1	0.274 1	0.541 3	0.819 1	0.115 6	0.154 3	0.208 6/3	0.397 9/3	0.428 4/3
印　度	0.949 4	0.514 1	0.624 4	0.756 9	0.169 2	0.141 7	0.351 3/2	0.452 0/2	0.544 2/2
意大利	1.099 9	0.171 2	0.488 5	0.904 5	0.090 6	0.166 7	0.134 7/7	0.350 7/7	0.352 2/7
日　本	1.061 3	0.251 4	0.519 8	0.862	0.108 9	0.159 8	0.191 5/4	0.376 2/5	0.405 3/5
韩　国	1.032 9	0.234 8	0.517 5	0.821 6	0.105 6	0.154	0.185 2/5	0.386 5/4	0.406 9/4
波　兰	1.061 9	0.210 6	0.496 8	0.863 2	0.098 7	0.16	0.165 5/6	0.365 3/6	0.381 6/6

(二) 对评价结果按层次分析

表 4　7 国船舶行业国际竞争力全部指标的综合贴进度评价

	中　国	德　国	印　度	意大利	日　本	韩　国	波　兰
竞争力的来源	0.830 5	0.428 4	0.544 2	0.352 2	0.405 3	0.406 9	0.381 6
竞争力的实质	0.549 6	0.647 8	0.554 8	0.392 7	0.620 7	0.613 8	0.583 2
竞争力的表现	0.521 9	0.434 4	0.372 7	0.478 6	0.488 4	0.78	0.345 2
竞争力的结果	0.847 7	0.185 3	0.152 4	0.156 1	0.874 7	0.895 9	0.164 1

表 5 7 国船舶行业国际竞争力全部指标评价排序

	中 国	德 国	印 度	意大利	日 本	韩 国	波 兰
竞争力的来源	1	3	2	7	5	4	6
竞争力的实质	6	1	5	7	2	3	4
竞争力的表现	2	5	6	4	3	1	7
竞争力的结果	3	4	7	6	2	1	5

1. 竞争力的来源层次。教育、科技、先进设备、基础设施等各方面的强大，最终形成一个国家或地区的核心竞争力。促进企业产生和加强竞争力，创造良好的经济发展环境和制度环境，培养专业性高级要素是首要前提。中国目前在这个层次具备让企业腾飞的巨大动力，中国经济的巨大发展使得中国每年的钢材表观消费量在世界范围内遥遥领先，最终消费增长率位于前列，FDI、工业指数增加值也优于其他各国，人均 GDP 保持显著增长，说明中国经济的整体抗风险能力较好，船舶行业具备较大的发展潜力。

2. 竞争力的实质层次。由数据结果可以看出，中国船舶行业在产业集中度和关键技术水平上均没有优势。据统计，2006 年中国前十大船厂产量全国占比 68%，2011 年跌至 38%；而日本前十大船厂产量是全国的 58%，韩国则增至 94%。虽然在劳动力成本方面中国优势显著，但是相比于韩国、德国、日本和意大利，中国的全员劳动生产效率劣势明显。数据显示，2011 年，中国人均 GDP 是 4 382 美元，而同时期日本为 42 820 美元，韩国为 20 591 美元，日韩的人均工资成本是中国的 5－10 倍左右。虽然中国原材料和劳动力成本目前呈现上升趋势，但中国造船劳动力的生产效率与效能的各项指标与世界先进水平差距依旧，发展并未同步。目前，中国的效率依旧停留在 40－50 工时/修正总吨，而日韩船企已经降至 10 工时/修正总吨的水平，且造船的自动化和机械化程度都远远低于日韩。综合考虑劳动力成本和劳动生产率两个因素，中国造船产业的低成本优势并不明显。铁矿石自给程度和产业扩张系数处于 7 国的平均偏上水平。

3. 竞争力的表现层次。从 2014 年的截面数据来看，在贸易竞争力方面，中国船舶产品的显示性比较优势 RCA、产业内贸易指数 IIT 分别倒数第三、第二，贸易竞争优势指数 TC 仅次于韩国，显示性竞争优势指数 CA 居于首位。IIT 指数较低即进口相对较少，这也解释了为什么在加上了进口因素的 CA 指标偏高。市场占有率方面，中国船舶及其附加产品国际市场份额 IMS 仅次于韩国。

此外，中国船舶产品的价格变动指数偏低，说明中国船舶产品的价值含量与技术含量有待提升。在中国船企建造的船舶中，附加值较低的散货船达到了 60%－70%的比重，而韩国散货船只占比 20%左右。在国际市场中，中国产品在技术含量及附加值较高的船舶和海洋工程装备中占比甚至不到 10%和 5%。

表6 2014年7国船舶行业进出口数据指标

Reporter	RCA	TC	CA	IIT
中 国	1.448 083 19	0.900 625 001	1.212 499 582	0.099 374 999
德 国	0.487 378 566	0.359 397 747	−0.249 253 833	0.640 602 253
印 度	1.931 225 396	−0.035 645 544	−1.797 735 733	0.964 354 456
意大利	1.143 191 258	0.726 638 822	0.617 382 81	0.273 361 178
日 本	2.518 061 651	0.483 347 067	0.579 447 538	0.516 652 933
韩 国	9.004 120 175	0.911 540 344	7.822 351 914	0.088 459 656
波 兰	3.531 349 597	0.156 044 111	−3.105 633 311	0.843 955 889

4. 竞争力的结果层次。各国船舶行业的产值差异较大,这不仅由各国船舶的生产成本、生产率因素所致,而且还由于各国不同的产业政策、税收体制等政策因素存在差异。中国该指标次于韩国和日本,但遥遥领先于其他四个国家。

五、结　论

综上所述,2014年的世界船舶行业,竞争力的来源——中国最好,竞争力的实质——德国最强,竞争力的表现、竞争力的结果——韩国最佳。中国船舶行业虽然具有良好的经济环境基础、巨大的发展潜力,但相比于世界先进水平,仍存在生产技术低,产业结构及产品结构不合理、竞争优势不强等问题,阻碍了国际竞争力的进一步提升。

针对以上问题,中国船舶工业集团提出将船舶产业向“做大、做强、集约、外向”定位的发展目标。“做大”,指通过中国船舶产业生产规模的扩张,深化规模经济优势;“做强”,指通过提高中国船舶产业发展的综合水平,增强造船实力;“集约”,指通过扭转船舶产业发展对低廉劳动力成本过度依赖的局面,提高劳动生产效率和造船效率,实现生产集约化;“外向”,指通过加强中国船舶产业的国际合作实现外向型发展。

因此,中国船舶产业的发展应围绕“做大、做强、集约、外向”这一战略目标,加大科研投入力度,培养高素质造船人才,提高造船技术水平以及造船效率,促进船舶配套产业的发展,提高行业集中度并推动行业内有序竞争,形成特定的行业规范,进而提高船舶产业的综合实力,增强国际竞争力,早日实现造船大国到造船强国的跨越。

参考文献

[1] 陈立敏、谭力文. 评价中国制造业国际竞争力的实证方法研究：兼与波特方法与指标比较[J]. 中国工业经济 2004(05).

[2] 陈立敏. 中国制造业国际竞争力评价方法与提升策略[M]. 武汉：武汉大学出版社，2008.

[3] 邓聚龙. 灰色预测与灰色决策. 华中理工大学出版社. 2002.

[4] 孙晓东，焦玥，胡劲松. 基于灰色关联度和理想解法的决策方法研究[J]. 中国管理科学 2005.(04).

[5] 陈立敏. 我国钢铁行业的国际竞争力分析：基于灰色关联度和理想解法的组合评价. 国际贸易问题，2011(9)：3－13.

[6] D. L. OLSON. Comparison of Weights in TOPSIS Models [J]. Mathematical and Computer Modeling，2004(40)：721－727.

[7] Michael E. Porter. The Competitive Advantage of Nation. NY：the Free Press，1900：2－14.

[8] Philip S. Rinaldo and Herbert F. Fitton. Material Control in the Ship-Building Industry. Harvard Business Review，1929(1)：78－87.

[9] Boa Zhang Lu，Alan S. T. Tang. China Shipbuilding Management Challenges in the 1980s. Maritime Policy & Management，2000，27 (1)：71－78.

[10] 张金昌. 国际竞争力评价的理论和方法. 北京：经济科学出版社，2002：56－89.

[11] 邹薇. 关于中国国际竞争力的实证测度与理论研究. 经济评论，1999(5)：22－25.

[12] 范爱军. 中国各类出口产业比较优势实证分析. 中国工业经济，2002(2)：55－60.

[13] 国家计委宏观经济研究院产业发展研究所课题组. 我国产业国际竞争力评价理论与方法研究. 宏观经济研究. 2001(7)：35－39.

[14] 金碚. 中国工业国际竞争力——理论、方法与实证研究. 北京：经济管理出版社，1997.

[15] 芮明杰. 产业国际竞争力评价理论与方法. 复旦大学出版社. 2010.

[16] 李彦庆，韩光. 我国船舶工业竞争力及策略研究. 船舰科学技术，2003(4)：61－66.

[17] 张嘉国. 对世界船舶市场的几点看法. 船舶工业，2002：39－43.

[18] 柯王俊. 我国船舶工业国际竞争力评价和竞争力风险研究：[博士学位论文]. 黑龙江：哈尔滨工程大学，2006.

[19] 何育静，刘树青. 我国造船企业竞争力研究. 船舶工程，2015(1)：100－104.

[20] 中国船舶工业年鉴编辑委员会. 中国船舶工业年鉴 2014. 北京，2014.

[21] 国家海洋局海洋发展战略研究所课题组. 中国海洋发展报告 2014. 海洋出版社. 2014.

（执笔：上海大学经济学院，
石灵云　孙冰洁）

附录:

附表 1　各项指标原始数据来源

数　据　来　源	指　　标
World Bank Database	GDP 增长率,人均 GDP,最终消费增长率,FDI,工业指数增加值,全员劳动生产率
WTO Database, UN Comtrade Database	RCA,TC,CA,IIT,IMS 以及单位产品价格变动
Steel Statistical Yearbook 2015	钢材表观消费量,铁矿石自给程度
International Labour Organization	平均月工资
中国船舶工业年鉴 2014, 中国船舶工业行业协会, Clarksons Research, Wind 资讯	产业集中度,船舶产业扩张系数,修载比,产值
Bank for International Settlement	官方汇率

附表 2　2014 年世界主要国家的完工量和成交量

BUILDER_COUNTRY	Contracting		Deliveries	
	DWT	CGT	DWT	CGT
中　国	53 491 375	16 481 612.26	36 515 664	11 726 253.78
德　国	82 525	499 538.563 4	111 848	455 672.785 6
印　度	300	12 625.701 99	111 934	107 009.081 5
意大利	58 832	856 559.787 4	39 436	305 738.468
日　本	27 507 873	9 403 788.326	22 587 006	6 569 422.442
波　兰	6 300	75 738.220 25	46 325	67 718.773 95
韩　国	32 514 624	12 563 378.24	26 022 336	12 022 839.11
其　它	6 210 511	4 048 046.051	5 687 843	3 763 489.637
全　球	119 872 340	43 941 287.15	91 122 392	35 018 144.08

资料来源:Clarksons Research 2015

附表 3　世界主要国家的手持订单量

		1-Jan-13	1-Jan-14	1-Jan-15
印　度	m. DWT	2.026 78	0.392 248	0.063 29
	m. CGT	1.099 58	0.393 309	0.166 983
中　国	m. DWT	119.324 9	150.316 6	152.833 7
	m. CGT	37.660 52	47.008 15	47.110 09

（续表）

		1 - Jan - 13	1 - Jan - 14	1 - Jan - 15
日 本	m. DWT	55.982 46	60.246 31	62.913 41
	m. CGT	15.745 18	18.532 5	20.808
韩 国	m. DWT	71.171 69	83.093 2	84.386 98
	m. CGT	30.931 41	35.319 87	34.284 85
德 国	m. DWT	0.267 815	0.265 054	0.230 891
	m. CGT	1.175 68	1.382 512	1.418 437
意大利	m. DWT	0.147 047	0.134 545	0.152 805
	m. CGT	1.076 533	1.140 877	1.684 384
波 兰	m. DWT	0.096 27	0.087 475	0.047 45
	m. CGT	0.148 587	0.146 981	0.159 146
全 球	m. DWT	270.867 6	320.517 9	326.142 1
	m. CGT	102.039 7	119.413 9	120.284 5

资料来源：Clarksons Research 2015

附表 4　2014 年世界接单前 30 强

Shipbuilder Yards*		New Orders 2014			Orderbook Nov., 2015			Schaduled Deilvery ('000 CGT):				
		No.	'000 dwt	'000 CGT	No.	'000 dwt	'000 CGT	Rank	2015	2016	2017	2018+
Hyundal HI	3	78	9,754	3,284	221	31,115	9,859	1	914	4,690	3,646	610
Daewoo (DSME)	2	79	10,231	4,853	148	20,464	8,883	2	189	2,780	2,679	3,235
Imabari Shipbuilding	9	120	10,444	2,592	235	20,824	6,202	3	446	2,058	1,640	2,058
Samsung HI	2	31	3,104	1,552	106	11,495	5,423	4	384	1,964	2,357	718
Hyundal Mipo	2	38	1,143	766	153	6,304	3,391	5	198	1,564	1,254	375
Shanghai Walgaoqiao	2	26	5,511	893	81	15,491	3,156	6	176	1,454	715	811
Yangzijiang Holdings	3	49	5,493	1,315	120	10,123	3,098	7	132	1,474	1,141	350
Japan Marine United	6	40	4,002	1,503	82	10,529	2,842	8	134	1,015	1,024	669
Hudong Zhonghua	2	18	2,153	1,089	59	5,399	2,746	9	169	1,194	696	687
CSSC Offshore Marine	4	43	2,927	802	134	9,197	2,730	10	414	1,249	783	284
STX Offshore & SB	4	26	1,363	998	72	6,456	2,417	11	101	1,153	789	344

（续表）

Shipbuilder Yards*	New Orders 2014			Orderbook Nov., 2015			Schaduled Deilvery ('000 CGT):				
	No.	'000 dwt	'000 CGT	No.	'000 dwt	'000 CGT	Rank	2015	2016	2017	2018+
Meyer Neptun 3	5	49	668	19	133	2,370	12	0	410	471	1,489
Tsuneishi Holdings 3	46	3,137	824	119	8,078	2,153	13	113	994	632	414
HHIC 2	15	2,416	528	48	6,017	1,816	14	170	967	658	20
New Century SB Group 2	34	4,083	857	67	7,179	1,648	15	116	794	696	41
Sinotrans & CSC 4	45	2,327	726	92	4,886	1,600	16	180	833	506	81
Sungdong SB 1	43	5,535	1,157	61	6,839	1,592	17	125	1,071	396	0
Namura Zosensho 3	52	3,390	884	84	6,269	1,543	18	88	624	523	307
Mitsubishi HI 2	7	332	256	24	1,316	1,512	19	155	590	181	586
Dalian Shipbuilding 1	3	957	133	39	8,104	1,511	20	99	699	373	340
Sinopacific Group 3	42	1,671	626	99	3,908	1,420	21	192	1,053	175	0
Fincantieri 6	8	59	855	15	93	1,385	22	0	442	493	449
Oshima SB Co 1	19	1,282	350	81	4,867	1,372	23	122	694	355	201
CIC (Jiangsu) 1	25	2,022	568	51	4,248	1,279	24	166	782	118	213
Yangfan Group 2	37	1,533	561	59	2,895	1,087	25	137	641	308	0
Nantong COSCO KHI 1	15	1,996	403	34	4,493	1,074	26	52	593	108	320
Chengxi Shipyard 1	27	1,730	474	60	3,733	1,040	27	32	728	263	18
Mitsui Eng & SB 4	24	1,021	366	52	4,279	1,022	28	34	453	251	284
Shin Kurushima Group 5	40	1,240	668	58	1,761	1,010	29	95	497	284	133
HNA Group 1	3	90	56	24	3,937	980	30	31	858	91	0
Other (291 groups)	1,089	28,879	13,334	2,138	64,634	29,155		3,809	16,612	5,372	3,362
TOTAL (321 groups)	2,127	119,872	43,941	4,635	295,065	107,314		8,972	50,963	28,980	18,398

* *No. of yards within group that currently have orders. + Deliveries scheduled in the remainder of year. Ranking of shipyards in the table are based on the current orderbook measured in CGT. THE ORDERBOOK AND ANALYSIS BY YEAR OF DELIVERY ON THIS PAGE ARE BASED ON REPORTED ORDERS AND SCHEDULED DELIVERY DATES AND DO NOT NECESSARILY REPRESENT THE EXPECTED PATTERN OF FUTURE DELIVERIES.*

资料来源：Clarksons Research 2015

上海北外滩航运服务集聚区企业区位分布

——基于北外滩13栋楼宇数据的实证研究

摘要：北外滩航运服务集聚区对上海国际航运中心的建设起着重要的作用。本研究以北外滩13栋楼宇541家企业数据为基础，以ARCGIS10.2为分析平台，综合利用空间GINI系数、Herfindahl指数、E-G指数、点度中心度，对13栋楼宇内企业空间分布特征进行实证研究。结果发现：北外滩航运服务集聚区内楼宇呈现出"中心—外围"的分布模式，形成了以航运服务业为主导的产业生态圈，集聚了大量高效率、影响力和高技能企业。

关键词：北外滩　航运服务集聚区　企业空间分布　"中心—外围"模式　产业生态圈

上海于20世纪90年代中期提出建设"四个中心"的目标，到2014年提出建设具有全球影响力的科技创新中心，目前已经形成了"4+1"的城市竞争力发展战略，而国际航运中心作为"4+1"的战略目标之一，功能主要集中在北外滩、陆家嘴、洋山保税港、临港新城、外高桥保税区等区域。北外滩作为国际航运中心建设的五个主要功能区之一，已经吸引了大量航运服务及相关企业入驻，它们有何集聚特点？空间分布情况如何？这对于国内其他航运中心乃至其他发展中国家航运中心的建设来说都具有很好的借鉴意义。

由于研究区域内企业多属于现代服务业，本研究将从服务业集聚和航运业两个方面对以往的研究进行综述。服务业集聚的研究较早。Gillespie和Coffey对美国和加拿大，Illeris对北欧的研究表明，生产性服务业高度集中于大都市区[1-3]；Longcore对纽约，Forstall对洛杉矶的研究表明，大都市区生产性服务业由中心区向外扩展，并且呈现出多中心结构[4-5]；K. Desmet的研究表明，服务业相对于制造业具有更强的集聚特征[6]；管驰明、高雅娜的研究表明，不同服务业的集聚程度会由于行业性质和服务对象的不同而不同[7]。

与航运业有关的研究主要集中在航运企业行为，航运服务集聚区的概念、功能、区位等方面。王列辉研究了服务业的发展趋势,指出了国际航运重心由欧洲向中国转移[8];曹卫东利用空间基尼系数,GIS空间插值测度了上海港口后勤区内主要港航企业的区位特征与空间关联[9];梁双波等研究了航运服务集聚区演化的内在机理[10];Lee研究了东亚地区10个主要港口,得出航运集聚区内企业构成、类型差异对港口区域有不同的作用和影响[11];Olivier认为航运服务企业行为影响码头经营,进而对港口运行产生影响[12]。

综上所述,以往对于服务业集聚的研究多为基于全国尺度、大都市尺度的区位特征研究;对于航运业有关的研究多基于港口、航运中心城市视角,对于港口城市内部航运服务企业空间分布的研究较少。上海是我国最发达的航运城市,有规模最大的航运服务集聚区,相关航运服务企业的区位特征值得探索。本文以北外滩航运服务集聚区内13栋楼宇数据为基础,综合运用GINI系数、Herfindahl指数、E-G指数、点度中心度(Degree Centrality),对北外滩航运服务集聚区内企业的空间分布特征进行探究。

一、数据来源与研究方法

(一)数据来源

本研究数据来自实地走访、调研,通过整理分析(截至2014年10月),筛选出八大类行业企业,采集的信息包括企业的名称、地址、主营业务、企业类型、经营模式等,在此基础上对企业进行梳理分类。通过网上查询、对比,剔除重复和无效样本,最终确定研究的样本为区域内13栋楼宇541家企业数据。13楼宇的地理位置如下(图1):

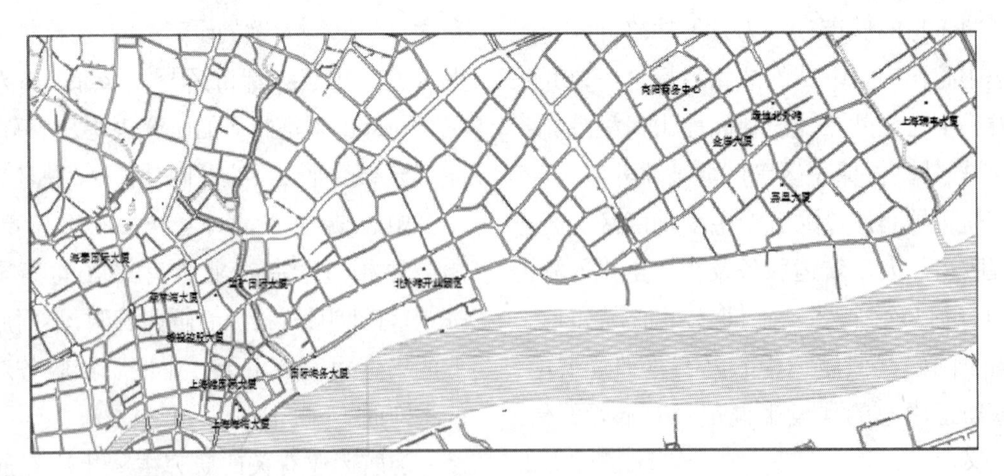

图1　13栋楼宇的地理分布情况

(二)研究方法

1. 空间 GINI 系数

空间 GINI 系数从分配基尼系数演化而来,它将某行业企业分布与其他行业对比,得出行业地理集中的相对指标,是衡量航运服务集聚区内企业分布不均匀程度的指标之一[13]。其计算公式为:

$$G_k = \sum_{i=1}^{N}(S_{ik} - x_i)^2$$

式中:表示空间 GINI 系数,S_{ik} 表示 i 楼宇内 k 行业企业占 k 行业企业总数的比重,x_i 表示 i 楼宇内企业数量占企业总数的比重,N 表示楼宇总数。空间 GINI 系数介于 0 与 1 之间,越大表明空间分布越不均匀,集聚程度越高;反之则集聚程度越低。

根据联合国相关规定,对空间 GINI 系数进行区段划分,制定出如下空间集聚判断标准:

(1) GINI≥0.5,空间分布极度不均匀,集聚态势非常明显;

(2) 0.4≤GINI<0.5,空间分布比较不均匀,集聚态势明显;

(3) 0.3≤GINI<0.4,空间分布不均匀,出现集聚态势;

(4) 0.2≤GINI<0.3,空间分布相对均匀,未出现集聚态势;

(5) GINI<0.2,空间分布比较均匀,不存在集聚。

2. Herfindahl 指数

Herfindahl 指数是测量产业集中度的综合系数,反映经济活动地理分布的绝对集中度。其计算公式为:

$$H_k = \sum_{i=1}^{N} z_{ik}{}^2 = \sum_{i=1}^{N}\left(\frac{y_{ik}}{y_k}\right)^2$$

式中:y_{ik} 为 i 楼宇 k 行业企业数量,y_k 为 k 行业企业总数量,N 表示楼宇总数。Herfindahl 指数越大,集聚程度越高;反之,则越低。

3. E-G 指数

由于空间 GINI 系数、Herfindahl 指数只是在某些方面反映了集聚的程度,有一定的局限性,随着研究的深入,这些指标得到修正,其中最有影响力的是 Ellison 和 Glaeser(1997)提出的 E-G 指数[14],其计算公式为:

$$r_k^0 = \frac{G_k - (1 - \sum_{i=1}^{N} x_i^2)H_k}{(1 - \sum_{i=1}^{N} x_i^2)(1 - H_k)}$$

$$= \frac{\sum_{i=1}^{N}(S_{ik} - x_i)^2 - (1 - \sum_{i=1}^{N} x_i^2)\sum_{i=1}^{N} z_{ik}^2}{(1 - \sum_{i=1}^{N} x_i^2)(1 - \sum_{i=1}^{N} z_{ik}^2)}$$

式中:G_k 为空间 GINI 系数,H_k 为 Herfindahl 指数。r_k^0 越大,表示行业企业集中程度越高,反之则越分散。

在计算过程中,由于空间 GINI 系数,Herfindahl 指数计算指标相对单一,而 E-G 指数综合两种指数克服了不同楼宇间某行业企业数量相差较大引起的指数误差,最终得出的结论更能反映行业的集聚程度。

二、北外滩航运服务集聚区企业空间分布特征

(一) 北外滩航运服务集聚区企业空间分布特征

根据《国民经济行业分类标准》(GB/T4759-2011),基于入驻企业的主营业务,考虑到对建设航运服务集聚区的作用,经行业分类一级代码统计,最终将研究区域内13栋楼宇入驻企业分为8大行业,各个行业在楼宇内的分布情况如表1。

表1 13栋楼宇8类一位数行业的企业分布情况

	C	F	G	I	J	K	L	M	总计
上海海湾国际大厦	5	7	16	0	6	7	5	0	46
上海滩国际大厦	7	3	17	1	21	8	22	0	79
金岸大厦	3	7	54	1	6	1	5	0	77
高阳商务中心	2	7	22	0	4	1	2	1	39
绿地北外滩中心	4	3	4	0	0	0	0	2	13
上海瑞丰大厦	5	11	52	4	12	5	4	1	94
嘉昱大厦	0	0	0	0	7	2	0	0	9
城投控股	0	2	4	0	4	2	2	1	15
宝矿国际	10	13	17	4	24	3	1	4	76
国际港务大厦	1	2	11	4	4	1	2	2	27
森林湾大厦	2	4	30	1	2	1	0	0	40
北外滩开业园区	0	0	8	1	1	3	0	0	13
海泰国际大厦	0	3	4	0	0	0	4	2	13
总计	39	62	239	16	91	34	47	13	541

注:C-制造业;F-批发和零售业;G-交通运输、仓储和邮政业;I-信息传输、软件和信息技术服务业;J-金融业;K-房地产业;L-租赁和商务服务业;M-科学研究和技术服务业

总体上来看,13栋楼宇内入驻企业总数,分行业企业数存在较大差异;8类行业数量差距较大,交通运输仓储和邮政业(G)数量最多,占到企业总数的44.18%;金融业(J)、批发和零售业(F)次之;科学研究和技术服务业(M)数量最少。

上海瑞丰大厦、上海滩国际大厦、金岸大厦、宝矿国际内入驻的企业数量均达到70家以上,金岸大厦、上海瑞丰大厦内交通运输仓储和邮政业(G)企业数量分别为54家、52家,占到楼宇内入驻企业数量的半数以上;这些楼宇在投资规模、区位上具有比较优势,对企业具有较大的吸引力;嘉昱大厦由于投入运营时间及地理位置的原因,楼宇

内入驻企业仅为9家。

(二) 八大行业空间分布特征

在行业分类一级代码统计数据的基础上,针对所选取的八类行业,利用公式(1)、(2)、(3),计算出各个行业的空间基尼系数(Spatial GINI Coefficient)、赫芬达尔指数(Herfindahl Index)、E-G 指数,如表2所示。

表2 八类行业的空间基尼系数,赫芬达尔指数,E-G指数

	GINI	HHI	E-G
C	0.540	0.153	0.539
F	0.439	0.127	0.423
G	0.480	0.141	0.467
I	0.635	0.203	0.645
J	0.531	0.161	0.523
K	0.498	0.145	0.488
L	0.638	0.262	0.622
M	0.604	0.183	0.610
Max	0.638	0.262	0.645
Min	0.439	0.127	0.423
Median	0.536	0.157	0.531

注: C-制造业;F-批发和零售业;G-交通运输、仓储和邮政业;I-信息传输、软件和信息技术服务业;J-金融业;K-房地产业;L-租赁和商务服务业;M科学研究和技术服务业

八类行业均呈现出集聚态势,各行业集聚程度不同。制造业(C)、信息传输、软件和信息技术服务业(I)、金融业(J)、租赁和商务服务业(L)、科学研究和技术服务业(M)的E-G指数,GINI系数数均大于0.5,空间分布极度不均匀,集聚态势非常明显。批发和零售业(F)、交通运输仓储和邮政业(G)、房地产业(K)的GINI、E-G指数介于0.4与0.5之间,空间分布比较不均匀,集聚态势明显。

基于上表计算出的8类行业的GINI、HHI、E-G指数,利用ORIGIN制图软件,绘制出反映各行业集聚程度的曲线图(图2)。

北外滩地区现已集聚了3 000多家航运服务类企业,其中包括中海集团、中远集团、上港集团、地中海航运、瑞士吉与宝船务有限公司、赫伯罗特船务有限公司等水上运输和货运服务企业,以及上海航运交易所、上海海事局、中国船级社上海分社、中国海事仲裁委员会上海分会、中国交通运输协会邮轮游艇分会等一批航运信息、海事仲裁、人才培养机构。在8类行业中,航运服务业企业在交通运输、仓储和邮政业企业中占到相当大的比例,能够显著促进北外滩航运功能承载区的建设,处于生态圈的核心位置;而金融业与航运服务业具有较大的共通性及相互关联度,对航运业发展具有显著的支撑作用,也处于产业生态圈的核心层;科学研究和技术服务业、租赁和商务服务业、信息传输、软件和信息技术服务业与航运业相关性较弱,但是通过提供相关研究、专业咨询、信息服务,间接提升航运服务信息化程度和技术水平,从而促进航运功能区的建设;批发和零售业中以进出口贸易企业为主,需要水上货物运输及货运代理服务,与航运业具有前向关联,但是对航运功能区建设作用不大;制造业企业包括三资公司职能机构、集团职能机

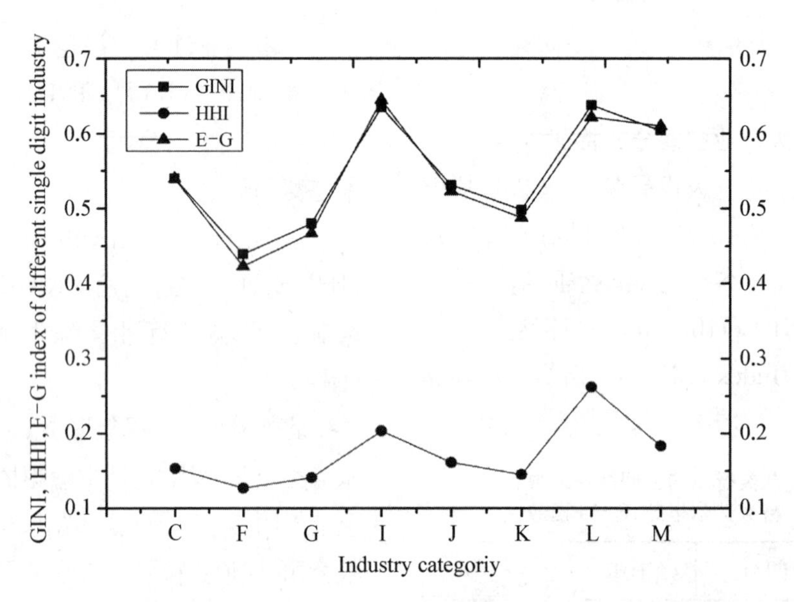

图 2　8 类一位数行业的空间基尼系数,赫芬达尔指数,E-G 指数

构,对于航运功能区建设影响较小,这两个行业处于生态圈的外围。八大行业通过相互之间的业务关联及对外提供服务,形成了以航运服务业为主导的产业生态圈。

北外滩作为国际航运中心建设的五大功能区之一,在发展规划中明确提出集聚发展航运交易、海事法律、航运金融、航运保险、航运信息等行业,以为现代物流业、航运业提供高层次服务为目标,基于此,北外滩利用良好的区位优势和航运产业基础,围绕航运中心软环境建设,重点吸引大型班轮公司、物流企业、船代货代企业、邮轮企业入驻,北外滩现已集聚了 2 000 余家航运服务企业,14 家航运功能性机构,航运服务企业及机构的集聚,提供相关服务,创造出大量需求,吸引同类企业,需要航运服务及为该类企业提供服务的企业入驻,形成了以航运服务业为主导,其他产业协同发展的产业生态圈(图 3)。

(三) 效率性企业分布特征

根据《公司法》、《合资公司法》、《中外合作经营企业法》、《中外合资企业法》、《外资企业法》等法律以及相关法规的规定,本研究将 13 栋楼宇内 541 家企业根据企业性质划分为国有企业(全民所有制企业)、民营企业、三资企业(外商独资企业、中外合资、中外合作经营企业)和其他类型企业,四种类型的企业占比情况如图 4。

基于 Liu 对中国制造业企业的研究,本研究把三资企业、民营企业视为高效率企业[16],由图 4 可知,高效率企业中民营企业占比 73.88%;三资企业次之,为 14.85%,两者合计占到企业总数的 88.73%,而国有企业占比为 11.09%,总体上来看,北外滩 13 栋楼宇内入驻的企业中以高效率企业为主,四种类型企业在 13 栋楼宇内的分布情况如图 5 所示。

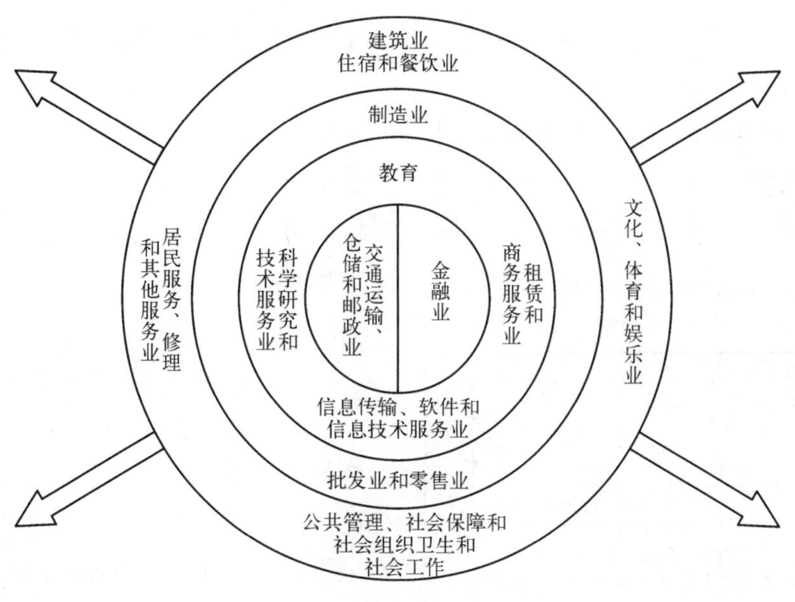

图 3　航运产业生态圈结构

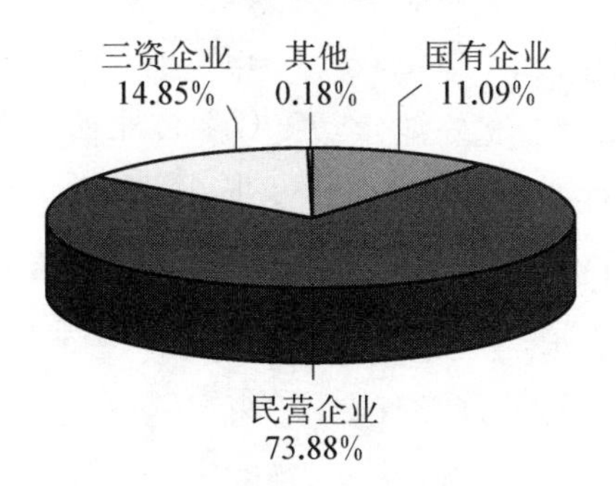

图 4　不同类型的企业分布百分比

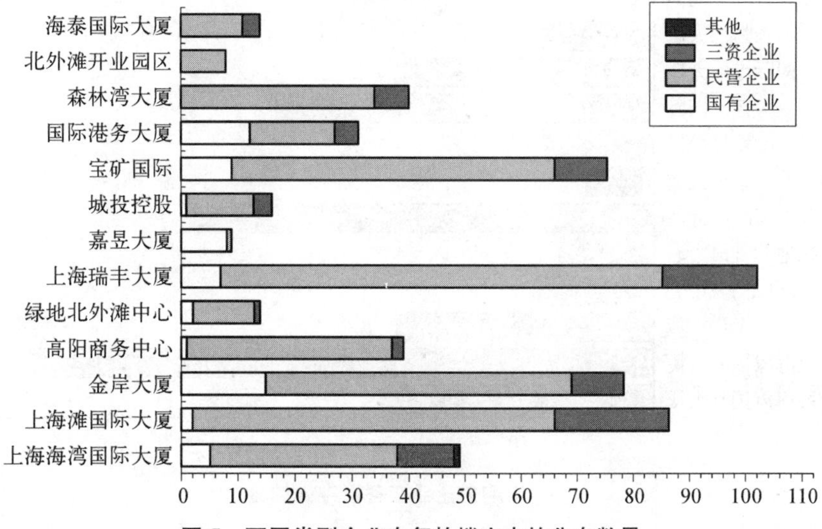

图 5　不同类型企业在每栋楼宇内的分布数量

从图 5 可以看出,民营企业在 13 栋楼宇内的分布较为均匀,且在数量上占有绝对优势,国有企业和三资企业在一些楼宇中没有分布,从集聚程度来看,国有企业的集聚程度最高,三资企业次之,民营企业最低(见表 3)。

表 3　不同类型企业的 HHI,GINI,E-G 指数

	GINI	HHI	E-G
国有企业	0.551	0.418	0.506
民营企业	0.156	0.120	0.146
三资企业	0.555	0.401	0.500

注:由于选取的 13 栋样本楼宇内只有一个其他类型的企业,在计算时考虑到指数的有效性,只计算了国有企业民营企业三资企业的 GINI,HHI,E-G 指数

效率性企业在 13 栋楼宇内分布数量较多,呈现出较大的集聚态势,由于北外滩定位于"商务—航运—文化"三柱支撑模式,是上海唯一以航运服务为特色的产业集聚区,区位上与外滩、陆家嘴形成三足鼎立之势,加之良好的航运业基础,国家及地方政府政策的推动,吸引了以航运服务业企业为主的外资、民营企业入驻,这些企业对于提升地区活力、运行效率有显著的促进作用,通过共享劳动力、信息而产生外部经济,获得较高的溢价,最终使得北外滩成为高效率企业集聚的高地。

(四) 影响力企业分布特征

影响力企业是指在规模、知名度上具有显著优势,对提升区域竞争力和扩大影响力具有显著推动作用的企业。本研究将以下企业视为影响力企业:(1) 上市公司;(2) 世界 500 强;(3) 中国五百强;(4) 知名三资企业的控股公司或者在华代表处;(5) 行业协会;(6) 交易中心;(7) 大型企业总部。

根据上述标准,本研究对样本企业进行甄选,得出影响力企业在 13 栋楼宇内的分布情况,如图 6 所示。

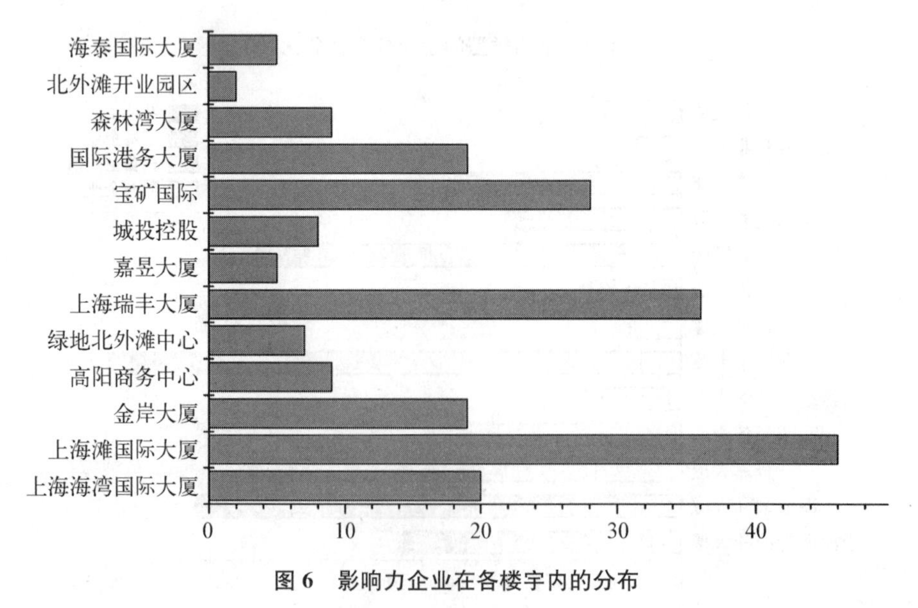

图 6　影响力企业在各楼宇内的分布

上海滩国际大厦集聚了一批商务咨询公司、会计师事务所、律师事务所、建筑规划公司、资产管理公司。基于影响力企业判断标准,该类企业中有很大一部分为影响力企业。图6显示,楼宇内入驻的影响力企业为46家,占企业总数的58.23%。上海瑞丰大厦影响力企业次之,为38家,北外滩开业园区影响力企业最少,仅有3家;各栋楼宇内影响力企业占比如图7所示。

总体上来看,北外滩13栋楼宇内影响力企业的分布是呈现出集聚的态势,并且表现出较明显的集聚态势(见表4)。

表4 影响力企业分布的GINI,HHI,E-G指数

GINI	HHI	E-G
0.517	1.146	0.538

通过上述分析,影响力企业在13栋楼宇内高度集聚,集中分布于上海滩国际大厦、上海瑞丰大厦、国际港务大厦等少数楼宇内,在其他楼宇内分布较少,总体上呈现出“中心—外围”的分布模式。

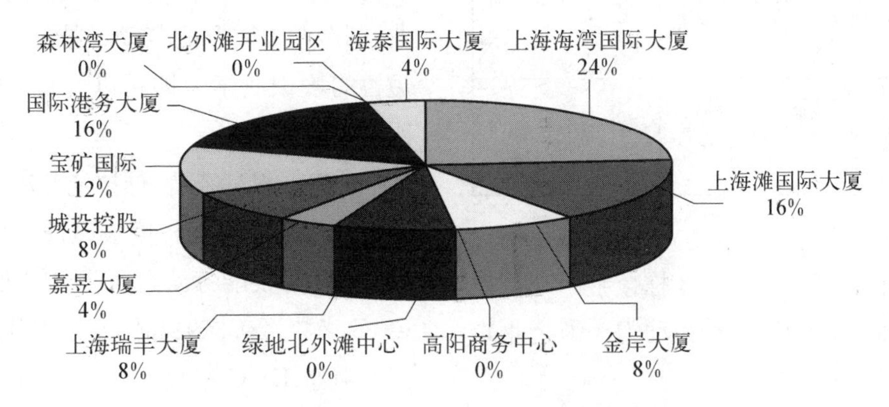

图7 影响力企业在各楼宇内的分布百分比

北外滩、南外滩与陆家嘴隔江相望,三者在地理位置上形成“黄金三角”。受益于外滩、陆家嘴金融业集聚的溢出效应,加之航运业固有的金融属性,北外滩吸引了包括银行、证券公司等金融机构及律师事务所、会计师事务等相关商务咨询机构的入驻。同时,作为上海航运业的发祥地,北外滩具有悠久的航运业历史,产业基础雄厚,集聚了包括上海国际港务集团、中海集团、中远集团等航运巨头总部在内的2 000余家航运服务类企业及上海航运交易所、中国港口协会等10多家航运功能性机构。再者,政策推动、集聚带来的向心力,良好的商务环境也吸引了贸易、信息传输、软件和信息技术服务业、科学研究和技术服务业、批发和零售业企业的集聚。其中,航运机构、协会、上市公司等影响力企业的集聚能够显著提升区域的知名度、支配力,对于上海建设国际性航运中心具有重大意义。

(五) 北外滩航运服务集聚区各劳动力类型企业分布特征

基于研究区域特点,考虑到所选样本企

业所属行业、所有制类型,本文把劳动力技能分为高、中、低三个类型,划分劳动力类型的依据如表5:

表5 不同类型劳动力的划分依据及对应的企业类型

劳动力类型	划分依据	对应企业
高	具有较高的学历或者较长年限的经验,较高的进入门槛,包括但不限于各类执业证书	金融服务类企业,行业协会,交易中心,商务服务类,咨询公司,科技公司
中	需要一定的技能和经验,不需要较高的学历,经过一定的学习和培训能够胜任	部分区域航运服务企业
低	学历较低,基本不需要培训和学习就能够胜任	餐饮,零售类企业,制造业

根据表5所列的劳动力类型划分依据,对本文所研究的北外滩13栋楼宇内541家企业进行分类汇总,三种劳动力类型企业的分布如图8、图9所示。

从图8可知,13栋楼宇内高技能劳动力的数量最多,占比为67.32%;中等技能劳动力类型次之,占比27.68%;低技能劳动力最低,仅占5%。高技能劳动力类型包括咨询、科技、商务服务,部分区域性航运服务企业(货运代理、报关、船舶代理等)以及全球性航运企业(包括船运保险、船运机构协会、航运信息咨询、船级管理机构等);一部分低端区域性航运服务业如货运代理、报关企业,并不需要很高的技能和经验,被划入中等劳动力类型;而批发和零售业、制造业中需要的劳动力技能较低,经过短暂的培训或学习即可以胜任,这部分占比为5%。

从集聚程度来看,低技能劳动力企业在13栋楼宇内的集聚程度最高,E-G指数为0.567;中等技能劳动力企业空间集聚最低,E-G指数为0.359;高技能劳动力企业集聚程度中等,E-G指数为0.440。由于低技能

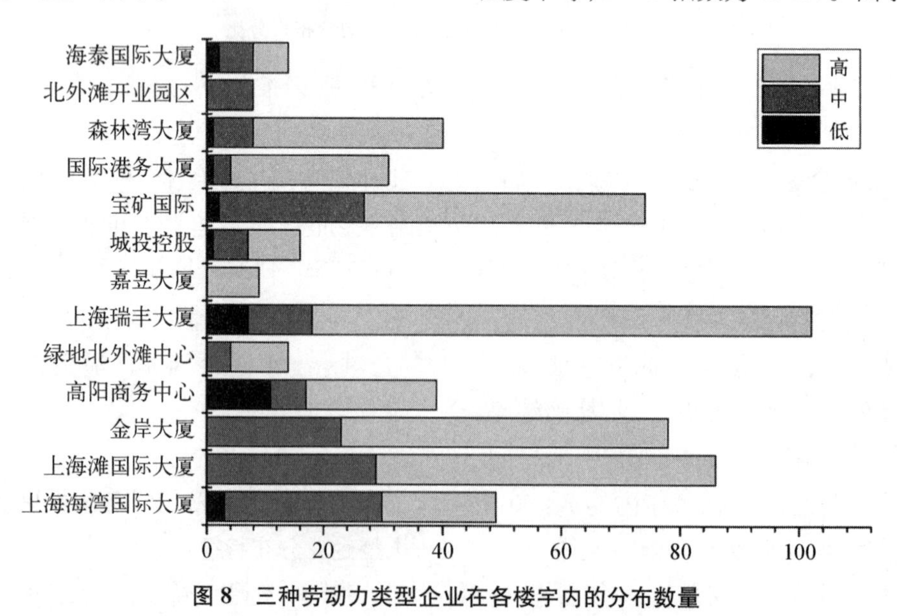

图8 三种劳动力类型企业在各楼宇内的分布数量

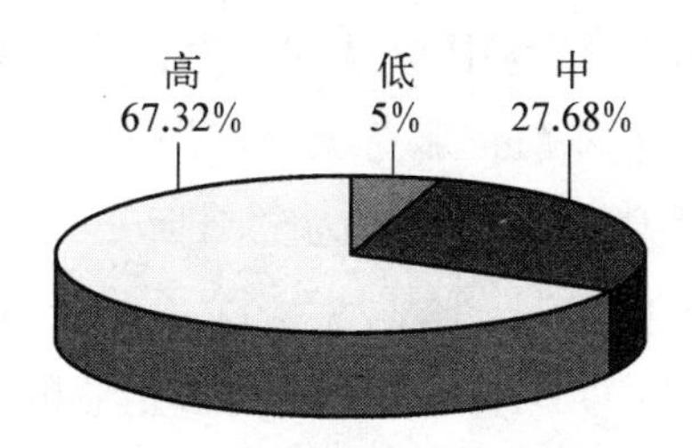

图 9 三种劳动力类型企业占比

表 6 不同劳动力类型企业分布的 GINI, HHI, E-G 指数

	低	中	高
GINI	0.593	0.390	0.453
HHI	0.242	0.129	0.130
E-G	0.567	0.359	0.440

劳动力主要分布于批发和零售业、制造业，总体上数量较少，在高阳商务中心、上海瑞丰大厦内企业个数分别为 11 个、7 个，远远高于其他楼宇内同类企业数量，在空间上呈现出较高的集聚态势；而中、高技能劳动力企业数量较低技能劳动力企业多且分布较为均匀，区域性航运服务业如货运代理、报关企业几乎在每栋楼宇内都有分布，且数量较多，显示出集聚程度不高的特点。

从绝对数量看，高技能劳动力企业占到企业总数的 67.32%，且在上海瑞丰大厦、金岸大厦、上海滩国际大厦内分布较多，由于高技能劳动力企业处于产业链的较高位置，服务附加值较高，需要具有较高学历或丰富经验的高端人才，他们的区域性集聚，创造出大量相似技能的就业岗位，吸引人才的区位集中，形成了不同产业共享的高技能劳动力市场，使得北外滩成为高技能人才集聚区。

三、北外滩航运服务集聚区产业集聚的驱动力探究

通过对以上五个特征的逐一分析，发现北外滩航运服务集聚区内企业总体上呈现出“中心—外围”的分布模式，形成了以航运服务业为主导的产业生态圈，效率性企业、影响力企业、高技能劳动力企业集聚分布。造成以上产业集聚的因素有很多，大致可以归为以下几个方面：历史因素、政府规划及政策支持、品牌效应、基础设施、循环累计因果效应。

（一）历史因素决定了北外滩航运服务集聚区现在的发展形态

北外滩是上海航运业的发祥地，有着悠久的航运历史。在清朝康熙年间，水陆运输已日渐繁盛。1843 年上海开埠通商后，对外贸易迅速增长，经由苏州河的“载客运货的小船和驳船”增多，而北外滩位于黄浦江与苏州河的交界地带，航运业因此得到发展。19 世纪 40 年代英法在上海建立租界后，在提篮桥和吴淞路一带建立近代工厂，并且积极扩大范围，将触角伸向内河航运，北外滩凭借交通便捷、水陆相通的优势，吸引了航运公司积极入驻，租界的设立也促使上海商业中心北移，进出苏州河的船只增多，北外滩地区因此逐渐发展成为繁荣的航运产业带。1978 年改革开放后，上海经济迅猛发

展,贸易量大幅提升,内河航运得到进一步的发展,内河航运的发展促使北外滩航运产业发展,使得北外滩地区逐渐成为货物运输和水上客运的重要集散地。

(二)政府的规划与政策引领了北外滩航运服务集聚区的企业空间布局

国内外经验表明,国家和地方政府能在很大程度上影响企业的区位选址。一般来说,政府所能采用的手段主要有区域规划指导和地方政策引导。其中,一个是城市空间规划,另一个包括了人力、土地、税收、投资、进出口贸易等方面的一系列政策。

回顾改革开放三十多年的历史,从四大经济特区到自贸区,以及各种工业、科技园区的建设,背后都有政府的推动。北外滩的建设也不例外,不仅有国家在宏观层面的战略规划,也有地方政府具体措施的跟进。2009年国务院审议并通过了《关于推进上海加快发展现代服务业和先进制造业建设国际金融中心和国际航运中心的意见》,提出到2020年,将上海建成具有全球航运资源配置能力的国际航运中心。北外滩、陆家嘴、洋山保税港、临港新城、外高桥保税区是国际航运中心建设的主要功能区,其中,北外滩是唯一以航运服务为特色的现代服务集聚区。同年,北外滩航运服务集聚区发展规划编制完成,提出将北外滩划分为四大片区,重点发展五大航运服务。2012年,北外滩被确立为航运与金融服务业综合改革试点区,并且在交通运输部与上海市人民政府合作签署的《交通运输部、上海市政府加快推进国际航运中心建设深化合作备忘录》中,“北外滩航运服务集聚区”被定位为“航运服务总部基地”,成为全国唯一一个航运服务领域的“总部基地”。除了政府规划之外,还制定了针对航运和金融企业的税收、融资、人才等各方面的优惠政策,加大扶持力度;创新服务方式,推进政策的落实。中央及地方政府的规划和决议对北外滩航运服务集聚区的建设具有显著的推动作用,政策的提出以及一系列优惠措施的出台促进了航运服务企业在北外滩的落户。

(三)航运产业集聚产生的品牌效应进一步促进了航运企业及相关行业企业的入驻

自北外滩确定了“航运服务集聚区”的发展定位之后,国家针对国际航运运输企业出台了免征营业税的优惠措施,吸引了大批航运企业入驻。这其中,既有中海集团、中远集团、上海港务集团等国内航运龙头企业,也有歌诗达邮轮集团、皇家加勒比公司、地中海邮轮公司和丽星邮轮公司。中国交通运输协会邮轮游艇分会、上海国际航运物流人才服务中心、上海国际航运研究中心、上海国际航运仲裁院、上海国际航运信息中心等航运研究、航运仲裁、航运信息等功能性机构也纷纷落户北外滩;金融企业则有国投瑞银、中信兴业、德邦基金和华辰未来等。航运、金融企业入驻产生的品牌效应进一步吸引了相关行业企业入驻;各种技术、信息、资金在北外滩航运服务集聚区内广泛流通,通过对内对外的广泛业务交流,最终形成了以航运业为主、其他行业辅的产业生态圈。

(四) 循环累计因果效应进一步加剧了产业的区域集聚

在一个动态的社会过程中,社会经济各因素是相互影响的,某一社会经济因素的变化会引起另一社会经济因素的变化,后一因素的变化又反过来加强前一因素的变化,导致社会经济过程沿着最初那个因素变化的方向发展,从而形成累积性的循环发展趋势。

各种因素的综合作用导致在北外滩东大名路沿线集聚了一批航运企业,使其获得初始优势。航运产业的集聚使得市场规模扩大,人才、信息、资本的流动性增强,产生溢出效应,进一步吸引了货物代理、船舶代理企业在东大名路沿线入驻,使得市场规模扩大,专业化分工增强,对融资、保险的需求相应增加,这又进一步吸引金融、保险机构进入。由此循环累积,企业数量不断增多,行业类型不断丰富,使得东大名路成为航运及相关产业集聚的中心。

(五) 基础设施的完善对北外滩航运服务集聚区的发展起到重要作用

随着政府政策的推出和优惠措施的逐步落实,一系列重大项目陆续启动。大连路、新建路隧道、轨道交通 12 号线建成通车;北外滩综合交通枢纽开工;海泰国际大厦、宝矿国际相继交付使用;白金府邸、耀江国际花园等高档居住区陆续建成;上海航交所、中国港口协会、上海国际航运研究中心、中国交通运输协会邮轮游艇分会、上海国际航运物流人才服务中心、上海国际航运仲裁院、上海国际航运信息中心等航运研究、航运仲裁、航运信息等功能性机构、平台纷纷落户北外滩,使得商务、居住环境进一步优化,信息、技术传输的成本降低,这些都进一步吸引了企业入驻和人才流入,促使产业进一步集聚。

四、结论及讨论

本研究借助复杂网络、集聚度研究方法,测度节点中心度、空间 GINI 系数、Herfindahl 指数、E－G 指数等特性指标,揭示了楼宇在网络联系中所处的地位及企业的集聚程度,得出如下结论:

(1) 北外滩航运服务集聚区楼宇空间分布符合“中心—外围”模式。各栋楼宇在入驻企业的类型、数量、知名度、影响力、效率上存在较大的差异,上海滩国际大厦、宝矿国际、金岸大厦处于复杂网络的核心层,具有较大的支配力和影响力。

(2) 北外滩航运服务集聚区内三资及民营企业这两种效率型企业占比达到 88.73%,民营企业在每栋楼宇内均有分布,且数量相差不大,三资企业几乎在每栋楼宇内都有分布,但是分布较为不均。三资企业集聚度高于民营企业。总体上看,两种类型企业在北外滩呈现出较大的集聚态势。

(3) 由于在办公区位选择上的示范效应、熟路效应的存在,影响力企业趋向于入驻某些特定的楼宇,使得特定楼宇内的影响力和知名度提升,形成价值品牌高地,众多影响力企业集聚在北外滩区域内,提供船舶融资、航运保险、货物代理等服务,使得北外滩作为航运服务集聚区的影响力和知名度扩大,这进一步吸引相关企业入驻,最终形成了影响力企业集聚区。

(4) 由于北外滩的功能定位,加上历史因素形成的产业基础、政府支撑的推动、区位条件等因素的协同作用,吸引了大批航运服务企业及相关行业企业。这些企业由于从事的业务需要具有较高学历或者丰富经验的高端人才,企业的集聚吸引了相关人才的区位集中,人才的区位集中反过来吸引企业入驻,二者共同作用,最终促使北外滩成为高技能劳动力企业和高技能人才的集聚地。

根据以上的结论,可以发现其实北外滩地区发展相对来说不是很均衡。本文以 8 大类行业企业数据为基础,利用区位 GINI 系数、Herfindahl 指数、E - G 指数、点度中心度(degree centrality)对北外滩航运服务集聚区内的企业空间分布特征进行了分析,受限于数据量,无法分析大类行业中子行业的集聚度,以 13 栋楼宇作为子空间,只能测算基于楼宇的企业集聚特征,在以后的研究中还有待进一步深入。

随着交通设施的完善、商务楼宇的增多、航运类企业及机构的入驻,北外滩现在已经吸引了大批航运服务及相关企业入驻,由于北外滩的商务、办公用地主要分布于东大名路、东长治路沿线及东余杭路的部分路段,而东大名路具有丰富的航运企业集聚的基础,从而形成了航运企业在东大名路沿线集中分布,东长治路次之的分布格局。未来,随着商务楼宇增多,入驻北外滩的航运类企业会进一步增多,加之居住条件的完善,对于高端人才的吸引力也会进一步加大。北外滩作为上海唯一的航运服务企业集聚地,承担了单证、报关、代理等航运业务,未来随着入驻专业机构、企业的增多,北外滩的特色会越发明显,逐渐形成以航运服务为特色的中央商务区。

参考文献

[1] Gillespie A E, Green A E. The changing geography of producer services employment in Britain[J]. Regional Studies, 987, 21(5): 397 - 411.

[2] Coffey W J, McRae J. Service Industries in Regional Development 1Mont real: Institute for Research on Public Policy[R], 1990.

[3] Illeris S, Sjoholt P. The Nordic countries: High quality services in low density environment. Progress in Planning, 1995(3): 205 - 221.

[4] Longcore T R, Rases P W. Information technology and downtown re-structuring: the case of New York city's financial district [J]. Urban Geography, 1996, 17(4): 354 - 372.

[5] Forstall R L, Greene R P. Defining job concentrations: the Los Angeles case [J]. Urban Geography, 1997, 18(8): 705 - 739.

[6] K. Desmet, M. Fafehamps. Change in the

Spatial Concentration of Employment across US Countries: A Sectoral Analysis 1972 - 2000[J]. Journal of Economic Geography, 2005, 3(5): 261 - 284.

[7] 管驰明,高雅娜. 我国城市服务业集聚程度及其区域差异研究[J]. 城市发展研究,2011,02: 108 - 113.

[8] 王列辉,宁越敏. 国际高端航运服务业发展趋势与宁波的策略[J]. 经济地理,2010,02: 268 - 272.

[9] 曹卫东. 港航企业区位特征及其空间关联——以上海港口后勤区为例[J]. 地理研究,2012, 06: 1079 - 1088.

[10] 梁双波,曹有挥,吴威. 港口后勤区域形成演化机理——以上海港为例[J]. 地理研究. 2011(12): 2520 - 2562.

[11] Lee SW. A study on port performance related to port backup area in the ESCAP region. Seoul Korea Maritime Institute, 2005, 1 - 109.

[12] Olivier D, Brian Slack B. Rethinking the port Environment and Planning A, 2006, 38(1): 409 - 1427.

[13] Rosenthal S., Strange W C. The determinants of agglomeration [J]. Journal of Urban Economics, 2001, (50): 191 - 229.

[14] Elision G, Glaeser F. L. Geographic Concentration in U. S. Manufacturing Industries: A Darboard Approach [J], Journal of Political Economy, 1991, 105(5).

[15] Robert A., Hanneman and Mark Riddle, Introduction to Social Network Methods [M]. Riverside: 2005.

[16] Liu Z. Human capital externalities in cities: evidence from Chinese manufacturing firms [J]. Journal of Economic Geography, 2014, 14(3): 621 - 649.

（执笔：上海大学经济学院，
陈跃刚　郭龙飞）

浦东海洋

上海市浦东新区海洋产业发展模式及创新路径研究

摘要：海洋与全球各地区的发展密切相关，研究海洋产业的发展模式及创新路径对于下一步海洋资源的开发利用有着重要的指导意义。本文以产业集群优化升级为切入点，通过研究浦东新区海洋产业发展优势、现状与问题，提出构建自贸区引领型、产业集群推动型和“一区两轴”空间布局的三种发展模式及其优化升级的创新路径。

关键词：海洋产业　发展模式　创新路径　浦东新区

随着人口的急剧增长、资源的极度短缺、环境的急剧恶化等问题的出现，陆地空间资源与能源的压力与日俱增，全球对海洋的争夺愈演愈烈。21世纪被称为海洋的世纪，世界各国各地区都进入全面深度开发利用海洋的阶段，对于海洋资源的开发利用关系到各个国家和地区的未来。上海作为我国最大的沿海城市，其海洋交通运输业、装备制造业、滨海旅游业等多年来一直位居全国领先地位。浦东新区是上海通往东海、面向世界的门户和主要通道，作为中国(上海)自由贸易试验区的所在地，在承担国家战略新使命的历史机遇下，必将成为上海发展海洋经济的主要载体和空间阵地，成为上海促进海洋经济发展、国家推进实施“海洋强国战略”的前沿基地。

关于海洋产业的研究近年来越来越成为国内外学者关注的焦点，研究成果主要集中在对于海洋产业的概念界定与统计划分[1-3]、海洋产业对区域经济的影响[4-6]、海洋产业的产业结构[7-9]和海洋产业的空间布局[10-11]等方面，但对于海洋产业发展模式的研究较少，亟须加强。

产业集群自1990年代由迈克尔·波特提出以来，一直是区域经济学、产业经济学、经济地理学、人文地理学、管理科学等学科研究产业结构、空间布局的首选视角。目前国内从产业集群的角度研究海洋产业主要有海洋产业集群形成机理与创新机制研究[12-15]、海洋产业空间集聚与优化研究[17-19]、海洋产业结构演化与路径研究[16,18-20]等方面。

国内外学者普遍认为：龙头企业在产业集群中处于核心位置，是产业集群的“领头羊”，能够带动上下游产业发展和协作，在龙头企业的带动作用下，大批中小型企业依存于龙头企业，与龙头企业相互配合实现专业化生产，形成完整产业链，因此，龙头企业对于加速产业集聚、推动产业集群的形成和发展具有重要作用。

海洋产业集群对于空间的优化有利于形成良好的空间结构，实现在资源、要素方面的比较优势，同时通过提升创新力实现集群内部向“U”形价值链上游的产业链升级，最终实现海洋产业的转型升级。

一、浦东新区海洋产业发展优势、现状及问题

浦东新区在自然条件、经济区位、产业基础和科研水平等方面发展海洋产业的优势十分明显。浦东新区位于长江口与东海岸线的交叉点，是上海通往东海、面向世界的门户，是全市海上航运通道，海上油气、LNG管线登录等能量通道以及光缆登录等信息通道；下辖海域面积约为3 400平方公里，占上海市的33%，海岸线全长约120公里，占上海市大陆海岸线的57%；经济区位得天独厚，具有海运、空运、内河航运、高速公路、铁路综合立体交通运输体系和完备的能源供给体系；产业基础雄厚，浦东新区是国家新型工业化产业示范基地、国家战略新兴产业承载地，目前已经集聚了海洋工程装备、海洋船舶制造、海洋生物医药、海洋新能源、海洋交通运输等的大量企业；科技机构较多，目前临港地区已集聚了30多家海洋科研机构，同时康桥、外高桥、张江和陆家嘴为其提供配套支撑。

浦东新区海洋产业的发展起步于1990年代外高桥港区的启用和振华重工、外高桥造船厂等涉海企业的落户。近年来，浦东新区海洋产业发展速度较快，年均增长速度保持在10%以上，其中2011年，海洋主要产业增加值达到458.74亿元，占浦东地区生产总值的8.4%，约占上海市海洋主要产业增加值的四分之一，占全国的3%，海洋产业虽然增长速度较快，但占全国的比重较少(见图1)；浦东新区海洋产业不断向传统海洋产业集中，2010年主要海洋产业中，增速最快的分别是滨海旅游业、海洋工程装备业及海洋交通运输业，增速分别为117%、60%和45%，2011年为海洋渔业、海洋工程装备业以及海洋船舶制造业，分别为84.6%、80.2%和79.7%；而海洋高科技产业与海洋新兴产业规模较小且增速缓慢；在全国沿海国家级新区中，经过近年来的快速发展，到2011年浦东新区海洋产业增加值仍远低于天津滨海新区约1 500亿元，次于舟山群岛新区的525亿元。

浦东新区海洋产业从空间上呈现点状

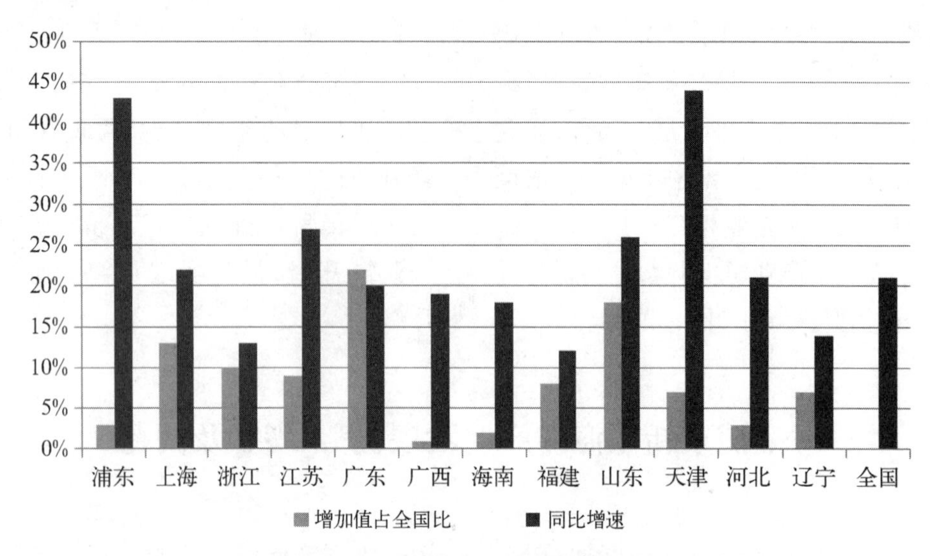

图 1　2010 年各沿海省份海洋产业增加值占全国比重及同比增速

布局不合理的现状(见图 2),例如海水利用业散落的分布在临港产业区、临港海洋高新技术产业化基地、外高桥等地区;海洋工程装备业中,大型海洋油气开采装备主要布局在外高桥、临港,海洋工程作业辅助装备主要布局在临港、康桥、张江,关键系统和配套设备主要布局在临港、张江、康桥、金桥、南汇。点状空间布局不利于产业集群的优化升级,限制了海洋产业的发展,尤其是海洋高科技产业和海洋新兴产业的发展更需要适合的发展空间。

二、浦东新区海洋产业的发展模式

(一) 自贸区引领型

浦东新区的洋山保税港区、外高桥保税区、外高桥保税物流园区和浦东机场综合保税区已经被中央列为"中国(上海)自由贸易试验区"(以下简称自贸区),这一巨大的发展机遇将引领浦东新区海洋产业的快速发展。自贸区通过放宽税收、外汇使用等优惠政策,有利于跨国公司内部调拨,吸引海洋产业的全球"老大"进驻浦东新区,龙头企业和重点企业将发挥其辐射带动作用,吸引形成一批中小企业集群,推动浦东海洋产业优化升级。

自贸区的推进,有利于浦东新区海洋产业各主要产业的快速集聚与发展,通过金融资金支持,形成海洋产业与金融产业的融合发展,将实现海上保险等航运服务业、海洋金融服务产业的培育与集中;自 2013 年起,在浦东机场中转的第三国 45 国的外籍旅客将享受过境免签待遇,这将使得自贸区成为贸易和购物零关税的自由港,对于浦东新区

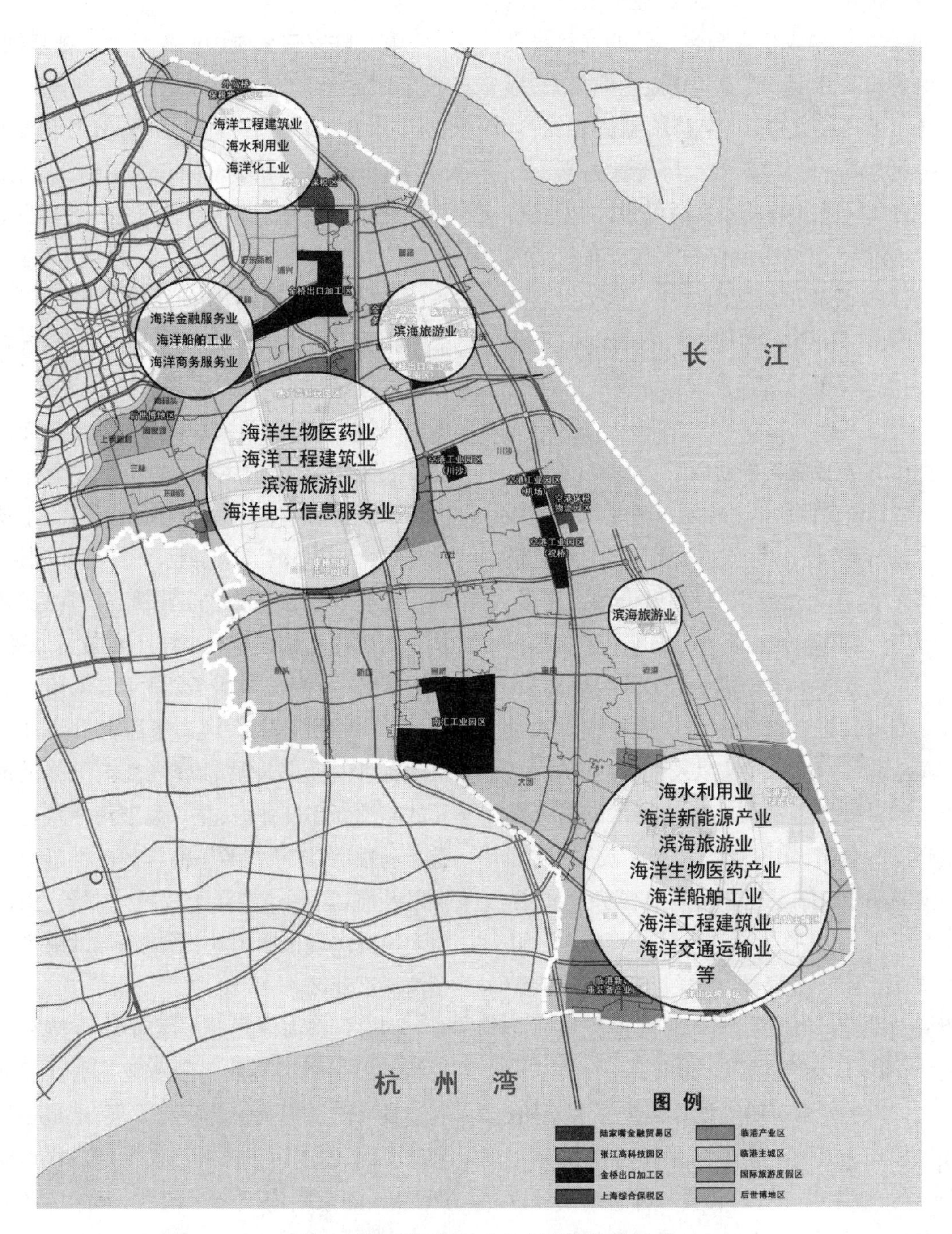

图2 浦东新区海洋产业布局现状示意图

的海洋商务服务业、海洋旅游业发展意义重大;自贸区的税收优惠与自由港的优势将吸引更多加工、制造、贸易和物流企业集聚,形成海洋工程装备业、海洋船舶制造业、航运服务业等产业的集聚、升级与飞速发展。

自贸区通过推进外高桥保税区、外高桥保税物流园区、洋山港保税区与浦东机场的联合,将实现浦东新区海陆空一体化发展战略,扩大港口腹地,实现"前厂后库"联动模式,实现浦东新区海洋产业的大发展。

(二)产业集群推动型

依托资源区位优势,创新产业集聚发展模式,扶持建设一批产业优势凸显、产业链比较完善、龙头企业主导、辐射带动作用强、在国内外具有较强竞争力的海洋产业集群。

重点抓住主导产业、大项目落地建设,形成临港先进制造业海洋产业集群。通过芦潮港地区"上海冷港"以及渔人码头建设,利用世界最先进的低温保鲜技术发展远洋水产品的仓储、精深加工和展示交易;利用临港船舶和海洋工程装备制造优势,发展游艇装备制造业;整合临港地区的岸线、湿地、大桥、洋山港、滴水湖、大学、产业区等旅游资源,发展海洋旅游业,加快推进极地海洋世界、海洋传媒产业园等项目。

依托外高桥造船基地重点发展散货船、油轮和集装箱船,聚焦深海和浅海钻井平台、浮式钻井生产储油装置和样起重设备以及海洋工程装备研发、深海探测和海洋综合信息服务等重点产业,形成外高桥海洋工程装备和造船产业集群,打造海洋先进制造业产业区。

利用陆家嘴金融中心雄厚的金融基础,重点发展海洋金融、海洋保险、海洋融资租赁、要素交易、法律咨询等业务,努力连接上海国际航运中心和金融中心的重要纽带,形成陆家嘴高端海洋金融商贸服务产业集群。

(三)"一区两轴"空间模式

根据产业发展基础及空间布局现状,在三大产业集群的推动下,形成"一区两轴"空间模式(见图3)。两条发展轴为浦东海洋产业发展主轴与次轴,主轴从南到北以此布局海洋新能源新材料、海洋生物医药、海水淡化与综合利用、滨海旅游业、海洋船舶制造、海洋工程装备等海洋战略性新兴产业;次轴从东南至西北依次布局海洋工程技术服务、航运服务、滨海旅游服务、海洋电子信息服务、海洋金融服务、海洋商务服务等海洋现代服务业。两条发展轴最终交汇于临港海洋战略性新兴产业区,重点发展海水淡化与综合利用、海洋新能源等海洋战略性新兴产业以及航运服务、海洋工程技术服务、海洋旅游等海洋现代服务业,形成海洋战略性新型海洋产业区。

通过调整海洋产业空间布局,实现外高桥地区外高桥区域航运服务业与海洋船舶制造及海洋工程装备业融合发展,形成三甲港旅游区、迪士尼乐园等沿海区域海洋旅游产业区、陆家嘴海洋金融服务、海洋商务服务等高端海洋金融商贸服务区、张江高科技园区的海洋生物医药产业、海洋电子信息产业等海洋高科技产业区。

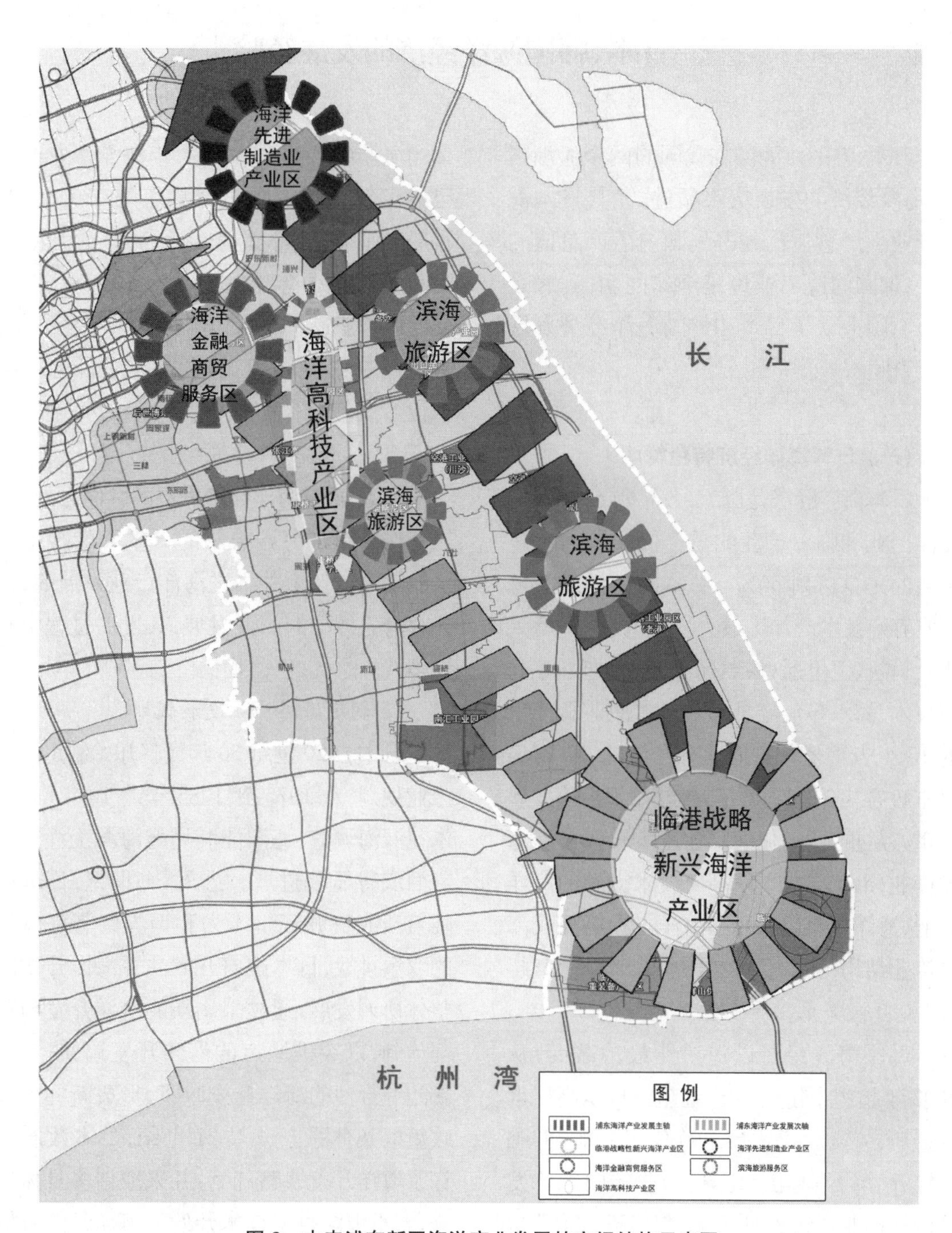

图 3　未来浦东新区海洋产业发展的空间结构示意图

三、日本、韩国海洋经济的发展经验

日本、韩国作为濒临我国的两个亚洲国家,海洋经济的发展突飞猛进,尤其日本海洋产业生产总值已经占到国内生产总值的50%,韩国的造船业也是全球闻名,到底是什么原因造就了日本和韩国海洋经济发展的传奇呢?

(一) 日韩海洋经济特色鲜明

日本海洋经济是国家经济发展的基础,海洋产业和临海产业的总产值占国内生产总值的比重达到 50%。日本的海洋经济以海水养殖及水产加工最为发达,由于广泛采用计算机、卫星遥感、声探测、发光拖网等高新技术,海水养殖产量约占日本渔业总产量的 15%,其产值却占渔业总产值的 25.2%。日本政府从 20 世纪 60 年代开始把经济发展的重心从重工业、化学工业逐步转向发展海洋产业,迅速形成了以高新技术支撑的海洋渔业、海洋交通运输业和海洋工程等现代海洋产业结构,其主要海洋产业的年总产值超过 1 000 亿美元。

韩国海洋经济以造船业最为著名,从 2003 年起,韩国造船业已经超过日本高居世界造船界首位。20 世纪 60 年代开始,韩国海洋开发的中心由海洋捕捞业转向综合发展海洋产业。到 20 世纪 80 年代进入腾飞阶段,形成了以海洋交通运输、海洋船舶制造、海洋捕捞、海洋工程装备四大支柱产业为主体的海洋经济体系。1998 年海洋产业产值已占当年全国国内生产总值的 7%。1999 年船舶制造业接受造船订单 1 271 万吨,实际完成 948 万吨,均位居世界第一位,海洋交通运输业运货量 5 亿吨位居世界第六位,拥有船舶总吨位 2 500 万吨位居世界第八位。

(二) 日韩海洋经济发展的共同之处

作为新兴海洋强国的日本和韩国都是从战略高度认识并推进海洋产业发展的,作为政府主导型的产业发展,其发展过程中有许多共同之处,值得我们借鉴。

1. 制定海洋产业发展规划

日本自 20 世纪 60 年代就开始制定海洋产业规划,从 1975 到 1985 年的 10 年间,日本在深海调查、海洋能利用与海洋工程开发方面取得显著进展。进入 21 世纪,日本面临着新的资源环境压力和世界经济一体化的双重挑战,日本政府开始注重海洋开发的整体协调发展,通过采用新的海洋开发与管理体制,以突破原有的海洋开发局面,考虑新的综合性的海洋开发政策,形成新的海洋政策框架体系。进入 21 世纪,日本政府制订了海洋开发战略计划,并采取诸多具体措施,着重海洋科学技术开发与海洋经济可持续发展,积极推进海洋环境保护,开展国际合作与交流。

2000 年 7 月韩国政府出台了《海洋资源中长期实施计划》,提出了以海洋尖端技术为基础,实现海洋资源可持续开发的具体实施计划,内容包括：海洋资源开发基础设施建设、海外海底矿产资源开发、专属经济区内矿产资源开发、海洋生物资源开发、海洋能源开发、海洋空间利用、基地科学技术、高附加值船舶与海洋装备开发。2005 年 5 月韩国政府发布了韩国《21 世纪海洋政策》,计划将韩国的海洋产业占国内生产总值的比重提高到 2030 年的 11.3%,提出三大基本目标：创造有生命力的海洋国土、建设以海洋高科技为基础的海洋产业,以及海洋资源可持续开发。

2. *加强海洋科技创新*

日本政府明确提出“科学技术创新立国”战略,力争由一个技术追赶型国家转变为科技领先的国家,因此日本斥巨资投入海洋科技,提出要在海洋科学里“起领导作用”。韩国提出了“21 世纪海洋韩国”发展目标。这两个国家近年来的科技投入力度在世界上是最强的,资金投入量最多,每年投入五六十亿美元。进入 20 世纪 60 年代以来,由于第三次科技革命的兴起,科学技术已经成为第一生产力。各国都看到了科技附加值对经济的巨大贡献,不约而同地都加大了对海洋科研的经费投入,以期在日后的海洋综合实力竞争中能占据有利地位。

近年来,日本利用科技加速海洋开发和提高国际竞争能力,具体来说主要有以下几个主要特点：第一,海洋经济区域业已形成,先后形成了关东广域地区集群等 9 个地区集群,这不仅构筑起各地区连锁的技术创新体制,也形成了多层次的海洋经济区域。第二,日本海洋开发包括经济开发、技术开发,对海洋资源和海洋空间等自然资源的开发利用向纵深方向发展。第三,日本海洋相关的经济活动急剧扩大,形成了包括科技、教育、环保、公共服务等海洋经济发展支撑体系。

3. *注重港口腹地的开发建设*

韩国的沿海工业区与港口建设同步发展。20 世纪 60 年代中期以来,以港口为中心,在其沿海迅速建起临海工业带,包括钢铁、石油化工、船舶制造、建材、电子、机械制造业等。其中东南沿海几个城镇已成为全国主要的工业中心。例如,蔚山的汽车工业,浦项和光阳的钢铁工业,古明的电子工业、昌原的机械工业,以及仁川的石化工业等。

日本经济产业省早在 2002 年就推出《产业集群计划》,在大规模开发海洋、建立近海产业集聚区之前,优先发展陆地原有产业区。地区产业区和产业集群的形成,不仅构造了各区域连锁的技术创新体制,而且形成了多层次的海洋经济区域。日本的海洋经济区域以大型港口城市为依托,以海洋技术进步、海洋产业高度化为先导,以拓宽经济腹地范围为基础,形成了关东广域地区集群、近畿地区集群等 9 个地区产业集群。日本提出了“海洋开发区都市构想”、“知识集群创成事业”,由产业集群发展到地方集群,以海洋相关技术为先导,集中地方优势,开展适合本地特点的海洋开发。

(三) 日韩海洋经济发展的启示

1. 制定跨行业的海洋经济发展政策

这一政策的核心是打破行业之间的隔阂与障碍,促进各部门之间海洋开发政策与海洋环境政策的战略对接,在最大程度上实现海洋的可持续利用。

2. 聚焦海洋经济的重点发展领域

在海洋工程装备、海洋新能源、海洋生物医药、海洋交通运输、海洋金融服务和滨海旅游等重点领域,不断加大资金投入和政策支持,采取改进海洋管理、激活市场活力、建设海洋科技园区等措施,促进海洋技术转移,建立以企业为主体的海洋技术创新体系。

3. 实施基于生态系统的海洋综合管理

以生态系统为基础,对海洋的各种利用活动进行协调和综合管理,促进海洋产业健康协调和可持续发展。

4. 强化管理部门在海洋经济发展中的服务功能

发展业务化海洋服务能力,以保障海洋的健康和沿海地区经济社会的安全,为海洋战略决策和企业参与海洋开发提供全方位服务支撑。

四、保障浦东新区海洋产业发展的创新路径

(一) 创新发展规划,实现产业优化布局

1. 合理规划海洋产业发展

对海洋产业资源储量及产业发展现状进行评估和研究的基础上,浦东新区应尽快制定科学、合理、详细的海洋产业总体发展规划及各行业发展规划,明确各阶段的发展目标、任务要求和安排,在总体发展规划和行业规划的指导下,有序、合理开展海洋资源的开发利用,进行海洋产业的结构调整和空间优化。

2. 建立各部门联合协调规划

海洋资源种类多样、分布地区广阔,开发海洋资源的单位分属不同主管部门和各级政府,为了避免海洋产业各主管部门各自为政,由区政府或海洋局牵头,联合海洋产业各相关部门,规划局、土地局、水务局、环保局、农委、发改委等,设立专门的统筹协调管理机构,定期召开会议(海洋与海岸带规划管理联席会议),理顺并优化管理体制,协调浦东与全市的海洋资源开发活动,协调部门的规划与政策的制定实施,集中集约用海,提升海岸带规划管理的水平。

3. 进行区域协调发展规划

加强与长江口沿线其他区域港口的协调规划,避免产业同构造成资源浪费及恶性竞争,尤其对于重大项目、发展规划等,依据各港口基础和特色进行战略合作发展规划,形成区域联动效应,增强整体竞争力,抢占国际市场份额。

(二) 创新支持力度,打造产业集聚区

1. 创新政策、资金支持

对产业发展规划中的重要产业集群甚

至龙头企业和重点企业，出台专门的扶持政策，执行财政补贴、税收优惠、无息贷款等各方面的优惠政策，提供发展保障；对于重点建设项目，保障其用海的优先权，积极引导现代高端海洋产业向园区及基地集中，给予入驻园区的企业和项目适当的优惠政策，比如减免耕地开垦费和海域使用金、对于用海用地指标进行适当倾斜等。设立海洋产业发展资金、中小企业集群专项基金，以财政资金带动国有投资、社会资本参与海洋产业及相关基础设施建设；设立海洋产业科技成果转化基金，引导支持海洋科研成果的转化。

2. 引进并完善重大专项工程

通过加强与科技部、国家海洋局等的合作，争取国家重大海洋专项落户，形成一批海洋产业的技术和项目储备，如深海载人潜器、深海小型空间站、海底资源勘探、深远海动力环境监测等，将上海临港海洋高新技术产业化基地建设成为集海洋设备制造、海洋文化、海洋服务、海洋科技研发等功能于一体的国家级的海洋高新技术产业集聚区，从而引领上海、辐射长三角、服务全国、接轨世界。

(三) 创新交流合作，打造服务平台

1. 拓展海洋领域国际合作平台

依托上海国际航运中心和国际金融中心的建设，实施“走出去”战略，鼓励企业参与开发境外海洋资源，兼并境内外海洋相关企业和研发机构，建立境外生产、营销和服务网络，优化海洋产业进出口结构，加大传统优势及高附加值海洋产品出口、船舶制造及航运等劳务技术输出；通过不断完善国际交流合作机制，推进浦东海洋教育培训、金融保险、科技创新等领域的国际合作。以知名企业、上海海事大学、上海海洋大学及研究机构为核心，积极开展海洋经济的国际合作，逐步形成与国内外经济主体间的海洋产业园区合作机制，形成优势互补的“海洋飞地经济”。

2. 打造海洋信息资源交流平台

发挥长三角海洋信息资料中心功能，加强海洋科研成果和科技信息发布交流，推进企业与科研部门之间的信息共享。通过举办“上海海洋论坛”等形式，构建长三角海洋经济、科技合作交流平台，加快长三角地区海洋资源、信息、人才、技术等的共享和互动，实现海洋经济区域融合，发挥上海和浦东新区在长三角海洋经济发展中的龙头作用。

3. 健全海洋统计体系

国家海洋局已把浦东确定为全国省、市、区三级中唯一的区县级海洋经济运行监测和评估试点地区。要着力健全海洋经济统计体系，在全市范围内率先建立浦东新区海洋经济运行监测体系，开展海洋经济普查，建立海洋基础情况数据库。完善海洋经济评价指标体系，构建海洋经济统计、运行核算与监测评估体系，对海洋经济运行进行全面掌握，对重大项目、重要产业、重点区域加强跟踪分析和评估。实施海洋经济运行情况定期发布制度，及时掌握海洋经济发展的动态，系统分析海洋经济运行状况和发展趋势,加强海洋经济的宏观调控。

(四)创新投融资渠道,实现产业融合

1. 开展多元化的投融资渠道

加强海洋金融创新,鼓励金融机构实现信贷产品创新,积极探索海域使用权质押、船舶抵押融资等适应浦东海洋产业发展的新型信贷模式,研究适当扩大贷款抵押物范围;在不断拓宽海洋融资渠道,争取地方政府投资的同时,大力吸引民营资本、国际资本,同时加强与银行、证券、保险等金融机构合作,形成企业、政府、社会分工协作的海洋经济融资综合服务平台。

2. 实现涉海产业融合化

推进海洋产业与金融、贸易、航运、先进制造等产业的融合发展,推进国际航运中心和国际金融中心建设的融合,国际航运中心也成为新型离岸金融中心、国际贸易中心和物流转口中心;推进海洋、文化、创意的融合,发展创意设计、文艺创作、影视、出版等海洋文化创意产业,利用海洋文化发展形成附加值较高的滨海文化旅游产业。

(五)创新人才培育机制,加强产学研合作

1. 积极培育和引进海洋人才

坚持"造血"与"输血"相结合,一方面积极鼓励高校增设涉海专业、加强相关学科专业建设、培养海洋产业实用型紧缺人才;另一方面完善海洋人才流动机制,加快人才培养与引进,突破海洋人才"瓶颈"。对于重点领域如海洋技术、资源综合利用、海洋安全和保护等重点引进,将浦东建设成海洋高端人才的聚集地。

2. 加强产学研合作

根据市场需求和开发需要,创新海洋产业体制机制,进一步推进科研院校的海洋科技成果转化。充分发挥浦东海洋科技园区的作用,成为海洋科技企业的孵化器,联合企业将园区孵化功能延伸到科研院校,广泛实现海洋科技成果的转化,形成产学研合作机制;鼓励和引导中介机构实施高校和科研院所的海洋科技成果转化的相关活动,促进海洋科技成果尽快转化落地。

参考文献

[1] Westwood J. The import of marine industry markets to national economies[M]. New York: Prentice-Hal l, Inc. 1997.

[2] 冷绍升,崔磊,焦晋芳. 我国海洋产业标准体系框架构建[J]. 中国海洋大学学报(社会科学版),2009,(6): 34 - 38.

[3] 姜秉国,韩立民. 海洋战略性新兴产业的概念内涵与发展趋势分析[J]. 太平洋学报,2011,19(5): 76 - 82.

[4] USC Wrigley Institute. National Ocean Economics Project[J]. The College,2000,4: 6 - 9.

[5] Colgan Charles S. Grading the Maine economy[J]. Maine Policy Review, 1994, 3(3): 55 - 62.

[6] 陈可文. 树立大海洋观念发展大海洋产业——广东省海洋产业发展与广东海洋经济发展的相关分析[J]. 南方经济,2001,(12): 33 - 36.

[7] Alderton Tony, Winchester Nik. Globalisation and de-regulation in the maritime

industry[J]. Marine Policy, 2002,26(1)：35－43.

[8] 张耀光,崔立军.辽宁区域海洋经济布局机理与可持续发展研究[J].地理研究,2001,20(3)：338－346.

[9] 黄瑞芬,苗国伟,曹先珂.我国沿海省市海洋产业结构分析及优化[J].海洋开发与管理,2008,25(3)：54－57.

[10] 韩立民,都晓岩.海洋产业布局若干理论问题研究[J].中国海洋大学学报(社会科学版),2007,20(3)：1－4.

[11] 于谨凯,于海楠,刘曙光,单春红.基于"点—轴"理论的我国海洋产业布局研究[J].产业经济研究,2009(2)：55－62.

[12] Chetty,S. (2002). Disasters and transport systems：Loss, recovery and competition at the Port of Kobe after the 1995 earthquake. Journal of Transport Geography, 2002,8(7)：53－65.

[13] Nijdam,M. H. , and Langen, P. W. de. Leader Films in the Dutch Maritime Cluster. Paper presented at the ERSA Congress, 2003 (32)：16－27.

[14] 黄瑞芬,苗国伟.海洋产业集群测度——基于环渤海和长三角经济区的对比研究[J].中国渔业经济,2010,28(3)：132－138.

[15] 殷为华,常丽霞.国内外海洋产业发展趋势与上海面临的挑战及应对[J].世界地理研究,2011,20(4)：104－112.

[16] 马仁锋,李加林,庄佩君,杨晓平,李伟芳.长江三角洲地区海洋产业竞争力评价[J].长江流域资源与环境,2012,21(8)：918－926.

[17] 韩增林,王茂军,张学霞.中国海洋产业发展的地区差距变动及空间集聚分析[J].地理研究,2003,22(3)：289－296.

[18] 武京军,刘晓雯.中国海洋产业结构分析及分区优化[J].中国人口资源与环境,2010,20(3)：21－25.

[19] 陈秋玲,李骏阳,聂永有.中国海洋产业报告(2012—2013)[M].上海：上海大学出版社,2014：3－25.

[20] 李福柱,孙明艳,历梦泉.山东半岛蓝色经济区海洋产业结构异质性演进及路径研究[J].华东经济管理,2011,25(3)：12－14,67.

(执笔：上海大学经济学院,于丽丽)

上海市浦东新区海洋产业发展现状分析

摘要： 本文分析了浦东新区海洋产业发展环境，海洋产业发展现状以及岸线资源利用和产业布局现状。通过对海洋产业的综合分析，发现浦东海洋产业总体上在全国处于领先地位。具体分析了海洋工程装备、海洋船舶制造业、海水淡化与综合利用业等战略性新兴产业发展现状，以及海洋金融服务、航运服务、海洋旅游等现代服务业现状。

关键词： 浦东新区　海洋产业　发展现状

一、海洋产业发展环境

从国际国内两个参照系和自然因素、政策因素、经济因素、社会因素、技术因素、管理因素六个维度来看，浦东新区海洋产业发展环境体现出“对内略占优、对外显不足”的总体态势；浦东海洋战略性新兴产业和海洋现代服务业“双轮驱动”格局有着良好的综合优势和发展契机。

通过划分国内和国际两个不同的参照系，对浦东自然因素(N)、政策因素(P)、经济因素(E)、社会因素(S)、技术因素(T)、管理因素(M)六大因素的对比分析，可大致得出目前浦东海洋产业发展的内部条件和所处的外部环境(见表1)。

表1　浦东新区海洋产业六因素分析矩阵

参照系／要素分析	国内参照系	国际参照系
自然因素	区位优越、岸线长度和深度均不具有优势、资源欠丰且品质不够好	岸线长度和深度均不具有优势、海域面积小、资源欠丰且品质不够好
政策因素	中国自贸区先行先试的政策优势、对海洋产业的扶持性政策处于劣势	扶持性政策体系有优势
经济因素	经济区位优势明显，处于国际海洋产业链的中高端，运行机制有优势，资金较为充足，沿海各省市竞争激烈	处于国际海洋产业链的中低端，海洋强国之间竞争激烈

（续表）

要素分析＼参照系	国内参照系	国际参照系
社会因素	海洋人才有优势、海洋意识较强	海洋人才处于劣势、海洋意识不强
技术因素	处于国际海洋技术链的中高端，如海水利用研发、海洋生物医药研发、新能源设备设计与制造以及海洋金融创新服务等	主要负责制造环节，制造经验丰富，与国际领先的研究设计水平存在一定差距
管理因素	管理体制有一定的优势、统计工作有待完善	管理体制处于劣势、统计工作有待完善

就经济区位而言，浦东新区是上海通往东海、面向世界的门户，同时又是主要的航运、能源、信息通道，下辖海域面积约为3 400平方公里，占全市 33%，海岸线全长约 120 公里，占全市大陆海岸线的 57%。临港地区位于长江口与东海岸线的交叉点，洋山港是上海重要的枢纽深水港，交通、港口、运输条件优越，具有海运、空运、内河航运、高速公路、铁路的立体交通运输体系和完备的能源供给体系。同时，新区的产业基础也相当雄厚，临港地区是国家新型工业化产业示范基地，也是国家战略性新兴产业发展的承载地，目前已初步集聚了有别于传统海洋产业的高端海洋船舶关键件、海洋工程装备、海洋生物医药、海洋新能源等现代先进海洋产业，以及海洋交通运输业、航运服务业，拥有中远集团、中海集团等涉海重点企业，临港产业区、综合区等海洋经济发展载体。此外，还有康桥、外高桥、张江等周边区域作为配套产业支撑，国际金融中心核心功能区所有的融资优势，产业集聚度较高。在科研水平方面，已有 30 多家海洋科研机构聚集临港地区。与国内沿海省市相比，浦东新区在经济区位、产业基础和科研水平三方面优势较为明显。但与国际海洋强国相比，差距比较明显。首先海洋意识较为薄弱，其次是浦东仍处于产业链中端的制造环节，海洋工程装备和船舶制造虽然制造经验丰富，但缺乏国际一流的设计能力。

二、海洋产业发展现状

（一）总体情况：综合排名全国领先

1. 产业规模：浦东是上海海洋产业的支柱

浦东新区现代海洋经济起步于 20 世纪 90 年代，以外高桥港区启用和振华重工、外高桥造船厂等涉海企业落户建设为标志。近年来，浦东新区海洋经济发展势头迅猛，年均增长速度一直保持在 10%以上。2011 年，新区海洋主要产业增加值达 458.74 亿元(其中，海洋渔业 1.34 亿元，海洋生物医药业 0.01 亿元，海洋船舶工业 59.96 亿元，海洋工程建筑业 1.91 亿元，海洋交通运输业 83.75 亿元，海洋旅游业 311.77 亿元)，占地区生产总值的 8.4%，约占上海市海洋主要产业增加值的 1/4,占全国 3%(如图1)。在全国沿海国家级新区中,浦东新区的海洋经济增加值低于天津滨海新区(2011 年海洋产业增加值约 1 500 亿元,约占天津市的 80%,主要是海洋油气业、海洋化工业、海洋交通运输业、海洋旅游业等)和舟山群岛新区(2011 年海洋产业增加值 525 亿元,主要是海洋渔业、水产品加工、船舶修造、海洋交通运输业、海洋旅游等)。

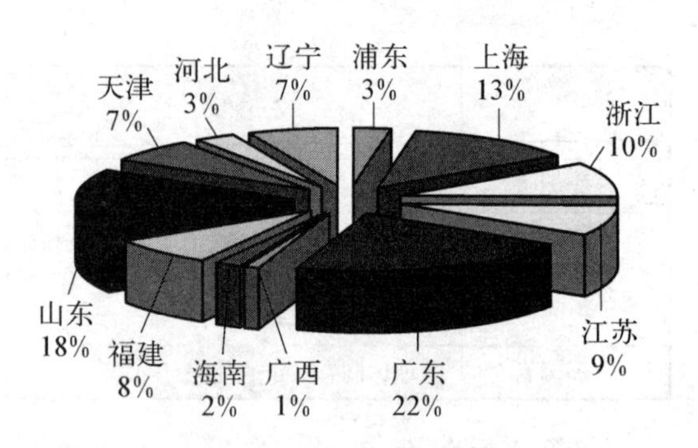

图 1　2010 年海洋产业规模:各地海洋产业增加值占全国增加值比重

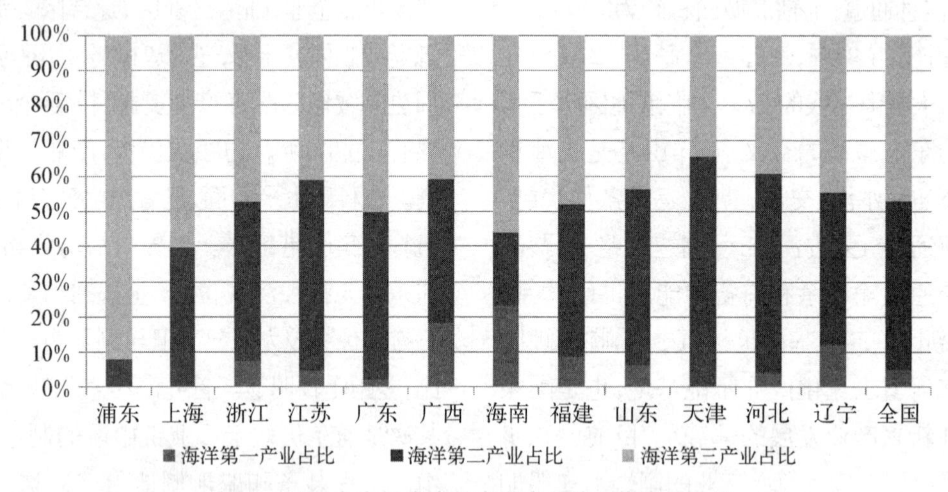

图 2　2010 年各沿海省份海洋产业的三次产业结构

备注:2010 年浦东、上海、天津海洋第一产业增加值占各省海洋产业增加值比重分别为:0.174%、0.1%、0.2%。2011 年浦东第一产业产值为 1.34 亿元,占浦东海洋产业增加值 0.3%

2. 产业结构:浦东海洋第三产业占主导

从图 2 可以看出,全国各沿海省市的海洋产业结构可以分为“三二一”、“三一二”、“二三一”三类,长三角地区的海洋产业结构都呈现出“三二一”的模式,这种模式对于浦东而言更加明显,其第三产业占比达到 91.8%。具体而言,浦东、上海的海洋产业结构是“三二”的模式,第一产业产值占比极小,形成了第三产业为主导,第二产业为支撑的产业结构模式。

3. 发展速度:浦东海洋产业增长速度国内第二

浦东新区的海洋产业增加值占全国比值虽小,但同比增速仅次于天津,位于国内第二(见图 3)。2010 年,主要海洋产业中,增速最快的分别是海洋旅游业、海洋工程装备业以及海洋交通运输业,增速分别为 117%、60%和 45%(2011 年增速最快的为海洋渔业、海洋工程装备业以及海洋船舶制造业,分别为 84.6%、80.2%和

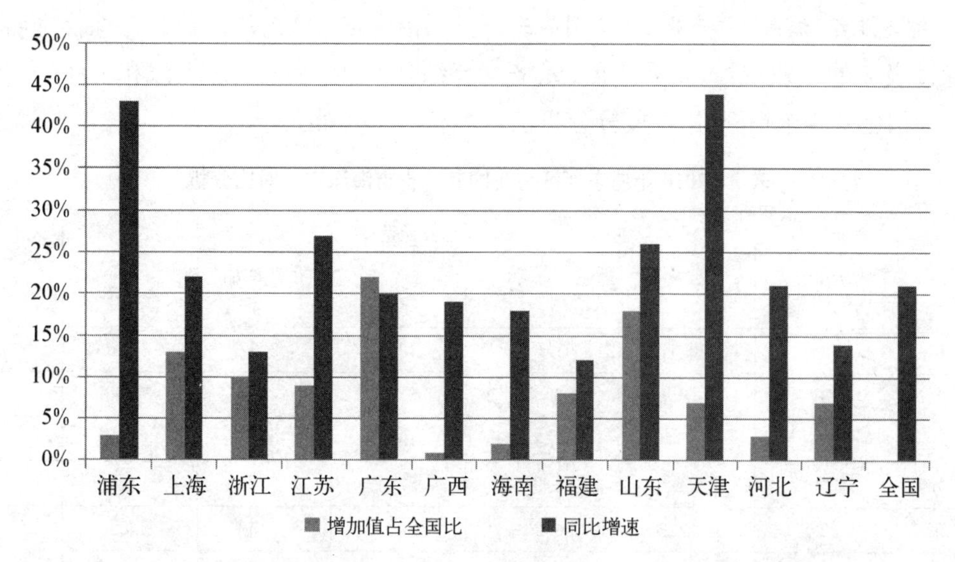

图 3　2010 年各沿海省份海洋产业增加值占全国比重及同比增速

79.7%)。但海洋信息服务业、海洋生物医药、海洋新能源、海水淡化和综合利用、海洋水产品精深加工等高新技术产业以及海洋新兴产业规模较小,有待进一步发展。

4. 经济效益:浦东海洋产业为全国平均水平的 4.6 倍

目前,上海和天津岸线增加值率分别处于第一和第二位,浦东新区紧随其后(见图 4),但港口物流、海洋旅游等传统产业占比较大,海洋战略性新兴产业占比较低,海洋高新技术产业有待进一步发展。

5. 专门化率:浦东海洋产业专门化程度全国最高

全国沿海各省市区专门化率显示(见图 4),浦东区位熵领先,处于全国最高水平,领先于上海和天津。

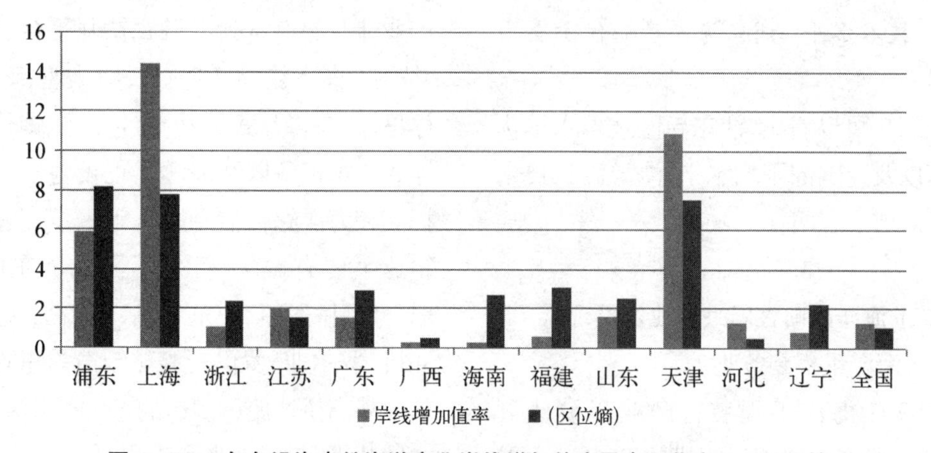

图 4　2010 年各沿海省份海洋产业岸线增加值率及专门化率——区位熵

6. 综合排名:浦东海洋产业位列全国第三

通过表2的产业规模、发展速度、经济效益和专门化率四个指标,用主成分分析法对沿海省市区海洋产业进行综合排名,浦东综合实力排名仅次于天津和上海(含浦东),位列全国第三。

表2 2010年浦东新区与我国其他省市海洋产业对比分析

地区	产业规模	产业结构	发展速度	经济效益	专门化率	综合排名
	增加值占全国比%	三次产业结构	同比增速	岸线增加值率	(区位熵)	
浦东	3	0.17∶8.21∶91.61	43%	5.82	8.11	3
上海	13	0.1∶39.4∶60.5	22%	14.38	7.74	1
浙江	10	7.4∶45.4∶47.2	13%	0.99	2.35	7
江苏	9	4.5∶54.3∶41.2	27%	2.05	1.46	6
广东	22	2.3∶47.5∶50.2	20%	1.50	2.85	4
广西	1	18.3∶40.7∶41.0	19%	0.21	0.43	12
海南	2	23.2∶20.8∶56.0	18%	0.26	2.68	10
福建	8	8.6∶43.5∶47.9	12%	0.51	3.07	8
山东	18	6.3∶50.2∶43.5	26%	1.59	2.47	5
天津	7	0.2∶65.5∶34.3	44%	10.82	7.53	2
河北	3	4.1∶56.7∶39.2	21%	1.22	0.48	11
辽宁	7	12.1∶43.4∶445	14%	0.78	2.20	9
全国	100%	5.1∶47.8∶47.1	21%	1.27	1.00	—

备注:
1. 岸线增加值率为每公里海岸线行业的增加值,岸线产值率单位:亿元/公里;
2. 专门化率(区位熵)=某地区海洋产业总增加值占全国海洋产业总增加值之比/某地区人口数占全国人口数之比;
3. 新区的数据来自《浦东海洋发展"十二五"规划》,比值数据按照浦东占上海的比例折算而成

7. 技术水平:浦东海洋产业优于全国平均水平

从图5可以看出,浦东新区技术水平优于上海以及全国的平均水平,海洋高新技术产业发展前景广阔。

(二) 海洋战略性新兴产业发展现状

(1) 海洋工程装备业

2009年海洋工程装备产业规模达到639亿元,约占全球市场规模的20%。主要产业涉及深海系列半潜式钻井平台、浮式钻井生产储油装置(FPSO)、特大型海上回转浮吊、浅海自升式钻井平台、海洋铺管设备、浮式起重设备以及海洋工程设备研发、深海探测和海洋综合信息服务等重点产业,重点企业主要有振华重工(集团)、沪东中华造船、外高桥造船、沪东重机、中船三井造船柴油机、罗尔斯-罗伊斯船舶制造等重点企业,其中外高桥造船厂制造的3 000米深水半潜式钻井平台,属于当今世界最先进的第六代

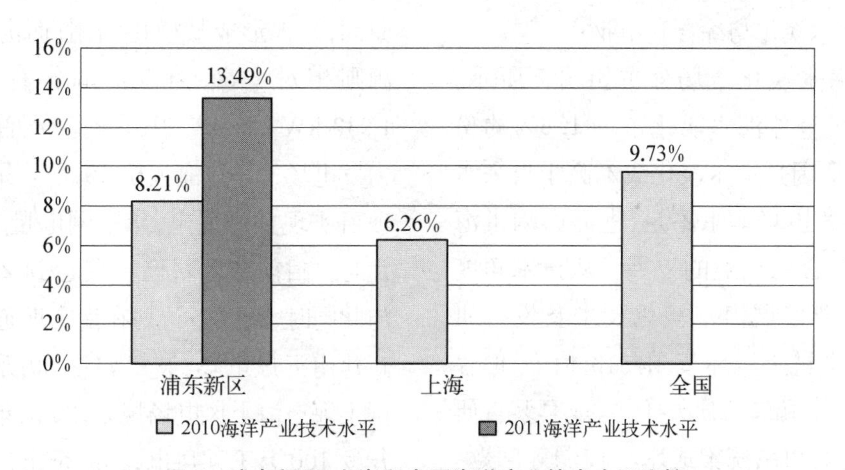

图5　浦东新区、上海和全国海洋产业技术水平比较

备注：技术水平为某地区海洋战略性新兴产业增加值占该地区全部海洋产业增加值的比重

海洋工程装备，在中国海洋油气开发和海洋工程制造中具有里程碑式意义。从产业布局上看，大型海洋油气开采装备主要集中在外高桥、临港等产业区，海洋工程作业辅助装备主要布局在临港、康桥、张江等产业区，关键系统和配套设备主要布局在临港、张江、康桥、金桥、南汇等产业区。海洋工程装备产业规模虽较大、技术水平国内领先，但企业研发设计、关键配套设备供应和工程总承包能力薄弱，处于产业链的低端，落后于拥有大量关键设计技术和专利的美国、挪威、法国、澳大利亚等国的大型海洋工程公司。

(2) 海洋船舶制造业

浦东海洋船舶制造业增加值占主要海洋产业增加值的 7.96%，专门化率为 1.49(如表 2 所示)。目前，浦东拥有沪东中华造船、外高桥造船、罗尔斯-罗伊斯船舶制造等海洋船舶制造重点企业，其中外高桥造船厂是中国目前现代化程度最高的大型船舶总装厂，主要生产散货船、集装箱船和游轮，并已形成了好望角散货船、阿芙拉型成品/原油轮、大吨位海上浮式生产储油轮(FPSO)、超级油轮(VLCC)和深水半潜式钻井平台等五大系列产品。但从产业链角度看，如图 6 所示，浦东海洋船舶制造业虽处于船舶制造产业链的中上游，在船舶制造与维修领域具有优势，但在船舶设计环节，其关键技术主要由日、韩企业掌握，同时，浦东船舶配套发展相对滞后，制约了船舶业的整体发展。

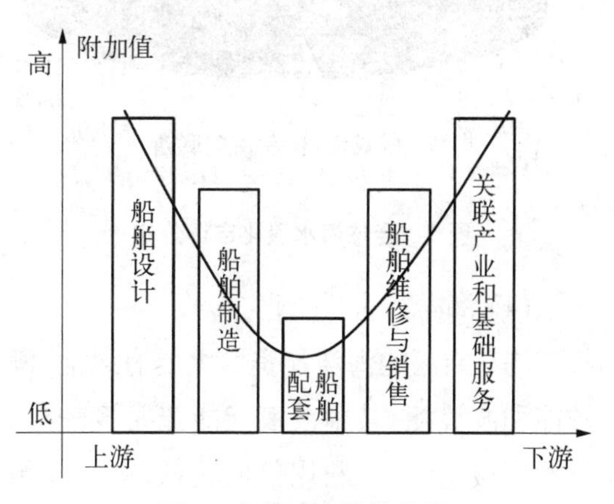

图6　船舶产业微笑曲线

(3) 海水淡化与综合利用业

全球海水淡化市场分布如图 7 所示。我国只占了全球海水淡化市场 1.6%的份额,其主要原因是海水淡化成本高于自来水的价格,导致市场需求不足,进而影响了海水淡化与综合利用业的发展。从技术角度看,新区主要发展海水淡化技术及设备研发,处于产业链上游环节,附加价值高,但存在着关键技术和装备研发不足,成套装置研制能力、技术和系统集成水平较弱等问题。从成本角度看,关键设备从美国、德国及日本等国进口,缺乏大型海水淡化项目的设计建设管理经验和能力。从规模经济角度看,《海水利用专项规划》提出 2020 年上海海水淡化目标为 3—5 万吨/日,仅占全国海水淡化目标的 1%。因此,浦东应把发展重点聚焦于加强关键技术和装备研发以及海水的综合利用上。

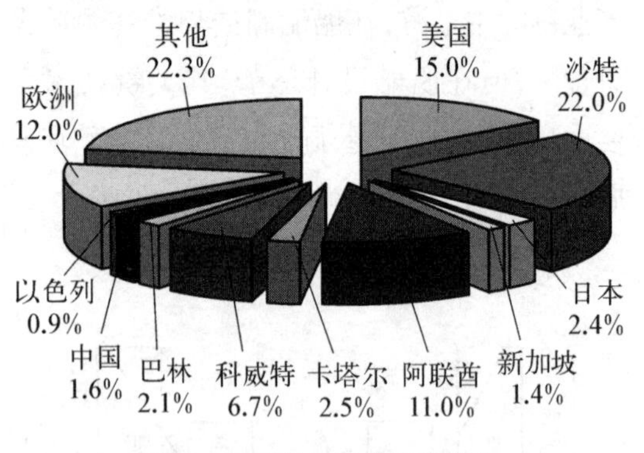

图 7 全球海水淡化市场分布

(4) 海洋新能源产业

浦东新区的海洋能资源主要有风能、潮汐能和波浪能,其中波浪能能流密度较低,资源蕴藏也较少,利用价值较低;潮汐能虽有一定的利用价值,但由于技术和成本上的原因,尚未形成规模化利用;而海洋风能资源则相对丰富,芦潮港的年有效风能为 1 943 kW·h/m²,2010 年,亚洲首座海上风力发电场——东海大桥 10 万千瓦风电示范项目实现并网发电,年上网电量 2.67 亿千瓦时。目前该项目已扩展达到 20 万千瓦。与此同时,新区还计划在南支航道的东西侧新建南汇风电场,装机容量 50 万千瓦。根据上海市海上风电场规划,2015 年前浦东约开发 100 万千瓦风电,约占全市近期规划的 60%。目前,临港产业区已集聚了德国西门子、上海电气、华仪电气等风电设备制造商,南汇工业园区也已进驻艾郎、红叶风电等企业,浦东有望成为我国最大的风电设备生产基地之一,并形成"北有张江太阳能电池研发机构,南有临港风能发电的新能源产业"发展格局。

(5) 海洋生物医药业

主要布局在张江高科技园区和上海综合保税区,其中:张江高科技园区重点发展新药研发、服务外包、高端医疗器械以及高端医疗服务等;上海综合保税区重点发展医药医疗器械的分销物流服务、医药研发增值服务、保税展示及配套服务。2010 年,张江生物医药制造业产值达到 129.9 亿元,占上海生物医药产业总产值的 22.09%,但海洋生物医药业增加值仅 0.01 亿元,尚未形成产业规模,处于培育阶段。国内外不同生物医药产业集群在全球价值链中的位置如图 8 所示。张江"药谷"处于全球价值链的前端,主要从事生物医药业的研发创新,附加价值高。

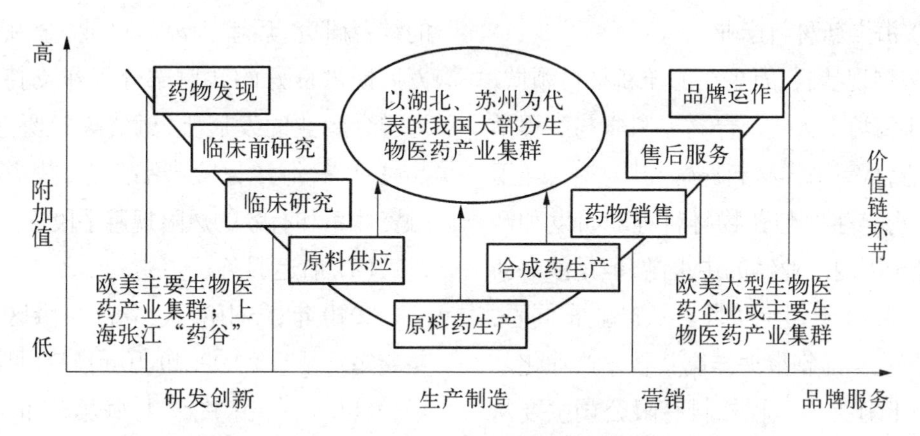

图 8 国内外不同生物医药产业集群在全球价值链中的位置

(6) 海洋电子信息产业

依托东海分局海洋综合保障基地建设，浦东重点发展海洋探测监测和信息服务业，2012 年，中国智慧城市发展水平报告显示，浦东新区在创建“智慧城市”领域处于领跑者地位，位居全国第三位。目前，浦东的信息技术企业主要汇聚在张江，仅有少数企业从事研发设计工作，大多数企业仍处于生产加工组装环节，其产品技术含量低、附加值低，价值捕捉能力不强、价值流失严重。目前，电子信息产业价值链如图 9 所示。未来，浦东海洋电子信息产业将形成以船舶电子、海洋探测、海洋电子元器件、海洋软件和信息服务业为特色的体系，以“数字海洋”为基础，以智慧服务为理念，以智慧技术、智慧管理为依托，大力建设“智慧海洋”。

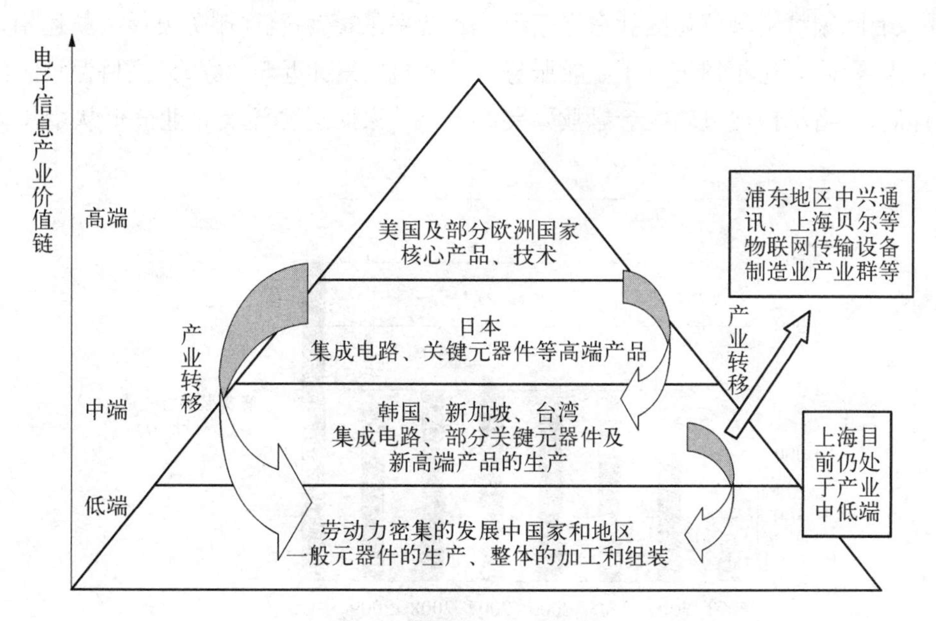

图 9 电子信息产业价值链

(7) 海洋新材料产业

从发展现状看,浦东在海洋新材料领域,主要以上海海事大学海洋材料科学与工程学院为核心,从事海洋材料腐蚀与防护、海洋工程材料、海洋生物与药物材料等的研发和产业化,处于国内产业链的中上游,但是涉海新材料产业还处于起步阶段。从产业布局看,主要布局在上海临港海洋高新技术产业化基地,其中上海尖端工程材料有限公司主要从事船舶及海洋工程用高分子复合材料研究开发、生产销售和技术咨询,并与上海海事大学、上海临港海洋高新技术产业化基地联合建设"海洋工程先进复合材料工程技术中心",形成了产学研用一体化平台。

(三) 海洋现代服务业发展现状

(1) 海洋金融服务

浦东海洋金融服务业有着良好的发展环境,不仅有陆家嘴金融贸易区和海洋高新科技产业园区,同时还相继设立了金融服务局和海洋局,前者承担促进新区金融业发展的综合研究,后者为海洋产业、金融服务的发展提供良好的政府部分工作支持。但在海洋金融业的发展上,融资渠道匮乏,信贷品种单一,海洋保险产品匮乏,缺少有效的融资体系和有效的风险规避手段。

(2) 航运服务

2010 年,洋山港区、外高桥港区共完成集装箱吞吐量 2 509.49 万标准箱(见图 10),增长 17.3%,占整个上海集装箱吞吐量 2 905万标准箱的 86.39%。上海港成为全球第一大集装箱港。同时,浦东集聚了大量航运及相关服务企业,涉及港口码头、船代货代、仓储物流、船舶运输、船舶交易、船舶保险、融资租赁、信息咨询、科教研究等航运产业链的各主要环节,并已基本形成洋山临港、陆家嘴、外高桥和临空地区四大航运服务集聚区的发展格局。据初步统计,目前,洋山及临港地区已集聚航运服务企业 600 余家,陆家嘴航运服务发展区航运相关企业及机构累计近 500 家,外高桥保税区已集聚上千家航运物流类企业。但从增长动力来

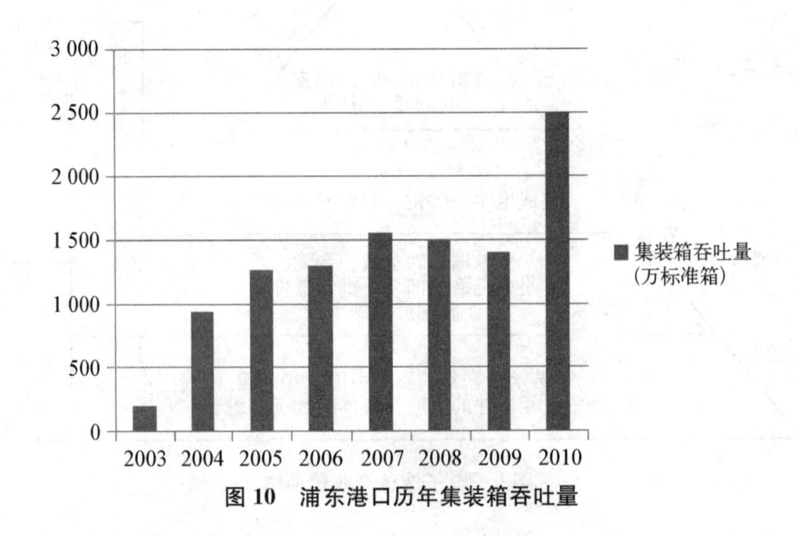

图 10　浦东港口历年集装箱吞吐量

看,近年来依靠港口吞吐量大幅增长拉动航运发展的模式后继乏力。从港口吞吐量看,上海港虽已位居世界前列,但在全球产业链和价值链中还处于较低位置,低成本还是一个主要竞争优势,航运资源的配置功能还未得到充分发挥。

(3) 海洋旅游

浦东目前已建有滴水湖、南汇嘴观海公园、中国航海博物馆、上海鲜花港、上海滨海森林公园、海昌极地海洋世界、明斯克航母主题公园、芦潮港渔人码头、迪士尼乐园等海洋旅游项目,海洋旅游业增加值占主要海洋产业增加值的68.33%,专门化率较高,为2.94。但海洋旅游业配套设施较薄弱,尤其是海洋文化产业的发展不足,部分海域生态环境恶化,不完善的旅游开发方式和旅游资源的过度利用导致海洋旅游资源遭受破坏。

(4) 海洋工程技术服务与海洋商务服务

浦东的海洋工程技术服务发展相对领先于国内其他地区,发展水平和规模已相当可观。其布局位于上海临港海洋高新技术产业化基地,在海洋技术有关的检测、交流、评估,以及海洋工程有关的筹建、计划、造价等方面具有一定的优势。陆家嘴和三林商务区的海洋商务服务业可提供涉海咨询、涉海会展服务以及广告服务等。

三、岸线资源利用及产业布局现状

(一) 岸线资源利用现状

浦东新区海岸线约为120公里,占全市大陆岸线的三分之二,其中:产业海岸带53公里,生态、生活海岸带32.6公里,市政海岸带14.8公里,待开发海岸带19.2公里。海域面积约3400平方公里,占全市三分之一。岸线功能分布较全,岸线资源利用率84%(见图11。)

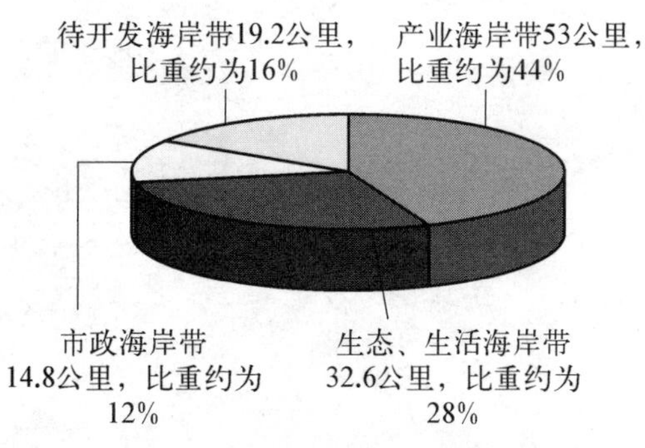

图11　浦东海岸带分类及其比重

(二) 海洋产业布局现状

从海水淡化和综合利用现有布局来看,主要集中在临港产业区、上海临港海洋高新技术产业化基地及外高桥产业区,产业布局存在不合理性。海水淡化与综合利用业应在临港产业区重点发展,在洋山深水港区、临港新城、临海大型工业企业等也需积极发展海水淡化与综合利用业。而外高桥功能区内的相关产业则应逐步调整,重点发展航运服务业、海洋船舶制造及海洋工程装备业。

从海洋工程装备业布局看,大型海洋油气开采装备主要布局在外高桥、临港等产业区;海洋工程作业辅助装备主要布局在临港、康桥、张江等产业区;关键系统和配套设备主要布局在临港、张江、康桥、金桥、南汇等产业区;海洋工程设备研发技术主要布局在上海临港海洋高新技术产业化基地。但张江主要是海洋科技研发服务业以及信息服务业聚集区,适合布局海洋生物医药产业、海洋电子信息产业等海洋战略性新兴产业,海洋工程装备业等制造业应向以制造业为重点的外高桥等区域转移。

从航运服务布局来看,目前基本形成了陆家嘴、综合保税区、临空地区、临港主城区等,各区域间发展重点虽各有侧重,但也存在着一些不足。一是产业发展布局联动性不足,各个区域航运功能的互补联动尤其薄弱,如陆家嘴金融企业集聚,但缺乏为其提供需求的航运服务等实体性企业。二是原有资源禀赋利用不足,如上海海事大学民生路校区周围已经集聚了大量为航运服务的科研院所、中介机构和海事人才,但区域的规划未能充分有效利用这一资源。因此,要进一步结合区位优势和资源禀赋,处理好滨江地区与临海地区的关系,形成分工合作,错位互补的发展格局。

(执笔:上海大学经济学院,
陈秋玲　黄天河　于丽丽)

上海市浦东新区海洋工程装备产业发展战略研究

摘要：本文回顾了海洋工程装备产业发展背景，分析了浦东海工装备产业在国内和国际两大市场的发展环境，浦东海洋工程装备产业目前有产业规模较大、门类相对较全、分布相对集中、技术水平相对领先等特点。通过对浦东海洋工程装备的全面分析，制定了浦东海工装备发展的目标与思路、战略与策略、重点与布局、措施与路径。

关键词：海洋工程装备　发展规划　浦东新区

“十二五”规划指出，“十二五”期间，我国要突破海洋深水勘探、钻井等装备的核心技术，大力发展海洋油气开发装备，促进产业体系化和规模化发展。

海洋工程装备要面向国内外海洋资源开发的重大需求，以海洋油气开发装备为主要突破口，大力发展海洋矿产资源开发装备制造业。

围绕勘探、开发、生产、加工、储运以及海上作业与辅助服务等环节的需求，重点发展大型海上浮式结构物、水下系统和作业装备等海洋工程装备及其关键设备与系统，学习掌握核心设计建造技术，提高海工装备生产的总承包能力和专业化分包能力。

目前，我国海洋石油平均探明率仅为12%，海洋天然气探明率仅为10%，随着能源消耗的日益增长，对外依存度逐渐提高，海洋这个“聚宝盆”的重要性日益突显，随之而来的发展风险也逐渐浮出水面。

上海作为我国经济发展的前沿，势必要发挥优势，大力发展海工装备业。海洋工程装备产业发展有前景，浦东有基础，临港有独特优势。

一、回顾与背景

在政策扶持和政府鼓励的激励下，我国船企纷纷转入海工行业，随着规划时期临近尾声，市场背景和状况已经大为不同。2014年年初，全球航运、造船市场均呈现缓慢复苏的态势，而相比之下，全球海洋工程装备市场却并不活跃。2014年1月至9月，全球海工市场一改前几年快速增长的势头，整体呈现波动下行之势，钻井平台、生产平台、海工船建造市场几乎全部遭遇“灭灯”，成交量和成交额的下降幅度均在三成左右，钻井平台利用率、海工船租金水平同样不断下跌。

在原油需求增长乏力、供给较为充足以及美元走强的共同影响下，油价出现大幅“跳水”。2014年布伦特原油价格从6月份约每桶110美元跌至9月底的每桶95美元左右，10月份这一价格进一步下行，已创2010年以来的最低水平。随着油价下行以及石油公司成本上升，海洋勘探开发投资逐渐放缓。

从市场来看，海洋油气勘探开发增速的放缓和海工装备运营市场的下行导致海洋工程装备总装建造市场全线“飘绿”，各类装备几乎“无一幸免”。2014年前三季度，全球共成交各类海工装备289艘(座)、金额为327.2亿美元，同比分别下降31%和39%。2013年年底以来，随着运营成本增加以及分红压力加大，石油公司不断削减海洋油气勘探开发支出，导致平台类需求大幅减少。再加上业界对油价下行的普遍预期，很多勘探开发项目被迫推迟，进一步对海洋工程装备建造市场形成打压。

从海工市场前景来看，全球原油供应充裕的格局短期内难以改变，2015年原油供给和需求形势将延续2014年的走势，预计布伦特原油价格将维持在每桶80至90美元。其影响从细分市场来看，短期内钻井平台市场仍将下滑，自升式钻井平台仍将是成交主力，半潜式钻井平台和钻井船等深水装备市场或将继续低迷；生产平台受石油公司开发项目推迟影响，成交量或将保持低位，FPSO仍将是成交主力，但FSRU、FLNG等相关LNG装备将是难得的增长点。海工船在总体供应过剩以及手持订单高企的情况下，短期内的成交量或将继续萎缩，但水下施工船、半潜运输船、物探船等特种海工船市场相对较好。

相对于不好的市场形势，利好消息是，国家主席习近平在11月9日出席2014年亚太经合组织(APEC)工商领导人峰会开幕式时宣布，中国将出资400亿美元成立丝路基金，为“一带一路”沿线国家基础设施建设、资源开发、产业合作等有关项目提供投融资支持。

所谓“一带”，即丝绸之路经济带；所谓“一路”，即21世纪海上丝绸之路。对于我国船企而言，“一带”所带来的机遇是为多元化发展创造了新的空间。丝绸之路经济带将带动包括公路、铁路、航空、港口等在内的交通基础设施建设，为开展相关装备制造业务的船企创造了市场机遇。而“一路”则为船企带来了更加直接的利好，即由海运贸易和海洋资源开发带来的海洋装备需求。

经过了一段时间的海工发展浪潮，市场已经逐渐回归到合理的发展轨道，针对现在理性的市场环境谋发展，是企业要考虑的首要问题。

考虑到浦东的自然条件、政策倾向和国家重视程度,发展海工装备能够最大化利用浦东的优势,非常可能发展形成完整且具备国际一流水准的海工产业,引领中国海工行业走向世界。因此,发展海工装备行业是浦东的最优选择。

二、市场与现状

浦东海工产业面临国内和国际两大市场,国内市场主要问题是产能过剩、企业转型;国外市场主要问题是竞争对手强劲,油价大幅下行。制定浦东海工发展战略需要全面考察国内外市场情况。

(一) 国内市场现状

国内海工市场也跟随世界市场的变化,面临契机与风险。当前国内市场主要状况见表 1。

1. 借力科技巨头谋求转型升级。在产能过剩的背景下,中国造船业谋求转型升级,努力提高在深海油气开发船舶等高附加值领域的竞争力。目前造船业谋求借力 GE 这样的跨国科技巨头谋求转型升级。GE 已经在中国开展了本土化项目,并在中国建立了第一个深海钻井控制实验室。包括大连造船厂、上海振华港机和中远造船厂在内的

表 1 国内海洋工程装备市场现状

市场状况	事 件 与 现 状
借力科技巨头谋求转型升级	2013 年 7 月沪东中华造船集团与 GE 公司合作建造首批中国建造的液化天然气运输船。 上海海事大学进行了人才联合培养、学生培训、实验室共建、项目联合研发等方面开展全方位合作。
海工装备“白名单”	为国家和地方的政策支持提供依据,引导社会资源向符合条件的优势企业集中。
专业化聚焦	企业学习韩国、新加坡的企业战略,明确方向、找准目标、突出重点,通过聚焦某一类产品、某一型产品谋求转变,以求在细分市场中占得先机。
弃船风险	全球目前在建的自升式钻井平台共 140 座,其中有约一半并未获得确定的租约,而这之中有 44 座由中国船厂建造,即在建但还未获得确定租约的自升式钻井平台中有超过一半是由中国船厂建造的。
行业“泡沫化”	一些地方和企业出现了过度投资海工的势头。市场竞争集中在价格,而不是质量,总体市场看起来很大,不高的竞争水平,让我国海工刚一上马就沦为“夕阳产业”。
市场策略	当前从事海工装备建造的企业许多也从事船舶建造,很容易将参与船舶市场竞争的策略直接应用于海工市场。
自贸区“负面清单”	在海工装备领域,投资深水(3 000 米以上)海洋工程装备的设计须合资、合作;投资海洋工程装备(含模块)制造须中方控股。

中国公司都得到了实验室的帮助。2015年,GE还将增开第二个实验室。像这样与GE展开合作的中国造船企业还有很多。去年7月,沪东中华造船集团与GE公司宣布,首批中国建造的、单个容积达17.4万立方米的液化天然气运输船将开始动工,采用的是GE研发和制造的电力推进系统。作为全球技术领袖,GE不仅将先进技术引入中国,而且协助中国培养优秀人才。例如与上海海事大学进行了人才联合培养、学生培训、实验室共建、项目联合研发等方面的全方位合作。双方合作的船舶电力推进及自动控制实验室由GE投资建设,并予以技术支持。实验室主要由目前全世界最先进的高转矩密度大功率中压电机、脉宽调制变频器以及模拟设备组成,将为船舶与海洋工程、电气工程等学科提供实践教学和科研基地,为相关企业提供培训平台。

2. 海工装备"白名单"。我国海洋工程装备制造业存在不少隐忧,其中产能过剩已经成为一个不争的事实,但目前这一隐患看来远比想象要严重。工信部装备工业司2014年9月3日对第一批符合《船舶行业规范条件》的51家企业进行了公示,首批造船"白名单"公布后,工信部海工装备"白名单"也有望出炉。未来海工"白名单"将为国家和地方的政策支持提供依据,引导社会资源向符合条件的优势企业集中,重点是银行信贷和政府扶持。目前国内海工平台(包括钻井平台、生活平台、储油平台及浮式装置等)制造企业基本都是造船厂,数量不超过50家,虽然数量远少于造船业,但是相比新加坡、韩国以及海洋工程市场自身的需求,显然产能已经严重过剩了。而未来海工装备企业"白名单"数量估计也会远远少于造船业"白名单"数量。

3. 专业化聚焦。所谓专业化聚焦,是指面对海工装备不同的细分市场,一家企业很难掌握所有产品的设计和建造技术,因此就必须明确方向、找准目标、突出重点,通过聚焦某一类产品、某一型产品,在细分市场中占得先机。例如,韩国三星重工、新加坡吉宝集团就在钻井船和高端自升式钻井平台领域颇有建树,并形成了一定的市场主导能力。而我国的烟台中集来福士海洋工程有限公司依托海工产业链上下游协同创新研发中心以及海工产业高端要素的聚集区,通过突破自升式钻井平台和半潜式钻井平台设计的关键技术,形成了总包设计能力。另外,也有一些企业摒弃传统的"大而全"、"小而全"的低附加值生产方式,依照"以核心制造环节为基础,整合产业价值链资源"的建造方针,确立了自身在全球海工市场的地位。

4. 弃船风险。2014年全球在建的自升式钻井平台共140座,其中有约一半并未获得确定的租约,而这之中有44座由中国船厂建造,即在建但还未获得确定租约的自升式钻井平台中有超过一半是由中国船厂建造的。而一旦无法为新平台敲定租约,船东可能会在完工后拒绝接收。为了增加订单,中国船厂提出的财务条款具有极大的吸引力和竞争力,除了价格通常比新加坡船厂低20%以外,商业合同签署时船东也只需要支付10%的金额。在原油价格走低、油气公司缩减钻井开支并减少钻井平台租赁数量时，这样的条款使得船厂不得不承担巨大的金融风险。

5. 行业“泡沫化”。自海洋工程装备产业成为战略性新兴产业后，其在拉动经济增长、促进企业转型升级等方面发挥了积极作用，但一些地方也出现了过度投资海工的势头。现下的海工热与当年造船投资冲动如出一辙。船市不好，船企在造船领域想取得突破和摆脱困境难度很大，往海工转型成为发展之需。但这种转型更像是被市场大潮“吸”进去的，都认为前景好。那些造船之外的“入侵者”，看重的也是这一新兴产业的巨大“钱途”。项目、资金急涌快入，恶性竞争愈演愈烈。

中远船务办公室主任王勇清称，全球海工报价正不断下降，行业利润不断“缩水”。“2013年中远销售收入48亿元，95%以上是海工，虽然数据稳定，但利润率持续下滑。”中交集团上海振华重工市场销售部经理也对“拼价格”现状感到忧虑，“以前一个项目只有两家企业竞标，现在有七八家，价格低到几乎无利可图；过去付款方式是30%预付、65%发货前付，还有5%质保金，现在恶性竞争催生‘零首付’，接一份5亿美金订单，由此增加的财务成本就高达六七千万，企业资金风险加大。”

6. 市场策略。当前从事海工装备建造的企业许多也从事船舶建造，很容易将参与船舶市场竞争的策略直接应用于海工市场。对此，中船重工国际贸易有限公司相关负责人建议企业增强风险防范意识。一方面，在选择船东时，对船东的可靠性、可信度和资质要多做调查研究；另一方面，要摒弃“迎合船东”的思想，在承接项目时，需权衡利弊，坚守自身的底线，并综合考虑企业能承受多大风险，不能盲目承接订单。

7. 自贸区“负面清单”。在海工装备领域，投资深水(3 000米以上)海洋工程装备的设计须合资、合作；投资海洋工程装备(含模块)制造须中方控股。在船舶及相关装置制造领域，投资豪华邮轮的设计，船舶低、中速柴油机及其零部件的设计，游艇的设计与制造须合资、合作；投资船舶低、中速柴油机及曲轴的制造须中方控股；投资船舶舱室机械的设计与制造须中方相对控股；限制投资船舶(含分段)的设计与制造(中方控股)。诸多限制实际上遏制了浦东海洋工程装备的发展。国内海工企业经历着当前扑朔迷离的市场形势，面临着如何破局的问题。

(二) 国内市场竞争格局

在国际背景和国家政策的扶持之下，我国形成了几个主要的从事海洋工程装备产品制造的集团分别为：中船重工、中船集团、中远集团、中集来福士，见表2。依照海洋油气开采需求激增的判断，各个集团都将业务重心转移到油气开采设备的开发与生产业务，主要产品集中在FPSO与钻井平台。集团拥有自身的核心产品，他们之间不同的背景造就了竞争力的差异，竞争也相当激烈。

表 2 我国主要海洋工程装备制造集团

主要集团	核心产品	集团特征
中船重工	自升式钻井平台、FPSO、海工辅助船	我国实力最强的海工装备集团,拥有3万多名研究人员,8个国家重点实验室、7个国家级技术中心,下辖大连船舶重工和北船重工。
中船集团	半潜式钻井平台、钻井船、FPSO	在钻井船和FPSO等船舶类海工平台具有较强优势,拥有中国船舶及海洋工程设计研究院(708研究所),下辖外高桥造船、江南船厂、上海船厂等。
中远船务	自升式钻井平台、半潜式钻井平台、FPSO、海工辅助船	最早由修船发展到海工装备制造,在国际上具有较强竞争力,承接了国内首个深海钻井船总包订单。
中集来福士	半潜式钻井平台、FPSO	中集集团收购烟台来福士造船厂,直接从集装箱制造领域进入海洋工程平台制造,并完成"一个中心,三个基地"的布局,开始发力半潜式平台的制造。

可以看到,集团走的是同类产品差异化道路——产品类别大同小异,依赖各自自身拥有的资源和特点,突出其自身优势,设计生产满足客户需求的产品,扩大市场份额和地位。归根到底,其核心竞争力在于设计能力。产品的设计决定了其高度和客户的满意度,直接决定了集团在市场的地位。

目前,我国参与海洋工程装备设计的主体有四类:1. 国有专业设计院;2. 大型国有造船企业的设计队伍;3. 外资船舶设计公司;4. 民营船舶设计公司。目前以上海船舶研究设计院、708所为代表的国有设计院技术实力雄厚,占据行业主导地位。这两家单位隶属于中国船舶工业集团公司(以下简称中船集团),中船集团旗下船厂的船舶设计基本交给这两家国有设计院。这两家设计院同时还占据民营船厂大部分高端船型设计订单,以及中国船舶重工集团公司(简称中船重工)大部分造船厂的海洋工程设计订单。

我国大型国有造船企业主要依托自身设计队伍,设计能力强,具有部分船型的详细设计能力,但基本只为自身船厂服务。在我国的外资设计公司,尽管技术领先,但由于运营成本高,服务链仅限于前端,对我国市场把握能力弱,市场份额较小。而民营海工设计公司目前与其他主体实行错位竞争,相对于国有设计院具有灵活高效的机制,设计能力正迅速提升,主攻民营船厂的中低端船型。我国海工设计行业市场竞争格局见表3。

表 3 国内海洋工程装备设计行业竞争格局

市场竞争者	优势	劣势	细分市场	代表企业
国有专业设计院	技术和人才实力强,有国家政策支持	运营机制不灵活,参与市场竞争意识弱	两大船舶集团旗下船厂,民营船厂的高端船型	上海船舶设计研究院、708研究所等
大型国有造船企业的设计队伍	依托自有船厂,设计生产能力强	不参与对外竞争,基本限于设计生产,详细设计能力弱	自造船舶的大部分设计生产,部分船舶的前期设计和详细设计,基本不参与对外竞争	沪东中华造船(集团)有限公司、外高桥造船厂设计部门

（续表）

市场竞争者	优　势	劣　势	细分市场	代表企业
外资船舶设计公司	技术水平高，代表了国际先进水平	收费昂贵，对国内市场把握能力弱	主要为外国船东进行前期的基本设计和合同设计	大连富凯船舶设计有限公司、上海杰星船舶科技有限公司等
民营船舶设计公司	机制灵活，服务意识强，技术能力提高迅速	技术实力相对较弱，开拓两大船舶集团旗下船厂订单有壁垒	民营船厂低端船型，国有船厂的部分特种船型	上海嘉豪船舶工程设计有限公司、上海京荣船舶设计有限公司、上海欧得利船舶工程有限公司等

可以看出，四类设计公司中，国有专业设计院专注于高技术、尖端船舶和海洋工程装备的研究，受体制约束，一般不参与EPC业务（指对一个工程负责进行“设计、采购、施工”，与通常所说的工程总承包含义相似）；大型船厂的设计部门只具备一般性的设计生产能力，缺乏详细设计能力，即使有也是部分船型的详细设计能力；外资设计公司主要为外国船东进行前期的基本设计和合同设计，市场份额逐步萎缩；随着民营设计公司设计能力的逐步提升，国内大型民营船厂如熔盛重工、扬子江船业、太平洋重工等希冀把高端船型订单从国有设计院转移到民营设计公司，国内两大船舶集团毕竟是民营船厂最大的竞争对手，民营船厂不会愿意在设计上受制于人。

（三）浦东海洋工程装备发展情况

1. 发展现状

当前浦东新区海洋工程装备产业的发展主要有四大特点：一是产业规模较大，2012年海洋工程装备业工业总产值达到522亿元，占全市的61%。二是海洋工程装备产业门类相对较全，主要有深海系列半潜式钻井平台、浮式钻井生产储油装置（FPSO）、特大型海上回转浮吊、浅海自升式钻井平台、海洋铺管设备、浮式起重设备以及海洋工程设备研发、深海探测和海洋综合信息服务等重点产业，重点企业主要有振华重工（集团）、沪东中华造船、外高桥造船、沪东重机、中船三井造船柴油机、罗尔斯-罗伊斯船舶制造等公司。三是分布相对集中。其中大型海洋油气开采装备主要布局在外高桥、临港等产业区，海洋工程作业辅助装备主要布局在临港、康桥、张江等产业区，关键系统和配套设备主要布局在临港、张江、康桥、金桥、南汇等产业区。四是在国内技术水平相对领先。上海外高桥造船有限公司制造的3 000米深水半潜式钻井平台属于当今世界最先进的第六代海洋工程装备，在中国海洋油气开发和海洋工程制造中具有里程碑式意义。此外，由上海外高桥造船有限公司设计和建造的JU－2000E型自升式钻井平台在上海外高桥码头顺利下水，标志着国产钻井平台全面进入国际高端海洋工程装备主流市场。

从全国发展格局来看，浦东海洋工程装备产业居于全国领先地位。我国海洋工程装备产业已在渤海湾、长三角、珠三角地区初步形成具有一定产业聚集度的区域分布。从事海工建造企业可分为两个层次：第一层次包括烟台来福士、大连船舶重工、上海外高桥、中远船务、招商局(深圳)重工、青岛北海船舶重工、上海船厂等企业,主要从事钻井平台 浮式生产系统建造;第二层次包括江苏熔盛重工、黄船重工、武昌船厂、蓬莱巨涛海洋工程重工、江苏韩通船舶重工、天津新河重工以及一些有海工建造实力的地方船企,主要从事海工辅助船和工程船生产,实力相对第一层次较弱。

从全球发展格局来看,中国海洋工程装备产业发展迅速,但与国外仍然存在较大差距。美国、欧洲等国家以研发、建造深水、超深水高技术平台装备为核心,垄断着海洋工程装备开发、设计、工程总包及关键配套设备供货;新加坡和韩国在中、浅水域平台方面的建造技术较为成熟,正在向深水高技术平台的研发、总装建造趋势发展;中国无论在海洋工程装备开发、设计、工程承包,还是建造技术方面,与国外还存在很大差距,处于价值链低端。

2. 问题与挑战

产业链不够完善,位于产业链中低端的装备制造企业多,而居于产业链高端的设计、总包类企业较少。位于海洋工程装备产业链顶端的是以美国 F&G(已于 2010 年被振华重工收购)、荷兰 GustoMSC、美国 Letourneau、挪威 GM 及 SEVAN 等为代表的设计公司,其业务附加值高,盈利性强,技术难度大,准入门槛高。目前,新区的海洋工程装备制造企业总包能力不足,设计研发能力薄弱,关键配套能力欠缺。

核心技术研发能力薄弱,关键技术仍依赖国外。拥有自主知识产权的海洋工程装备极少,且基本局限于浅海装备和后期设计制造,在深海装备的前端设计方面还是空白;高端海洋工程配套设备大多被国外供应商垄断,核心配套设备尤其是上层处理模块、水下维修作业设备等主要依赖进口;企业研发力量分散,缺乏总体策划,在科研立项、成果转化、系统配套、现场试验、信息反馈等方面存在脱节现象。

水深、岸线和腹地等自然环境对海洋工程装备制造业扩张的制约作用越来越明显。海洋工程装备制造业对岸线资源的需求非常强烈,但条件好、易于开发的成片深水岸线资源十分稀缺,已成为浦东的海洋工程装备产业向更高层次发展的制约因素。浦东海域岸线 10 至 15 米水深岸线总长度比重不到 35%(主要分布于黄浦江与长江交汇口至五号沟南端的岸线区域内,以及杭州湾北部临港地区码头作业岸段),且已基本上被开发利用完毕。另外,一些市政垃圾处理、排污设施以及其他与海洋经济不相关的企业项目占用了有限的岸线,使得外高桥造船等的进一步扩张不得不面临更高的拆迁成本和不确定性,甚至有一些海洋工程装备制造企业只能把生产制造部分搬迁至崇明等其它地区。

三、目标与思路

浦东新区海洋工程装备产业发展思路:围绕一个目标,分三步走,推进产业高端化、融合化、集群化发展，体现技术前瞻性、行业引领性、产业标杆性，实施聚焦、辐射、联动三大战略，采取转型、升级、创新三个策略，构建“政府、企业、协会”三位一体的运行模式。

（一）分三步走：建成世界级海工装备研发基地

整个阶段目标分“三步走”。第一步，积累实力引入人才打造平台。第二步，占领国内市场，在所处产业链位置占据垄断地位。第三步，进军世界市场，引领核心部件发展。

到2020年，形成完整的科研开发、总装制造、设备供应、技术服务产业体系，打造若干著名海洋工程装备企业，基本掌握主力海洋工程装备的研发制造技术，具备新型海洋工程装备的自主设计建造能力，产业创新体系完备，创新能力跻身世界前列，主导国内市场。

到2025年，拥有若干核心装备制造企业，在核心产品上有绝对的优势，拥有若干明星产品，在相应产业链占主导地位。在世界海洋工程装备市场上占据优势地位。

（二）推进三化：高端化、融合化、集群化并举

1. 推进产业高端化。以深水高技术平台的研发、总装建设为主攻方向，研制开发一批技术水平高、附加值高、产业能级高、带动作用强的海洋工程装备高端装备产品，形成海洋工程装备产业从研发、设计到制造、总装、维修等一系列完整的产业链。

2. 推进产业融合化。以研发、建设深水、超深水高技术平台装备为核心，集聚一批国际一流的高端人才队伍，针对制约海洋工程装备制造业发展的关键技术和瓶颈环节，支持相关企业加大自主创新，通过应用带动、产需结合、平台攻关以及跨国并购等方式，突破技术瓶颈制约，打破美国、欧洲等在海洋工程装备开发、设计、工程总包及关键配置设备等方面的垄断。

3. 推进产业集群化。依托外高桥和临港地区的船舶企业和海洋装备企业，积极集聚海洋工程装备上下游企业和相关配套企业，形成产业集群，并积极培育一批具备国际竞争力的龙头企业。同时，开展对外高桥、临港地区等海岸带及腹地项目的清理整顿，为海洋工程装备产业的进一步扩张预留足够的空间。

（三）体现三性：技术前瞻、行业引领、产业标杆并重

1. 着眼长远，体现技术前瞻性。把握海洋资源开发装备领域科技发展的新方向，利用中国极地研究中心、深渊科技研究中心、海洋地质国家重点实验室等科研机构的集聚，开展天然气水合物（可燃冰）、海底金属矿产资源、极地生物基因资源等领域相关装备的前期研究和技术储备，抢占未来发展先机。

2. 分工协作，体现行业引领性。一方面，要与中石油、中海油等国内海洋石油钻

探企业建立战略合作关系,同时积极争取国外订单。另一方面,为缓解新区优良深水岸线有限的制约,要开展与崇明、舟山等区域的分工协作,争取形成研发、设计、总包、关键部件制造等产业链,形成高端在浦东,而大型装备制造在崇明、舟山及长三角其他区域的分工格局。

3. 发挥优势,体现产业标杆性。把握行业发展局势,基于浦东自身船企优势,设定核心技术目标,建立研发机构平台,充分利用自贸区优势,结合金融融资平台,推动企业研发进程,不遗余力争取合作学习机会,力争产业龙头地位。

(四)三位一体:"政府企业协会"三位一体运行模式

1. 政府:规范行业。把握国家政策、市场环境,建立行业规范,促进产业健康发展。政府需要"遏冲动、扶高端、建平台",全面理解政策含义,扶持高端及配套企业与国外合作,建立规范海工交流平台,由政府牵头立项,整合研究院、大学、企业、社会资本等力量,联手公关。

2. 企业:发展产业。企业跟随政府行业规范,享受相应优惠政策。国企侧重发展大型平台项目,攻克高端科技难关,寻找未来增长点;民企侧重发展小型海工设备,掌握核心技术,支撑大型企业向研发转型。"国民"结合,提升产业发展高度。

3. 协会:服务企业。通过协会,企业之间自我服务、自我协调、自我监督、自我保护。企业的需求通过协会向政府反映,弥补政府失灵、市场失调;政府通过协会向企业沟通,协商政策,使政企之间交流更高效,有效的促进行业发展。

四、战略与策略

(一)聚焦战略:聚焦产业链核心环节

开展战略招商,抓住中国海洋油气开采迅速扩张的机遇,建立与中石油、中海油等相关央企集团、海工装备优势企业的战略合作关系,积极抢占国内海工市场份额。注重引进美国、法国、荷兰、意大利、挪威、日本、韩国、新加坡等国外大型海洋工程装备承包、设计、研发和总装类企业落户新区。同时,积极引进国内外与海洋工程装备产业发展相关的科研、教育、检测、交易、金融、管理、中介、行业协会等各类功能性机构,突破技术瓶颈,聚焦核心技术。

(二)辐射战略:释放自贸区的辐射效应

利用自贸区的政策优势,大力引进"中国(上海)国际海洋技术与工程设备展览会"、"中国国际石油石化技术装备展览会"、"中国海洋工程技术装备论坛"等国内外知名的海洋工程装备展示交易活动带动相关的海洋工程装备资源、要素集聚浦东。

(三) 联动战略：实施跨区域合作

充分利用外部资源，尤其是舟山群岛新区丰富的深水岸线资源，来缓解浦东新区深水岸线资源不足的制约。坚持以技术、资金、管理、人才换资源和发展空间的思路，研究与浙江舟山群岛新区协作设立“特别合作区”，以飞地合作的形式参与舟山群岛新区的开发。形成研发、设计、总包、关键装备制造等海洋工程装备上游产业在浦东新区，大型制造等中下游产业在舟山新区的发展格局。

(四) 转型策略：鼓励船企转型

加大信息、技术、财税、市场推广等扶持力度，通过举办海洋工程装备产业培训会、专业论坛、资本对接会等形式，鼓励新区的船舶企业在全球船市持续萧条的环境下，调整经营方向，发展技术含量高、市场潜力大的绿色环保船舶、专用特种船舶、高技术船舶，发展海洋工程装备，力求实现多元化发展。

(五) 创新策略：推动体制机制和科技创新

建立浦东新区海洋工程装备产业联盟，力争通过联盟的纽带作用，建设由政府部门参与、企业为主体、跨行业跨区域产学研用相结合的创新合作组织，建立起一批企业的工程技术中心、实验室等，打造“研制一体化平台”，开展技术研发、中试放大、成果转化以及人才交流等工作，整合产业资源、突破关键技术、推进成果共享与转化，推动浦东新区海洋产业高新化、高端化、高效化发展。鼓励振华重工、外高桥造船、惠生集团等大型企业并购国外知名的海洋工程设计研发机构。

(六) 升级策略：促进产业集群升级发展

加快临港地区、外高桥等海洋工程装备产业集聚区建设，以及张江(含康桥工业区)、金桥(含南汇工业区)等产业园区海洋工程装备配套基地建设。鼓励船舶制造企业向海洋工程装备产业转型发展。编制浦东新区海岸带保护和利用规划，限制发展对海岸线信赖度低的产业，优先发展海洋工程装备等岸线依赖度高的产业，并提高海岸线集约化利用程度，为海洋工程装备产业的进一步扩张预留足够的空间。

五、重点和布局

重点聚焦深海系列半潜式钻井平台、自升式钻井平台等钻井装备，浮式钻井生产储油装置(FPSO 新建及 FPSO 改装)、液化天然气浮式生产储卸装置(LNG - FPSO 或 FLNG)、液化天然浮式储存再气化装备(LNG-FSRU 等)等生产装备，海洋铺管设备、浮式起重设备等海洋工程辅助船,以及海洋工程设备研发、深海探测和海洋综合信息服务等重点产业。聚焦外高桥、临港、张江(含康桥工业区)、金桥(含南汇工业园区)等海洋工程装备总装及配套基地建设。其中,大型海洋油气开采装备主要布局在外高桥、临港等产业区;海洋工程作业辅助装备主要布局在临港、张江(含康桥工业区)等产业区;关键系统和配套设备主要布局在临港、张江(含康桥工业区)、金桥(含南汇工业区)等产业园区。

表 4 浦东海洋工程装备的发展重点

重点装备	发展目标	核心产品
大型海洋油气开采装备	强化产品设计能力	半潜式钻井平台、FPSO、自升式钻井平台
海洋工程作业辅助装备	实现自主设计和建造能力	起重铺管船、特大型海上浮吊、风电设备安装船
关键系统和配套设备	实现关键设备系统自主研发和产业化能力	大功率中压柴油发电机组、海洋装备动力定位系统、浅海自升式平台升降系统
深海工程技术和研究平台	联合各科研机构提供直接技术支持	海洋综合信息服务、深海观测探测技术、海洋新材料
前瞻性海洋工程装备	前沿科技、新兴技术,能够改变能源开发模式的新装备	天然气水合物开采装备、可再生能源开发装备、海洋化学资源开发装备

(一) 大型海洋油气开采装备

1. 发展目标

依托上海外高桥造船有限公司、振华重工、沪东中华造船、惠生集团等企业,强化半潜式钻井平台、自升式钻井平台、浮式生产储油船(FPSO)的设计和生产设计能力,重视发展 LNG－FPSO 和 LNG－FSRU 等新型海洋工程装备。

2. 发展重点

半潜式钻井平台、FPSO。全面掌握 3 000米深水及以上超深水半潜式钻井平台设计和建造技术;形成 10 至 30 万吨浮式钻井生产储油装置(FPSO)、大型浮式钻井生产储卸载装置(FPDSO)、浮式 LNG 生产储卸装置(LNG－FPSO)、液化天然浮式储存再气化装备(LNG－FSRU)自主设计、自主建造的工程总承包能力。

自升式钻井平台。提升具有世界先进水平的 400 英尺、350 英尺自升式钻井平台设计制造能力,积极参与国际竞争。

(二) 海洋工程作业辅助装备

1. 发展目标

依托振华重工、惠生集团等企业,以起重铺管船、特大型海上浮吊、海上风电设备安装船等主力船型为重点,实现自主设计和建造能力。

2. 发展重点

起重铺管船。重点支持建造浅水和半潜式起重铺管船,研发可吊 12 000 吨的自航全回转重型起重船。

特大型海上浮吊。重点支持设计建造

系列化大型海上回转浮吊。

风电设备安装船。重点完成风电设备安装船定升系统、定升立柱等方面核心技术和关键零件的研发与制造。

(三) 关键系统和配套设备

1. 发展目标

依托振华重工、中船重工、中电集团等企业,主攻大功率中压柴油发电机组、动力定位系统、自升式平台升降系统等,实现关键设备系统自主研发和产业化能力。

2. 发展重点

大功率中压柴油发电机组。重点突破成套设计制造关键技术,掌握模块设计和成套生产技术。

海洋装备动力定位系统。开发具有自主知识产权的动力定位控制系统,并实现与大功率推进器的集成应用。

浅海自升式平台升降系统。重点突破新一代双速升降系统核心技术,形成自主研发和配套生产能力。

(四) 深海工程技术研究平台

1. 发展目标

依托同济大学海洋地质国家重点实验室海底观测基地(争取建立国家深海工程研究中心-南方中心),中国极地研究中心、上海海洋大学深渊科技研究中心、“深海石油钻采装备与材料及其防护技术”联合实验室等科研机构,为海洋资源开发利用、海洋工程设备研究提供直接技术支持。

2. 发展重点

海洋综合信息服务。形成国内领先的海洋地质环境研究中心、数据中心及信息共享平台。

深海观测探测技术。以深海生物地球化学和海底过程与观测等为研究方向,为深海海洋工程装备提供技术支持。

海洋新材料。围绕船舶和海洋工程装备发展对材料的需求,开发研制高性能新材料。

(五) 前瞻性海洋工程装备

1. 发展目标

当今国际海洋工程装备新兴技术、前沿科技,可能改变当前海洋资源开发模式。

2. 发展重点

开采装备。包括分布在海洋 3 500 至 6 000米左右的多金属结核、天然气水合物开采设备。

可再生能源开发装备。利用波浪能、潮流能进行能源再生开发、海水提锂等海洋化学资源开发装备。

六、措施与路径

(一) 扶持政策

第一,加大产业扶持力度。对纳入国家《海洋工程装备科研项目指南》和承担国家重大专项的项目给予资金配套支持。对新引进的海洋工程装备制造企业,可享受《浦东新区促进高新技术产业发展财政扶持办法》、《浦东新区促进航运发展财政扶持办法》等政策优惠。例如,对新引进的海洋工程装备产业按其对新区的贡献程度,经认定,第一年给予100%补贴,后两年给予50%补贴。其中,对大型海洋工程装备企业按其对新区的贡献程度,经认定,前两年最高给予100%补贴,后三年最高给予50%补贴。对浦东新区现有大型海洋工程装备企业按其对新区的贡献年度新增部分,经认定,前两年给予100%补贴,后三年给予50%补贴。

第二,加大资金投资力度。一是借鉴山东蓝色经济基金和宁波海洋产业基金做法,设立浦东新区海洋产业发展基金,由新区政府财政资金、新区科技发展资金、临港产业发展资金等共同组成,并积极吸纳社会资金参与,主要用于包括海洋工程装备产业在内的海洋高新技术产业化以及产业公共服务平台建设。二是健全推动海洋发展的财政保障体系。强化新区海洋局的海洋经济推进职能,参照教育、科技系统的普遍做法,在新区财政中单列海洋事业费,主要用于保障海洋产业发展、海洋资源开发、海洋园区建设、海洋科技创新和科普教育等。

第三,降低企业通关成本。优化企业零部件进口通关流程,在企业进口设备审批、通关和监管过程中提供政策宣讲、业务指导服务;在办理通关手续时开设"专用窗口",定制相应的通关流程,开通"绿色通道",为产业升级所需的进口设备、料件提供通关便利。确保企业用足用好国家关于重大技术装备、海洋石油方面的优惠政策。

第四,推动金融创新,引导社会资金投入。充分利用自贸区优势,结合浦东金融平台,以政府资金为引导,通过风险补贴、贷款贴息等形式,吸引企业资金、金融资本、社会资本和风险投资等加大对海洋工程装备产业的投入。积极开展海洋工程装备的融资租赁业务。支持海洋工程装备股权投资基金、海洋产业基金在浦东新区发展,支持有条件的海工企业在国内外上市融资。

第五,引进培养并留住专业人才。积极鼓励海洋工程装备高新技术企业引进各类急需人才,鼓励海外高层次人才归国创业。对在海洋工程装备领域做出突出贡献的领军人物和优秀人才给予一定的精神和物质奖励。鼓励大专院校发挥教学资源优势,与企业需求相结合,强化专业人才培训,为推进本区海洋工程装备产业持续快速发展提供人才支撑。

第六,引导民营企业差异化竞争。民营企业的创新能力不亚于大型国企,许多民营企业在这几年的浪潮寻找到了适合自身的发展方式,并在市场上占据了一定地位。民企的发展程度直接影响了行业的总体水平。针对民营企业灵活多变的企业特征,引导其发展重心侧重热门中的冷门产品,促进其企业技术的专业化和差异化发展,避免与大企业的激烈竞争,通过做精、做细其产品,寻求合适的发展道路。

第七,借助金融优势推动融资租赁模式。融资租赁能够将浦东金融业优势和海工企业技术优势完美结合。海工行业对金融租赁需求巨大,其装备购置成本高、对资金需求量大,运营期限较长,需要长期资金匹配。形成有效的海工装备运行,除了技术、市场的因素,大规模、长期限的资金参与同样重要。制造商、运营商和最终使用方有机链接的顺利运行,必须由金融"润滑剂"的加入,浦东本身具有优秀的金融行业,能够提供一个相当有效的平台。

第八,合理引导产业结构调整。海工产业已经进入产业结构调整的第二阶段。2014年原油价格大幅下行,海工装备市场萎缩,中小企业面临巨大的竞争压力。在此背景下应适度补贴企业,同时让市场发挥淘汰作用,缓解产能过剩,同时集中优势资源,为产业发展"减重瘦身,增加活力"。

(二) 发展路径

规划时间节点分为组织构架阶段、积累引进阶段、核心产品阶段、世界市场阶段、引领发展阶段,见表5。

表5 规划时间节点

规划时间	发展阶段	主要任务	具体工作	目标
2015年—2016年	组织架构阶段	完成启动规划	工作启动准备 明确任务目标 完善工作推进机制 开展战略招商	执行规划项目
2016年—2019年	积累引进阶段	人才技术积累 引领国内市场	鼓励船企转型 引进交易平台 引进培养专业人才 引导社会资金投入 搭建研制一体化平台	成为国内领先者 积极拓展海外市场
2019年—2021年	核心产品阶段	推进高端产品开发	引进海工展示交易平台 开展跨区域合作	主导国内市场 企业拥有总包能力 前瞻性海工装备开发
2021年—2023年	市场攻坚阶段	国际项目合作	开展跨国合作 协助发展中国家 海工项目建造	主力转向国际市场
2023年—2025年	引领发展阶段	建设高端产业园区	鼓励核心技术研发	掌握行业核心技术

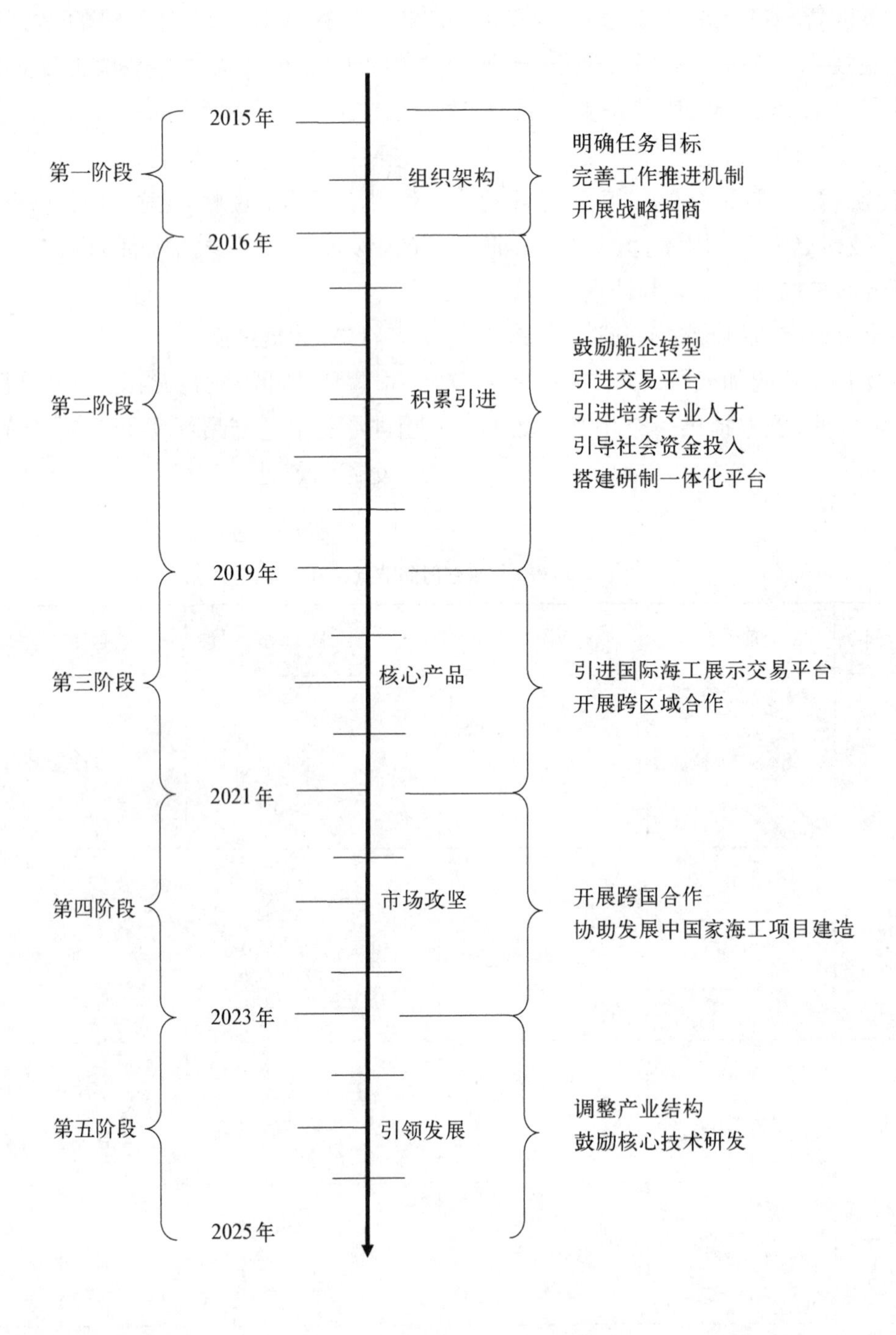
2015年
第一阶段
组织架构
明确任务目标
完善工作推进机制
开展战略招商
2016年
第二阶段
积累引进
鼓励船企转型
引进交易平台
引进培养专业人才
引导社会资金投入
搭建研制一体化平台
2019年
第三阶段
核心产品
引进国际海工展示交易平台
开展跨区域合作
2021年
第四阶段
市场攻坚
开展跨国合作
协助发展中国家海工项目建造
2023年
第五阶段
引领发展
调整产业结构
鼓励核心技术研发
2025年

附录：

一、国内海洋工程装备业发展状况

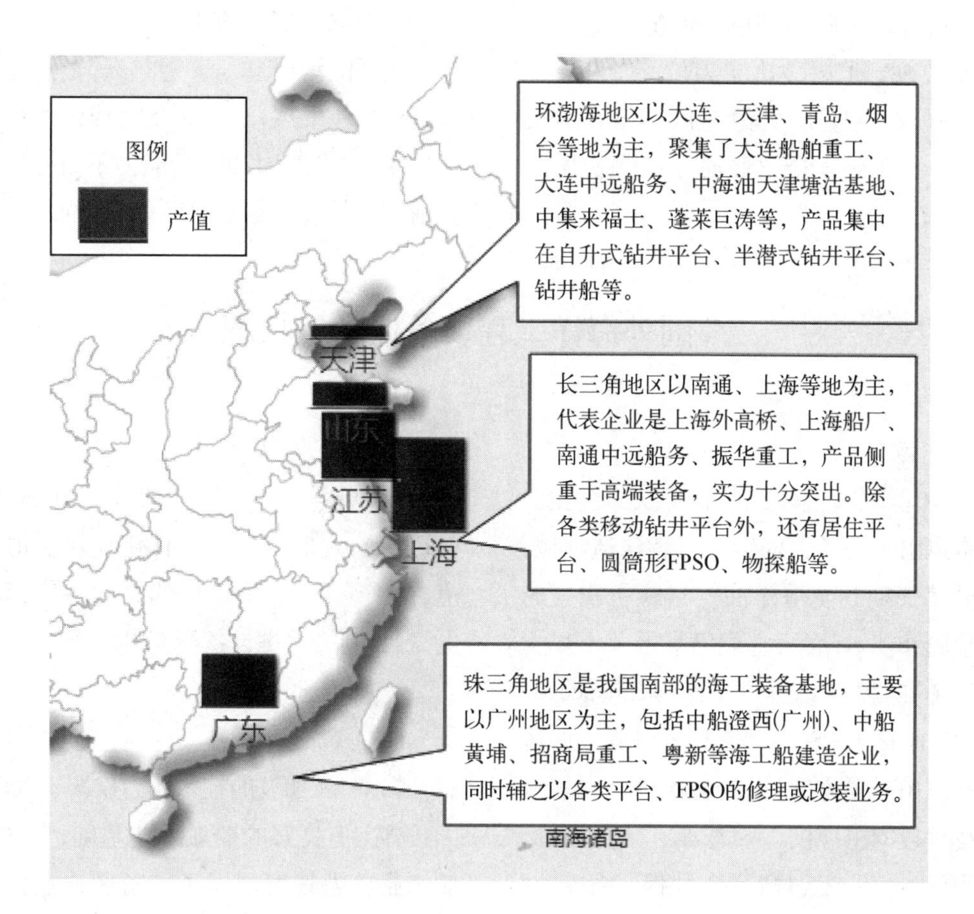

作为重点考察和比较对象，山东和江苏的案例更能提供浦东相应的发展经验。

(一) 山东

山东作为海洋工程装备制造业大省，近年来取得了快速发展，形成了青岛、烟台、威海、东营四大产业技术集聚区，崛起了海洋油气、海洋监测和仪器仪表、海水淡化三大海工装备优势领域。山东海洋工程装备产业快速增长的背后依然存在着阻碍产业长足发展的诸多壁垒，如原创、核心、关键三大技术缺乏导致国产化程度低，概念、基础、详细三大设计落后造成自主研发不足，协同、有序、高端产业链条不完善致使产业配套程度低等。

(二) 江苏

地理位置比较优越，靠江靠海，有发展

海洋工程装备产业的岸线资源优势。江苏海工装备产业基础雄厚,在建海工装备产品的品种和数量居全国首位,发展势头强劲,拥有一批实力较强的龙头企业,为海工装备制造打下了坚实基础。但海工装备产业发展较晚,研发设计能力较弱,人才缺乏,对国外核心技术依赖性强,关键技术受制于人。海工装备企业普遍存在融资困难的问题。

(三) 上海

上海是我国现代船舶工业的诞生地,经过新中国成立以来六十年的发展,特别是改革开放三十年的快速发展,上海已成为我国船舶与海洋工程装备产业综合技术水平和实力最强的地区之一。近年来,上海海洋工程行业稳步发展,进行了卓有成效的科技创新体系,建设能力和配套能力不断提升。但在前期设计能力等方面仍有待加强。

二、国外海洋工程装备业发展状况

(一) 欧美

在全球产业转移的浪潮下,欧美企业已经基本退出了海洋工程装备总装建造领域,但凭借其长期开发海洋油气实践所积累的工程经验和技术储备,它们仍掌握着市场主导权。在总承包商领域,如 Transocean、SBM、Prosafe、ENSCO 等掌握着世界大多数海洋油气田开发方案设计、装备设计和油气田工程建设的主导权。

海洋油气开发包括三个过程:物探、钻探和开发。一般我们提到的海洋工程装备主要集中在钻探和开发过程,包括自升式钻井平台、半潜式钻井平台、钻井船、固定式生产平台、FPSO 等生产装置和各种辅助船舶等。欧美等发达国家技术力量雄厚,掌控着海洋工程装备的核心关键技术,垄断着海洋工程总包、装备研发设计、平台上部模块和少量高端装备总装建造、关键通用和专用配套设备集成供货等领域,以及海洋工程装备运输与安装、水下生产系统安装、深水铺管作业市场等。主要产品:立柱式平台(SPAR)、大型综合性一体化模块及海底管道、钻采设备、水下设施的打包供应,动力、电气、控制等关键设备配套供货。

(二) 韩、新

韩国、新加坡的技术实力仅次于欧美。

韩国有良好的船舶工业基础,完善的船舶产业链为其发展海工装备制造业提供了得天独厚的发展基础。同时,韩国企业市场嗅觉敏锐,能够正确预判市场发展方向和技术发展趋势。特别值得注意的是,韩国注重与国际海工总包商合作竞标国际工程总包订单,这样不仅可以提升工程总包能力,还能够提升工程服务的能力。韩国在总装建造领域处于领先地位,主要承担海洋工程装备总装建造,已具备一定的总承包能力,自主设计已经有所突破。韩国为深海钻井船、

FPSO 新建等。

韩国海工行业整体配套能力：韩国的船舶配套设备本土化率为 90%以上，而 2010 年我国三大主流船型的配套本土化率仅为 54%，高技术、高附加值船型的本土配套化率还不足 30%。韩国整座(艘)海工装备的平均国产化率达到 40%，而我国国产化率仅有 10%左右。

韩国企业更接近市场、能深层次与设计公司合作。巴西、墨西哥湾和西非是世界深水石油生产的金三角地带。韩国三星重工早在 2008 年就参股了巴西造船厂，借此能够优先参与巴西的海工装备订单。同时三星还与三大海工设计公司之一的英国 AMEC 公司共同设立海洋工程装备技术公司，将海工装备业务独立出去，全面提升海工装备竞争力。

从新加坡海洋工程装备产业发展的优势来看，首先是得天独厚的地理位置，亚太地区航运中心、亚太地区最大的转口港、国际自由港和集装箱大港、亚太地区海事中心等等头衔为新加坡创造了良好的发展环境。作为航运中心、海事中心和修船中心，新加坡具有无可比拟的区位优势，使其完成从修理，到改装，到建造的渐进式发展，成为集建造、修理和改装于一体的海工强国。

其次是兼容并蓄的文化优势。新加坡兼容并蓄的文化融入社会、经济、教育、科技、司法和体制的方方面面，为新加坡发展海洋工程装备提供了良好的环境，使其更容易融入世界海洋工程装备产业链。

再次是其创新型的设计能力。新加坡在海洋平台修理、改装和建造过程中逐渐掌握了设计技术，并形成了自主开发能力，其建造的大量海工装备特别是自升式钻井平台基本采用自主设计。

最后是新加坡产业界与大学形成了极为紧密的合作关系，大学还与行业紧密合作，在开设专业课程的同时直接为企业提供专业培训，并与企业展开多层面的工程合作。从目前形势来看，新加坡两强集体发力大有撼动韩国在钻井船领域霸主地位之势。近年来，新加坡积极发展海洋工程服务业也有利于海工装备制造业的发展。

(三) 其他国家

巴西则计划投入巨资开发新发现的几个深海盐下大油田，该国政府也想借此振兴国内的造船业，通过以市场换技术来实现发展，鉴于其发现的油田属于深海区域，其对海工设备的需求集中在半潜式钻井平台、钻井船、FPSO 以及海工辅助船舶等。位于高纬度的俄罗斯目前已经和在冰区船舶建造占有优势的韩国船厂合作，积极开发适合冰区作业的海工设备。阿联酋的船厂也已经在建造自升式钻井平台领域初具规模，在阿拉伯湾和印度具备一定的区域优势。

这些国家主要建造中低端海工产品，从事浅海装备的建造和分包，正逐步进入深海装备的建造领域，并大力进入高端产品的总装集成领域。主要产品有：导管架、自升式钻井平台、深海半潜式平台及 FPSO、深海供应船、深海三用工作船、海上风电安装船、深海起重铺管船等。巴西、俄罗斯等海洋油气资源大国通过海洋工程装备国产化配套比例要求等政策,正在积极进入海洋工程装备建造领域。

附表 1　国内各地区海洋工程装备行业状况

国内	代表企业	核心产品	发展状况	产业链	优　势	劣　势
山东	中集莱佛士 青岛北海重工	半潜水式钻井平台、FPSO	国内领先,能独自承接海工项目	中游	邻近日韩 气候温和适宜造船,有大量科研人员团队	设计能力缺乏,核心科技与世界先进水平有差距
江苏	连云港中远船坞	钻井平台、FPSO、海洋工程船	在建产品品种数量居全国首位,产值占 1/3	中游	毗邻上海,地理位置优越,产业基础雄厚	本土化配套率低,设计能力弱,融资困难
上海	上海外高桥造船	半潜式钻井平台、自升式钻井平、FPSO 改造	我国海工行业综合技术水平和实力最强的地区之一	中游	在国内技术先进,注重创新,配套能力强	总包能力,前期设计能力与发达国家仍有差距

附表 2　国外海洋工程装备行业状况

国外	代表企业	核心产品	发展状况	产业链	优　势	劣　势
欧美	J. Ray McDermott 公司美国国家油井、卡特彼勒、ABB、GE	立柱式平台、海底管道、钻采设备等深水超深水装备	世界领先,垄断多个海工领域	上游	技术力量雄厚,掌握核心技术,庞大的国内市场	人力土地等综合成本较高
新日韩	大宇造船、三星重工、现代重工、胜科海事公司	钻井船、深水浮式钻井装备、FPSO	实力仅次于欧美,在总装建造领域处于领先地位	上游	良好的造船基础和产业链、创新精神和能力	缺乏相对完整的工业体系,无法从上下游同时入手
阿联酋、巴西等	Lamprell	导管架、自升式钻井平台、深海半潜式平台及 FPSO	主要建造中低端产品,正逐步进入深海装备建造领域	中下游	发展势头强劲,拥有后发优势,阿拉伯湾有一定的地理优势	起步较晚,缺乏核心技术

(执笔:上海大学经济学院,黄天河　高　空)

上海市浦东新区海洋发展战略研究

摘要：21世纪是人类开发海洋、发展海洋经济的新时代，世界经济发展重心逐渐向海洋转移。首先，论文在分析国际海洋发展趋势、国内海洋发展趋势、上海市以及浦东新区海洋发展优势的基础上，提出了浦东新区海洋发展的总体思路、目标、发展理念及发展战略，构建了“政产学研用金”海洋发展综合体新模式、新业态、新平台。其次，从海洋经济、海洋科技、海洋环境保护及海洋综合管理四方面提出了新区海洋发展的重大任务和战略举措。最后，提出了浦东新区海洋发展战略的政策保障体系。

关键词：海洋发展综合体　海洋发展战略　蓝色金融示范区　政策保障体系

一、国内外海洋发展趋势与浦东海洋发展进程

（一）国际海洋发展趋势研判

1. 海洋战略地位提升，高度重视海洋深度开发利用

随着社会、经济、人口的高速增长，陆域资源、能源、空间的压力日益加剧，人类已将经济发展的重心逐渐移向资源丰富、地域广袤的海洋世界，21世纪成为人类开发海洋、发展海洋经济的新时代。2001年，联合国正式文件中首次提出“21世纪是海洋世纪”，把海洋发展提到新的战略高度。世界各主要沿海国家相继推出或调整海洋发展战略，将海洋发展推升为国家战略。

2. 海洋经济快速发展，对世界经济贡献显著提升

在新的科学技术和新兴海洋产业的带动下，世界海洋经济迅猛发展，在国民经济中的地位日趋重要。世界海洋经济的快速发展主要表现在以下三个方面：一是海洋经济总量不断提升，海洋产业规模不断扩大。海洋经济在世界经济中的比重，目前已达到10%左右，预计到2050年，这一数值将上升

到20%。二是海洋经济地位不断提高,对国民经济的带动作用不断凸显。以欧洲为例,欧洲临海产业和服务业直接产生的增加值每年约1 100至1 900亿欧元,约占欧盟国民生产总值(GNP)的3%至5%。欧洲地区涉海产业产值占欧盟GNP的40%以上。三是海洋产业门类不断丰富,海洋开发日趋精细化。以高新技术支撑的海洋石油天然气工业、海洋交通运输业和滨海旅游业已经成为当今世界海洋经济的支柱产业。同时,海洋工程装备、海洋新能源、海洋生物医药、海水淡化和综合利用、海洋矿产开发、海洋现代服务业等产业加快涌现和发展,世界海洋经济结构向高级化不断演进。

3. 海洋科技突飞猛进,海洋开发向高精深发展

近年来,海洋科学技术迅速发展,人们对海洋的开发开始从近海转向深海、从浅海走向深海,开发内容也由简单的资源利用向高、精、深加工领域拓展。美、日、英、法等一些世界海洋强国十分重视海洋高科技的发展,相继投入大量资金和人力,进行海洋监测、海洋深潜、海洋生物和海洋勘探等方面技术和装备的研究,海洋科技进步对海洋经济发展的贡献率已超过50%。

4. 海洋生态保护得到高度重视,可持续发展形成共识

人类对海洋的开发利用强度越来越大,对海洋生态环境的影响也越来越深刻。不断爆发的海洋生态灾难和环境事故使得世界各国开始重视海洋生态保护,并倡导可持续的海洋经济发展模式。在全球海洋权益博弈和海洋经济竞争日益激烈的背景下,建立国际海洋合作平台、促进海洋共同开发和生态环境保护,成为推动海洋可持续发展的重要路径。

(二) 国内与上海海洋发展环境分析

1. 海洋强国战略实施,海洋法律法规逐步完善

20世纪90年代以来,我国把开发海洋资源作为国家发展战略的重要内容,把发展海洋经济作为振兴经济的重大措施,对海洋资源开发与环境保护、海洋管理和海洋事业的投入逐步加大。

上海建立了海洋经济发展联席会议的跨部门综合协调制度,以及由市海洋局及各区县海洋管理部门负责海洋综合或专项事务管理,交通、国土资源等行业部门负责具体资源或与项目管理相结合的海洋管理体制。近年来,海洋规划和法规体系建设不断推进,海洋执法管理能力持续增强,海域、海岛资源管理制度不断完善,海洋信息化、海洋知识宣传等公共服务能力进一步提升。

2. 海洋自然条件优越,海洋资源丰富

我国海域辽阔,跨越热带、亚热带和温带,大陆海岸线长达18 000多公里。海洋资源种类繁多,海洋生物、石油天然气、固体矿产、可再生能源、滨海旅游等资源丰富,开发潜力巨大。

上海拥有10 000多平方公里海域面积、26个岛屿和518公里岸线资源(不含无居民岛),有潮间带滩涂、滨海浅滩、港口航

道锚地、滨海旅游、近海海洋生物、海洋可再生资源等类型多样的海洋资源。由于上海强大的经济中心城市地位、先进的制造业基础,上海的海洋资源开发利用强度较高,依托海洋资源开发利用发展起来的海洋交通运输、海洋船舶制造、滨海旅游等产业实力较强。

3. *海洋经济发展迅速,促进海洋产业转型升级*

近 20 年来,沿海地区经济快速发展,对海洋产业的投入力度逐年增加,为海洋经济的持续、稳定、快速发展奠定了基础。2006 到 2013 年,海洋生产总值从 21 592 亿元增长到 54 313 亿元,海洋经济在国民经济中的地位进一步突出。

上海市海洋经济保持稳步发展态势。2013 年,上海市海洋生产总值达 6 306 亿元,占上海市生产总值(21 602 亿元)的 27.7%,是支撑上海经济发展的重要力量;占全国海洋生产总值(54 313 亿元)的 11%,连续多年位居全国沿海地区第三(表 1,图 1)。上海市海洋产业已形成以海洋船舶工业、海洋工程装备制造业、海洋工程建筑业、海洋交通运输业、滨海旅游业为主体的海洋产业体系。其中滨海旅游业、海洋交通运输业、海洋船舶工业三大海洋支柱产业快速发展。以洋山深水港和长江口深水航道为核心,以临港新城、崇明三岛为依托,与江浙两翼共同发展的“一带、三圈、七片”的区域海洋经济大格局基本形成。

表 1 2006 年—2013 年沿海地区海洋生产总值 (单位: 亿元)

年份	2006	2007	2008	2009	2010	2011	2012	2013
全国	21 592.4	25 618.7	29 718	32 277.6	39 572.7	45 496	50 045.2	54 313.2
广东	4 113.9	4 532.7	5 825.5	6 661	8 253.7	9 191.1	10 506.6	11 283.6
山东	3 679.3	4 477.8	5 346.3	5 820	7 074.5	8 029	8 972.1	9 696.2
上海	3 988.2	4 321.4	4 792.5	4 204.5	5 224.5	5 618.5	5 946.3	6 305.7
浙江	1 856.5	2 244.4	2 677	3 392.6	3 883.5	4 536.8	4 947.5	5 257.9
福建	1 743.1	2 290.3	2 688.2	3 202.9	3 682.9	4 284	4 482.8	5 028
江苏	1 287	1 873.5	2 114.5	2 717.4	3 550.9	4 253.1	4 722.9	4 921.2
天津	1 369	1 601	1 888.7	2 158.1	3 021.5	3 519.3	3 939.2	4 554.1
辽宁	1 478.9	1 759.8	2 074.4	2 281.2	2 619.6	3 345.5	3 391.7	3 741.9
河北	1 092.1	1 232.9	1 396.6	922.9	1 152.9	1 451.4	1 622	1 741.8
广西	300.7	343.5	398.4	443.8	548.7	613.8	761	899.4
海南	311.6	371.1	429.6	473.3	560	653.5	752.9	883.5

4. *海洋科技不断创新,助推海洋新兴产业发展*

近年来,海洋技术创新不断取得新突破,科技兴海工作突飞猛进,一批海洋新技术新产品进入市场,有力助推了海洋战略性新兴产业发展。海洋科技对经济发展的贡

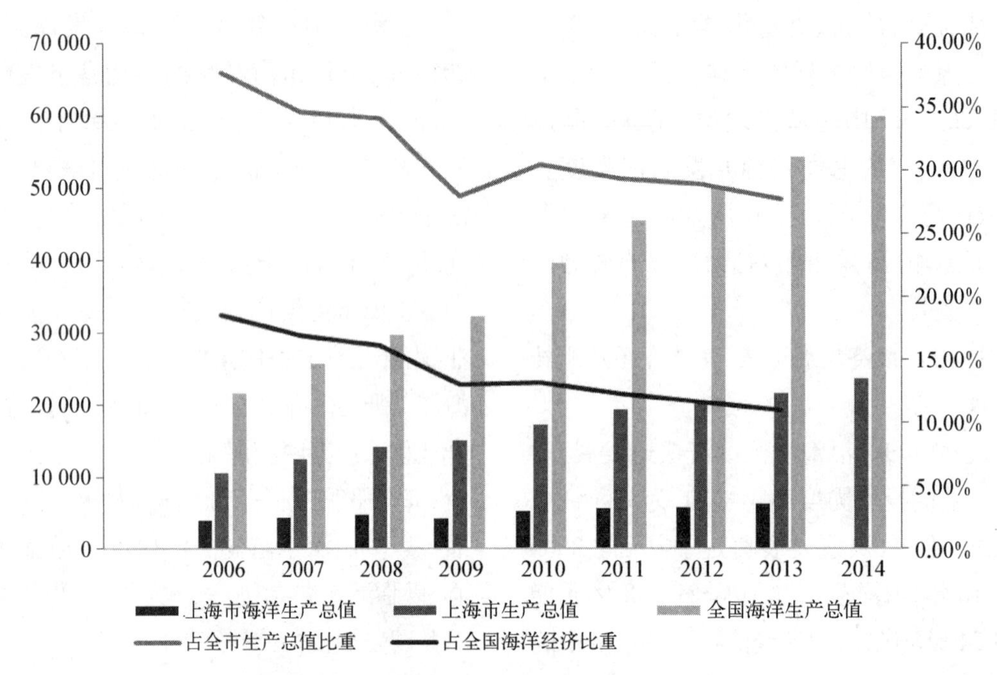

图 1 上海市海洋生产总值发展及在全市、全国的地位(单位：亿元)

献率进一步提升,传统产业转型升级步伐加快,战略性新兴产业不断壮大。

上海市拥有大量海洋科研机构,科研资源集中,研究领域广泛,研究力量较强。近年来,在海底观测、深海钻探、海上风电、液化天然气船等高端船舶、水下运载器和机器人等海洋高新技术领域,科技研究取得重大进展,在深海钻探和深海大洋基础研究等方面居于国际领先地位,海洋科技对上海海洋经济的贡献率持续提升。

5. *海洋科研人才汇聚,海洋意识逐步增强*

我国拥有大量海洋科研机构,培养了大批海洋科技人才,研发了众多海洋科技产品。通过一系列法律法规宣传,国民海洋意识增强。

上海是我国海洋科研力量集聚地之一,海洋教育和科技研究学科门类齐全,拥有丰富的海洋科技人才资源,在海洋基础研究、海洋船舶和海洋工程装备、海洋工程技术、河口海岸、深海钻探、大洋极地等领域具有较强的科技研发力量,在科研管理、科技攻关、技术集成、技术服务等方面具有优势能力,并且每年培养出大批海洋专业人才,为发展海洋经济提供优秀人才资源。

(三) 浦东海洋发展特点与条件

1. *浦东海洋发展现状与特点*

浦东开发开放 20 多年,1990 年浦东新区生产总值仅 60 亿元,2013 年达到 6 448.68 亿元,按现价计算,经济总量较 1990 年扩大了 100 多倍,增长速度保持在 10%以上(见图 2)。2013 年浦东新区生产总值 6 448.68 亿元,占上海市生产总值的 27.42%,是支撑上海经济发展的重要力量(见图 2);占长三角海洋生产总值的 37.19%,一直保持长三角海洋经济的龙头地位。从全国看,浦东的经济总量已经可以排在 31 个省市的第 26 位,在国内 100 个大中城市中排在第 12 位。在沿海地区(10 个省直辖市)的第 8 位,在全国 52 个沿海城市中排在第 7 位。

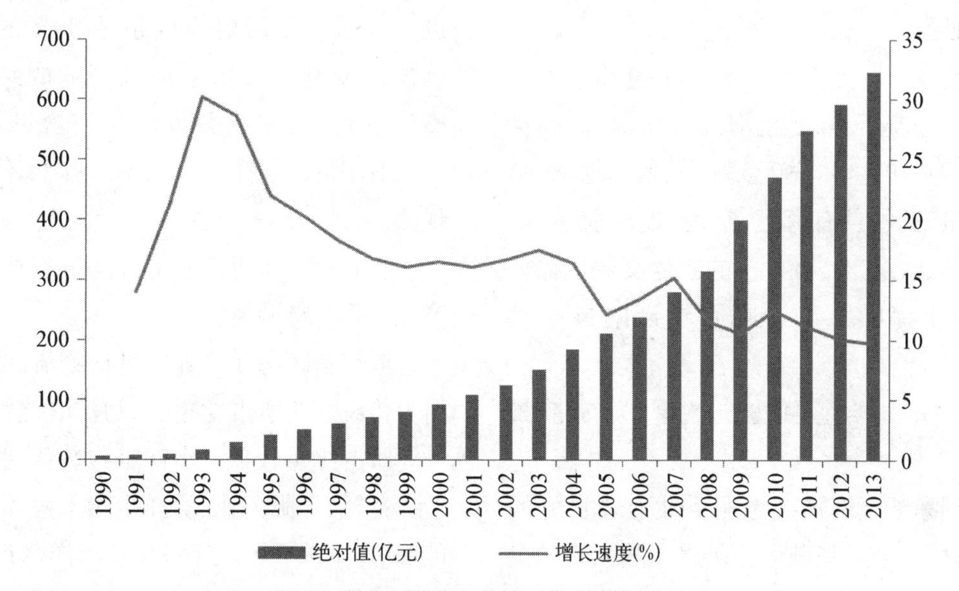

图 2 浦东新区历年生产总值及增长速度

浦东新区海洋经济发展的特点体现在:一是海洋产业经济总量较大,产业基础较好。经过多年发展,浦东新区基本形成了以船舶制造、交通运输和滨海旅游为主导,包括海洋工程装备、海洋新能源、海洋渔业、海洋信息服务、海洋生物医药等门类齐全的海洋产业体系,以港口为核心、以临港新城和自贸试验区为依托的临海产业带。海洋工程装备在全国处于领先地位,产业规模较大,产业门类相对较全,在国内技术水平相对领先。海洋新兴产业发展初具规模,以"彩虹鱼"为代表的深海探测取得突破性进展,引领海洋科技创新中心建设,推动海洋新兴产业发展。二是海洋科技力量雄厚,对海洋经济发展的贡献度不断提高。浦东新区积聚了上海海洋大学、上海海事大学、中国极地研究中心、上海海洋科技研究中心等多所海洋科研院所,吸引了大量的海洋专业人才和领军人才。由交通部和上海市政府投资 2.7 亿元建设的上海海事大学 4.8 万吨远洋船"育明"轮出海,是世界上最大、最先进的远洋教学实习船;上海临港海洋高新技术产业化基地于 2011 年被国家海洋局授予全国首家"国家科技兴海产业示范基地"。

2. 浦东海洋发展优势

(1) 国家战略政策效应叠加,提升浦东海洋发展能级

"海洋强国战略"的实施,上海自贸区的建设,推进了浦东海洋经济的发展。上海科

创中心的建设,助推了浦东海洋科技的发展,促进浦东、上海在全国海洋科技新格局中发挥引领作用,成为全国的“龙头”和“引擎”。长江经济带、丝绸之路经济带、海上丝绸之路的国家战略,将强化浦东集散海洋发展要素的功能,并提升浦东国际化的金融、商务及物流服务能级。

(2) 区位优势突出,发展海洋经济条件得天独厚

浦东新区处在长江黄金水道和东海岸线的中心交汇点,是上海通往东海、面向世界的门户和主要的航运、能源、信息通道,坐拥三港三区,具有海运、空运、内河航运、高速公路、铁路“五龙汇聚”的立体交通运输体系,是上海国际航运中心建设的核心功能区。

(3) 海洋金融基础雄厚,发展前景较好

浦东新区海洋金融服务业有着良好的发展环境,金融基础十分雄厚。陆家嘴的金融贸易区聚集了大量金融机构,新华社金融信息平台、环球银行金融电信协会、注册金融分析师协会等都陆续在浦东建立上海总部或者办公室,同时还相继设立金融服务局和海洋局,为海洋产业、金融服务的发展提供良好的平台。

(4) 海洋事业基础较好,海洋意识较强

浦东新区自2005年起已连续承办过六届由国家海洋局和上海市政府等部门共同主办的“上海海洋论坛”;上海海洋大学附属大团高级中学是上海首家海洋科普教育基地,先后被国家海洋局授予“全国海洋意识教育基地”、“全国海洋科普教育基地”。

3. 浦东海洋发展劣势

(1) 岸线资源结构调整不到位,有待进一步优化

浦东新区的海洋资源虽然在上海独具优势,但与周边区域相比却并不丰富,全区深水岸线、可供开发利用的岸线和海域进一步减少。目前全区超过80%的岸线已被开发利用。由于岸线产业的结构调整尚不到位,岸线开发的科技含量不高,岸线使用存在着多占少用、占而不用的现象。

(2) 海洋高新产业所占比重不够,海洋产业结构有待调整

浦东新区海洋产业中港口物流、滨海旅游等传统产业所占比重大,海洋战略性新兴产业所占比重较低。海洋工程装备、船舶工业、海洋信息服务业、海洋生物工程、海洋新能源、海水淡化和综合利用、海洋水产品精深加工等高新技术产业和海洋新兴产业规模较小,没有形成产业链,有待进一步发展,海洋产业结构有待进一步优化。

(3) 海洋环境治理承载压力高,需要进一步加强

沿海有白龙港污水处理厂和老港污水处理厂两大排污口,杭州湾海域和临港新城临近海域为严重污染海域。浦东新区所涉及的长江口生态监控区生态系统处于亚健康状态,杭州湾生态监控区的生态系统处于不健康状态。海洋环境监视、监测有待加强,海洋环境质量有待改善。

二、浦东新区海洋发展总体思路、目标与战略

(一) 总体思路

浦东新区海洋发展要服务于国家“海洋强国”、“海上丝绸之路”、中国(上海)自由贸易试验区建设的战略部署,在国家全面深化改革、全面建成小康社会总体框架下,紧紧围绕习总书记“四个转变”要求,贯彻落实“创新、协调、绿色、开放、共享”五大发展理念;围绕上海“四个中心”、加快建设具有全球影响力的科技创新中心以及全球城市建设的发展目标与功能定位;立足浦东新区海洋发展现状特点,充分发挥浦东新区先行先试的改革红利优势,处于沿海开发开放前沿的区位优势,资本市场发达的金融优势,以及海洋发展良好的基础优势,以创新发展激发浦东海洋活力,以协调发展优化浦东海洋结构,以绿色发展引领浦东海洋方向,以开放发展拓展浦东海洋资源,以共享发展保障浦东海洋公平,积极构建“政产学研用金”海洋发展综合体新模式、新业态、新平台,将浦东新区建成海陆联动的示范区,海洋经济的引领区,海洋科技的新引擎,海洋环境的标杆区,海洋管理的创新区等。

(二) 发展目标

浦东新区海洋发展战略纲要应把握好中央全面深化改革和全面建成小康社会的战略要求,把握好中央对上海“四个中心”和社会主义国际化大都市建设以及加快向具有全球影响力的科技创新中心进军的具体目标,把握好“聚焦、错位、合作”和“四个转变”的海洋发展要求。基于此考虑,浦东新区海洋发展的远景目标是:服务国家海洋强国战略,抢占全球海洋发展高地,建设成为具有全球影响力和竞争力的海洋资源配置中心之一,形成海洋经济发达、海洋科技创新活跃、海洋生态环境和谐的海洋强区。具体分三步走:

2020年,浦东新区海洋产业增加值达1 820至2 370亿元[①];海洋经济年均增长8%以上,继续保持全国领先;稳步向“全国海洋科技创新中心”迈进,海洋科技创新能力不断加强,海洋科技对海洋经济的贡献率达到70%;海洋环境和生态系统基本实现良性循环,近岸海域环境质量进一步改善,功能区水质达标率达到80%以上,陆源污染物入海量比2015年减少15%以上;海洋综合管理与公共服务能力和水平稳步提升,接近发达国家水平。

① 情景分析1:按新区综合海洋交通运输业、海洋船舶业和滨海旅游等海洋主导产业占新区生产总值的10%推算,浦东海洋产业增加值2020年为1 820亿元,2025年为2 600亿元,2030年为3 680亿元;情景分析2:按照浦东新区海洋产业占上海市海洋产业的25%推算,浦东新区的海洋产业增加值2020年为2 370亿元,2025年为3 200亿元,2030年为4 240亿元。

2025 年,浦东新区的海洋产业增加值达 2 600 至 3 200 亿元;海洋科技对海洋经济的贡献率达到 80%,功能区水质达标率达到 85%。随着海洋油气业对本区的财政贡献显著增强,海洋生物医药、海水综合利用、海洋电力业等新兴海洋产业发展壮大,远洋渔业实现跨越发展。新区建成国际智能制造中心;形成具有较强国际竞争力的现代海洋产业集群,成为蓝色经济总部和国际海洋组织的重要集聚区;基本建成具有全球影响力的海洋科技创新中心;基本形成生态环境友好的海洋生态环境保护体系;海洋综合管理与公共服务能力和水平大幅提升,基本达到发达国家水平。

2030 年,浦东新区海洋产业增加值达 3 680至 4 240 亿元;海洋科技对海洋经济的贡献率达到 90%,功能区水质达标率达到 90%。在全球海洋经济文化网络和资源配置中发挥核心主导作用,形成综合实力最强的世界海洋经济和科技创新中心;海洋生态环境保护体系更加完善;海洋综合管理与公共服务能力和水平快速提升,达到发达国家水平。

(三) 发展战略

1. 聚焦战略:聚焦重大项目、重点领域

浦东新区应以发展海洋工程装备、深海探测和海底观测为重点,争取在国家深海大洋领域先行先试。同时,建立多渠道的项目、政策扶持机制,拓展与国家科技部、国家海洋局等部委在海洋资源利用、海洋生物医药、海水淡化与综合利用、海洋交通运输等方面的合作,积极争取国家重大海洋专项落户新区。支持临港海洋高新技术产业化基地建设"四大平台",具体包括:"政产学研用金"综合体发展平台、海洋科技信息综合服务平台、海洋技术产业标准认证平台、海洋科技成果展示交易平台,为海洋科技创新提供支撑。

2. 联动战略:区域合作、协调发展

浦东新区的海岸带资源十分有限,却拥有优越的区位优势以及雄厚的海洋科技实力及经济基础。如何利用区外资源,加强与宝山区、奉贤区及舟山的分工合作和联动发展,取长补短,优势互补,互促共赢,是新区实现海洋经济跨越式发展的关键。海洋科技资源共享,技术联合攻关,创建开放性区域海洋科技网络,创建开放性的海洋科技创新服务平台。鼓励和支持涉海高等院校、科研机构、企业深化产学研合作,围绕关键、共性技术开展联合攻关;联合开办海洋专业人才培训班;共同举办各种形式的海洋科技论坛,加强区域间海洋人才和海洋学术交流。

3. 创新战略:推进制度、科技和管理创新

制度创新是基础。要准确把握有关政策的基调和协调有关部门的行为,积极探讨海洋经济发展新模式,如赋予海岸地带更多开发发展的自主权和先行先试的权利。科技创新是源泉。要进行科技投融资体系的创新,建立和完善以企业自筹、金融部门支持为主,引入社会风险资金的海洋科技投入的多元化融资渠道;要进行科技人才培养机制的创新,在工作中加大对海洋科技人员的

培训教育力度，加强与国际机构的合作培养；要整合科技资源，加快构筑新区的海洋科技资源公共平台，建立浦东海洋发展研究院，定期举办“海洋科技发展论坛”。管理创新是关键。要完善管理体制，发挥“沟通信息、加强合作、协调政策、提供服务”的职能；制定切实可行的奖励政策，加大对海洋技术创新人员的奖励力度。

4. 开放战略：构建开放型海洋发展新体系

浦东新区海洋的发展要从上海市对其发展的定位和要求中来谋划，不断提高利用国际国内两个市场、两种资源的水平。在海洋领域内，积极探索船舶工程、海洋生物医药、滨海旅游、深海探测器、游艇产业等开放的新模式，不断扩大合作交流空间，吸引更多的先进生产要素，构建开放型海洋发展新体系。充分发挥新区的区位优势，积极推进与舟山市、上海市其他区县的合作，利用中国(上海)自由贸易试验区的先行先试政策，进一步吸引物流、信息流、资金流等要素资源向新区集聚，形成海洋经济新增长点；鼓励海西工程、振华重工、“彩虹鱼”等有条件的企业扩大对外投资，不断加快参与经济全球化的进程。

三、浦东新区海洋发展的重点任务

(一) 浦东新区海洋经济的重点任务

1. 推动浦东“海洋智造”发展，引领产业供给侧结构改革

以前沿引领、跨界创新、重点攻坚为原则，坚持多点结合、统筹推进，把浦东新区打造成为辐射带动长三角、服务我国制造业供给能级提升，并在全球具备一定影响力的国际智能制造中心，支撑和带动浦东海洋经济的质量和效率，进而增强上海在亚洲以及全球海洋产业发展中影响力和话语权。

一是推动传统海洋制造智能化改造。建设一批智能工厂，开展装备智能化升级、工艺流程改造、基础数据共享等试点应用；加强智能制造产业间合作，鼓励跨国公司、海外机构等在浦东设立智能制造研发平台、培训中心，建设智能制造示范工厂。二是实现智能制造资源配置、联合研发、技术转移、成果转化机制。加强智能制造产业间合作，鼓励跨国公司、海外机构等在浦东设立智能制造研发平台、培训中心，建设智能制造示范工厂，同时支持推动本地区符合条件的制造企业拓展国际市场，并购具有研发实力、核心技术的智能制造企业，形成智能制造研究创新全球网络。同时依托自由贸易试验区制度创新，鼓励制造企业开展跨境研发，打造全球智能制造技术集聚、交易、扩散、推广平台。

2. 推动“海洋现代服务中心”建设，提升海洋服务跨地区辐射能力

抓住中国(上海)自由贸易试验区建设的机遇，以高端航运商务、科技创智、海洋文

化旅游、都市休闲、会展等功能为主体,推动先行先试,促进机构集聚、辐射能力提升,打造成国际级海洋高端现代服务业集聚区,成为上海蓝色经济加速器和辐射长三角的经济建设新引擎,最终具有跨地区影响力的世界级海洋现代服务业中心。

一是要加大航运服务业功能性项目的突破力度。提升国际中转集拼功能,拓展国际船舶登记业务,深化和放大试点效应。加快集聚全球知名航运组织等功能性机构和重点航运企业,提升航运服务业能级。二是加快发展海洋金融业。充分利用陆家嘴金融优势,发挥陆家嘴众多金融、保险企业和机构在航运领域的作用,建立促进金融界和航运业沟通交流的综合平台,扩大陆家嘴航运金融服务的规模,创造新的金融品种吸引全球航运企业参与,扶持国内航运业发展,将陆家嘴地区自然环境、商务空间、楼宇条件、交通设施、服务配套等有效结合,打造陆家嘴全球性航运金融服务业;依托自贸区,在临港和外高桥集聚航运物流业,并延伸发展以航运物流为依存的相关产业,提升国际中转物流服务水平,解决造成国际中转比例偏低的航运软硬件矛盾,降低成本,提高效率。三是海洋旅游业的发展提速。海洋旅游是未来经济的重要增长极,将带动大型乘客集散中心、大型购物中心、娱乐餐饮、酒店、别墅区等旅游综合体的开发,浦东新区要整合现有的滨海旅游资源,如三甲港滨海旅游度假区、滨海森林公园度假区、中国航海博物馆、滴水湖、洋山深水港、南汇东滩湿地等,打造浦东海洋旅游品牌;加快极地海洋世界、远洋深水渔港等项目建设;推动邮轮游艇产业发展,开辟海上旅游新线路;构建集海洋文化、海洋观光路线、邮轮游艇及滨海旅游度假区等于一体的大规模综合性海洋旅游体系。

3. 打造"浦东蓝色金融示范区",为企业提供低成本、高效率、个性化的金融支持

以建设"蓝色金融示范区"为统领,以适度放松监管、鼓励金融创新为先导,针对海洋经济特点,大力推动金融机构创新、金融市场创新、金融产品创新及融资平台创新,挖掘政策金融、商业金融和民间金融的潜力,着力金融机构和金融市场建设,形成蓝色经济金融高地,为区内各类型企业提供低成本、高效率、个性化的综合金融服务,重点扶持区域内大型产业项目和高新技术成果的转化。

一是加快组建服务海洋经济发展的投融资平台。按照政企分开、产权清晰、权责明确、管理规范的要求,采取新设或整合现有政府类平台公司的方式,加快组建主体多元化的投融资平台公司。二是供给"蓝色金融"产品。鼓励现有金融机构设立以服务海洋经济为主营业务的分支机构或子公司,培育专业化金融机构,以资本为纽带,整合这些分支机构、子公司和金融机构,组建服务海洋经济发展的大型金融集团。鼓励区内金融机构根据浦东金融需求特点,为企业发展提供量身打造、优质高效的融资产品,尤其是符合海洋产业发展需求的"蓝色金融"产品。

（二）浦东新区海洋科技的重点任务

1. 对接上海市科创中心建设，加强重点海洋科技攻关

积极对接中央对上海“四个中心”和社会主义国际化大都市建设，以及加快向具有全球影响力的科技创新中心进军的具体目标。新区要加大海洋科技投入力度，加强海洋产业高新技术研究，支持开展多种形式应用研究和实验发展活动。瞄准世界海洋科技前沿，推进高技术海洋工程装备、高技术船舶、海洋油气开采装备、海洋新能源、海洋生物医药、远洋渔业资源开发等关键技术研究，形成一批具有自主知识产权和技术领先的海洋技术创新突破和成果，加快带动相关上下游产业链企业的集聚和发展。围绕“智慧城区”和“宜居城区”的建设需要，加强海洋管理和公共服务技术研究，聚焦海洋生态环境保护、海洋资源优化配置、海洋信息化等领域，开展海洋环境容量、海洋生态红线、生态系统修复、海域空间资源利用等关键技术研究。

2. 推动海洋科技成果转化，构建“政产学研用金”综合体

依托临港等海洋高新技术产业化基地，加快建设一批海洋科技创业园、海洋孵化器，培育孵化海洋高新技术企业及专业技术型服务企业。鼓励科研机构和科技人员采取技术转让、成果入股、技术承包、创办技术开发实体和科工贸企业等形式，推动海洋科技成果转化。一是加快浦东新区海洋科技资源整合。以重大科技攻关项目为纽带，建设“政、产、学、研、用、金”的海洋科技综合体或协同创新战略联盟。推进上海市海洋科技研究中心的建设和发展，拓展海洋科技研究领域，推进海洋技术创新平台、重点实验室和工程技术中心的建设。

二是深化产学研合作机制，加快科技成果向生产的转化。以上海海事大学、上海海洋大学海洋科学研究院和上海海洋科技研究中心为依托，联合上海市其他区的高校、摩西海洋工程研究中心、振华重工等企业，进行项目研究，通过建立大学与科研机构、企业的合作机制及连接转换机制，使科研成果尽快实现产业化和商业利益。浦东新区政府有关部门应把加强成果转化环节作为重点，建立成果工程化和中试专项基金，对该环节进行补助。对财政资助的技术成果，应将其转让或应用后所获收益的大部分留给持有成果的单位和发明人。此外，要加大海洋知识产权保护力度，发展海洋知识产权代理、法律、信息、咨询、培训等服务，加快海洋科技信息服务网络建设，优化海洋科技创新环境。

3. 完善信息化建设，实现互联互通

搭建互联互通、信息共享的海洋网络体系。在浦东新区海洋局设立一个上联上海市海洋局和国家海洋局的网络枢纽，组建局域海洋专网，通过互联网实现互联互通，支撑各海洋业务应用的对端服务。以海洋应用集成、海洋数据交换、海洋网络互联为主攻方向，涵盖信息化基础设施建设，海洋网络枢纽建设，海洋数据中心建设，海洋公共信息平台建设，海洋应用系统建设及其集成等方面，形成以广阔平台为载体、数据中心

为基础、应用平台为核心的海洋信息化框架体系。

(三)浦东新区海洋环境保护的重点任务

1. 加强治理海洋环境,减少陆源入海污染排放

一是以污染源控制为重点,加强入海污染物的防控。坚持海陆统筹、区域联动,以源头控制和总量控制为原则,以全面改善水环境质量为核心,进一步提高浦东新区污水收集和处理能力。重点加强对浦东新区污水处理厂、垃圾处理场、工业园区以及钢铁、水泥、化工、石化、有色金属冶炼等五大行业重点企业等污染源的监管,同时利用先进技术,推进污水处理厂、垃圾处理场的改造升级,提高污水处理厂和垃圾处理场的处理效率和规模,加强产业园区和五大行业重点企业的排污监测和管理,完善园区环境保护基础设施建设,推进五大行业重点企业清洁生产技术改造,鼓励企业使用先进的污水处理技术,实现园区与企业污水稳定达标排放。

二是以环保科技创新为依托,提高入海污染物处理能级。根据国家创新发展要求,依托浦东丰富的科技资源,发展环保技术创新,鼓励企业使用先进环保技术,推进污水处理厂污水入海深排技术和湿地生态污水处理技术的开发使用,鼓励垃圾处理场利用先进的填埋气体发电、焚烧发电等技术进行垃圾处理,设立环保标杆企业,向重点排污企业推广污水零排放技术,提高入海污染物处理能级,把浦东新区打造为引领上海乃至全国的海洋环保标杆区。

2. 推进综合整治,确保海洋生态环境安全

一是加强协同综合整治。建立各级海洋与渔业部门、交通海事部门和环保部门等多部门联合执法机制,加强对红线区内重点区域和重点项目的海洋环境保护专项执法,严厉打击涉海工程项目建设、海洋倾废和涉及海洋保护区及海洋生态系统的环境违法行为。二是加大技术支持力度,提升海洋综合能力。加大海洋环保科研支持,充分发挥海洋科研机构、高等院校等海洋科研力量作用,加强在海洋环保、海洋生态方面的研究合作与技术交流,重点开展长江口地区、黄浦江地区的海洋环境问题研究合作,着重组织研究和解决海域环境容量与环境质量调控技术、典型生态功能区退化机理与受损生态系统修复技术等海洋环境关键性、基础性科学问题,提升海洋综合管理的业务能力。

3. 积极探索建立海洋生态红线制度

一是全面深化制度改革,积极探索建立海洋生态红线制度。研究建立海洋生态功能区划制度,在重要海洋生态功能区、生态敏感区和生态脆弱区划定为海洋生态红线,严格实施重点管控和分类管控。研究海洋生态红线划定技术,细化海洋生态红线监管措施,推进生态红线制度试点。完善海洋环境行政审批标准和环评制度,强化海洋工程监督,规范行政许可管理。对生态脆弱和敏感区域、海洋资源超载区域实施海洋工作区域限批。加强对生态红线区生物多样性、独

特地质地貌的保护。同时坚持区域修复整治的路子,开展对重要岸线、重要河口、滨海湿地的整治修复。二是推进海洋生态文明示范区建设,探索建立海洋生态补偿机制。推动建立国家和市两级海洋生态文明示范区,加强示范区建设的资金、政策和技术支持。组织新建国家级海洋保护区,健全保护区网络体系。健全海洋生态损害赔偿制度,建立对重点海洋生态功能区的补偿机制。实行陆海统筹、污染溯源,明确责任主体。建立海洋生态补偿的综合管理机构,完善监督管理体系。完善损害评估机制。确定海洋生态资源损害补偿主要用于海洋生态环境修复、保护和管理。建立统一的生态补偿基金,实现生态补偿的稳定支出。加大对污染海洋环境和违法开发利用海洋资源的处罚力度,保障所得资金能够悉数用于海洋生态补偿。

(四) 浦东新区海洋综合管理的重点任务

1. 强化预警机制,构筑海洋安全体系

一是建立海岸带管理、污染物排放控制、海洋灾害防范防治监督机制,构建"人防、物防、技防"一体化海洋发展安全防控体系。完善海岸带经济科技发展和海洋环境资源信息管理系统,保障海洋资源安全。制定浦东新区海洋安全总体规划,实施海洋安全管理。严格执行海洋功能区划,确保科学用海;严把审核审批关,全面落实海域有偿使用制度,合理确定海域使用金征收标准,保障海域使用安全。缓解与控制近岸海域陆源污染和生态破坏程度,要加强排污总量控制,加大企业排污成本,鼓励清洁生产,强化舆论监督,建立海洋环保责任制度,保障海洋环境安全。努力恢复近海海洋生态功能,实现浦东海洋生态安全。二是完善突发事件管理。建立健全分类管理、分级负责、条块结合、属地管理为主的海洋应急管理体制。完善海洋应急处置流程和信息发布机制。完善海洋突发事件应急预案,建立多部门应急联动机制,定期组织开展应急管理专题培训和应急演练。

2. 完善管理体制,提升管理能力

一是尽快完善管理体制。沪审改办发[2015]75 号文件明确 8 项行政审批事项下放浦东新区,新区海洋局在厘清区海洋管理部门的职能职责的基础上,完善管理体制,充分发挥区县海洋机构在海域使用、海洋环保、海洋规划、海洋执法等方面的基层基础支撑作用。逐步加强海洋综合管理和海洋管理队伍建设,开展人员培训工作,边学习边探索边实践;加大海洋管理装备投入,做好执法艇的维护管理,积极参与市海监总队、渔政等部门组织的海洋巡航执法活动,确保新区海域用海有序、通信和能源安全;加大全区海域巡查力度,建立定期巡检制度。

二是加强规范性文件制度建设。在对市区二级海洋行政管理部门事权进行界定和下放事项基本对接的基础上,抓紧相关规范性文件的编制工作,争取出台有关行政审批、论证评审、海域使用金征收管理等方面的管理办法,并颁布实施。

3. *形成海域动态监测,实现“互联网+公共服务”*

一是逐步形成区级海域动态监视监测能力。按照国家海洋局《关于全面推进海域动态监视监测工作的意见》的要求,上海市海洋局2015年起启动了上海市区县海域动管系统项目建设。新区海洋局高度重视,配合和支持市海洋局开展项目建设,努力满足国家关于监管业务机构建设、人员配备、办公场所及机房方面的硬性指标,在5个区县节点建成示范性节点。在海域动管系统建成以后,新区将把海域动态监测监视纳入日常工作。

二是依托海洋信息系统,推进信息化建设。实现海洋信息智能化应用与科学和经济活动密切融合,加快推进“智能港城”、东海立体监测业务系统、同济大学国家重点实验室暨海洋地质海底观测基地等项目,加快推进面向防灾减灾、环境保护、国防建设和科技教育等领域的公益性信息服务,推动面向海洋开发、海洋工程的商业信息服务,促进海洋信息服务业发展壮大。

三是实现“互联网+公共服务”。在海洋物联网技术推广应用,实现海洋全方位观测和数据采集的基础上,进行电子航海及电子港口系统的开发;逐步实现水下、民船、移动平台检测,逐步普及海洋通信系统、导航系统和应急救援系统;提供防灾减灾、环境保护、国防建议和科技教育等领域的公益性信息服务等。

四、浦东新区海洋发展的战略举措

(一)浦东新区海洋经济战略举措

1. *调整海洋产业结构,加速结构升级*

巩固提升浦东新区海洋船舶制造、海洋工程装备制造等传统优势产业。大力发展海洋生物医药、海洋新能源装备、海洋新材料、海水淡化设备、水下机器人、潜水器等。积极培育现代航运服务、海洋金融服务、科技服务、信息服务、检验检测服务等海洋现代服务业,配合上海航运交易所组建全国航交所联盟建设,进一步集聚和发展商业银行航运融资服务机构、资金结算中心、航运产业基金等金融机构。做大做强滨海旅游业、游艇产业。加快推进海洋渔业转型升级控制近海捕捞,促进近海种源渔业发展,由“和顺渔”牵头组建远洋捕捞船队,与舟山合作建设远洋捕捞基地,打造一个系统化、规范化的远洋渔业生产链。

与此同时,针对新区海洋三次产业比重失衡的现状,新区在未来5至10年应依靠科技进步,加快建设“海洋智造”新高地,将海洋造船业、海洋旅游业、海洋油气业、海洋水产业、海洋药业培育成为新区新的支柱产业。积极运用新技术和新成果,充分发挥海洋高新技术对海洋传统产业的强渗透能力,加快传统产业的升级换代和推陈出新,提升传统产业的竞争力,促进传统海洋产业向高技术化方向发展。此外，政府应在资金投入、税收优惠、科技协作、产业政策导向等方面提供有力支持，着力建设一批海洋产业区和新兴海洋产业项目，促进海洋产业集中度和竞争力的全面提升，增强海洋产业的可持续发展能力，形成特色鲜明、辐射面广、竞争力强的新兴海洋产业聚集区和产业集群。

2. 加强综合开发管理，优化海洋产业空间布局

加强海洋经济的整体规划和综合开发管理，优化海洋产业空间布局，是促进海洋经济持续发展的重要举措。针对浦东新区海洋产业结构不平衡、空间布局不尽合理、区域联动性不强的现状，结合浦东新区海洋发展的远景目标，考虑到新区的资源、产业、区位条件，新区未来海洋经济的发展应以临港为核心，培育沿海地带及与之平行的陆地地带，实现“彼此呼应、联动发展”的新跨越。

加快培育特色明显、优势互补、集聚度高的“一核两带”的海洋产业功能布局，引导新区内海洋经济错位竞争互补合作。“一核”即临港海洋产业发展核，抓好芦潮港远洋深水渔港建设，利用世界最先进的低温保鲜技术发展远洋水产品的仓储、精深加工和展示交易。大力发展海洋工程装备制造业、船舶配套产业和游艇装备制造业。依托上海电气等企业，发展海水淡化和综合利用设备制造和技术研发，在临港建立大型海水淡化产业装备制造基地。推动临港海洋高新技术产业化基地建设，促进海洋科技资源集聚、研发孵化和成果转化。“两带”为沿海地带和与之平行陆地地带，重点布局海洋企业，从而促进各类海洋产业集群向区内聚集，与上海市其他区县及南通、嘉兴、杭州、舟山、宁波等城市共同联手打造长三角滨江沿海巨型产业带。

3. 构建海洋新兴产业发展平台，实现“互联网＋”时代的资源跨界高效配置

以海洋科技创新为核心的海洋新兴产业，未来将成为浦东海洋经济优化升级的重要着力点，要紧跟“互联网＋”时代的主题，构建有利于科研协同创新、数据多方共享、创业生态建设的新兴产业协同发展平台，为相关企业提供全方位和全过程的支持服务，发挥平台经济优势不断提高资源跨界配置效率。

一是打造专业特色平台，拓宽平台经济的发展空间。面向新兴信息服务发展需求，推动金融信息平台、地理信息平台、电子商务平台、社交网络平台等的发展，加快推动各高端服务领域与信息技术服务、互联网服务的融合创新，充分整合各类信息资源，探索开发新型商业模式，推动建立多层次、多元化的平台服务体系。二是培育龙头企业，延伸产业链。面向工业智能化转型升级与产业集聚基地打造的需求，支持龙头产业与支柱产业，打造交易与服务平台，加速对产业上下游环节和企业的整合，打造产业价值链条。三是会展经济的发展升级。会展经济涉及的行业多，集聚效应明显，为海洋经济发展提供高效的科技、金融、采购和销售等信息服务，提升海洋产业的信息化、现代化水平。

4. 加强与自贸区联动发展，提升海洋经济开放水平

一是充分利用中国(上海)自由贸易试

验区改革开放和政策红利,适时修订和调整外商投资准入特别管理措施。在渔业、海洋石油和海底天然气水合物勘探开发、海砂开采、海洋工程装备设计、船舶制造和设计修理、游艇制造、国际海上运输、国际船舶代理、外轮理货等海洋制造业和服务业领域扩大开放。二是加大政策聚焦、扶持和服务力度。积极吸引国际船舶运输、海洋工程装备、船舶制造、海洋生物医药、海洋新能源、海洋金融服务、融资租赁等跨国公司地区总部和央企总部集聚,积极争取国际海上人命救助联盟亚太中心、亚洲船级社协会常设秘书处、上海船员评估示范中心、国家集装箱运价备案中心、新华国际航运研究院等国际机构和功能性平台落户,支持境外国际邮轮公司在沪注册设立经营性机构,进一步营造国际化、法治化和市场化的营商环境。三是鼓励新区有条件的涉海企业加快“走出去”。通过境外投资、兼并收购、合作开发、跨境经营等方式,参与国际海洋产业竞争合作和全球海洋事务治理,不断扩大上海海洋在国际上的影响力。

(二) 浦东新区海洋科技发展战略举措

1. 搭建海洋科技开放型网络创新平台,促进海洋企业协同创新

一是加强区域内外合作和分工,完善临港高新基地信息发布平台。通过企业信息发布平台,及时公布政府和企业的技术需求信息,正确引导企业研发方向;鼓励企业之间进行合作研发和资源共享,打破涉海企业间的信息壁垒,通过优势互补,推进浦东新区整体海洋科技发展;推动区内相关园区、企业、科研院所与青岛国家深海基地、无锡702所(研发蛟龙号深潜器的主力单位之一)等深海方面科研机构合作。积极开展与日本、美国、俄罗斯、法国等在深海工程装备方面国际领先国家的交流和战略合作,引进国外深海高新技术和产业项目。

二是构建开放型研发平台,完善合作机制。整合高校(上海海洋大学、上海海事大学等)、研究院(同济大学海洋与地质国家实验室、上海海洋科技研究中心、上海海事大学海洋材料科学与工程研究院、上海海洋大学海洋科学研究院、上海大学无人艇工程研究院等)和ROV、彩虹鱼、海西工程等骨干企业的研发资源,搭建行业研发中心、信息查询平台、专业检测机构、产业培训、产品测试等公共服务平台,设立共性技术开发平台。实现资源共享、优势互补、扬长避短、共赢发展,既能实现资源配置的最优化,又能有效降低双方建设成本,构建开放共享互动的创新网络,使研究基地能够更广泛地服务于浦东新区的海洋科技发展。

2. 打造海洋科技创新高地,推进重点领域技术创新突破

浦东新区的海洋研究应关注重点领域、重点企业和重点区域,全面提升研发、制造和管理能力,把浦东新区打造成为具有全球影响力的海洋科技创新中心,发挥海洋科技的引领效应。一是瞄准科技前沿,突破核心关键技术。为贯彻落实中国海洋强国战略,浦东新区应以发展海洋工程装备、深海探测和海底观测为重点,争取在国家深海大洋领

域先行先试。推动传统海洋工程装备发展，鼓励海洋工程装备企业加快制造配套设备自主化的进程，尽快掌握设计能力和总装集成能力。大力发展海洋高新技术产业，招引海洋生物医药、海水淡化和综合利用、海洋能源开发、海洋高端装备制造和现代海洋服务业方面的国家级企业和重大项目落户，推进上海临港海洋高新技术产业化基地建设。另外，要鼓励企业参与舟山群岛的海洋油气开发、海上风电场和新能源示范岛建设。

二是着力构建智能制造跨界合作体系，积极融入全球化发展网络。依托自由贸易试验区制度创新，鼓励海洋制造企业开展跨境研发；构建智能制造智力集聚交流平台，吸引智能制造领域的国际性组织、行业协会、论坛机制落户，筹办智能制造国际会议、学术论坛、专业沙龙等，汇集全球智能制造领域顶尖人才、创新团队到临港开展学术交流、技术研讨、项目共建。

3. 探索“技术＋N”模式，加快平台建设

一是探索“技术＋N”的海洋发展模式，实现高校、高新区、资本市场三位一体联动，以市场为导向，实施“技术、资本、产品、团队”等结合的模式，以“用”为导向，紧密结合政府和产学研各方力量，加快科技成果转化，提升浦东新区海洋科技金融服务能级，充分发挥制度效应。

二是提升政府服务能级，完善公共技术服务平台。完善科技企业公共研发平台、信息查询和检验检测中心等公共技术服务平台，实现新区内部智慧化运营管控，整合企业各类技术资源，为企业开展信息咨询、专利申请、产品研发、标准检验检测等提供全程服务，完善企业技术孵化、管理等各方面的服务体系。三是构建“海洋科技金融平台”，完善多元化创新投资体系。推动国家开发银行、农业发展银行、中国进出口银行等政策性银行支持临港地区智能制造企业开展国际合作业务，推动企业“走出去”。

4. 推动“智慧海洋”建设，提升海洋资源管控开发能力

一是重点发展海洋检测、监测技术。顺应“互联网＋”发展趋势，以智慧浦东建设和新区强大的电子信息产业为支撑，加快推进与上海市海洋局合作的东海立体监测业务系统、同济大学国家重点实验室暨海洋地质海底观测基地等项目，加速建设“数字海洋”上海示范区核心区与“智能港城”，大力发展海洋信息。二是健全浦东新区海洋数据中心。新区应当在“数字海洋”的基础上，形成智慧分析决策模式，并通过对数据中心的有效管理，建立科学的运行评估体系，使政府能够通过分析科技与经济发展趋势，分析市场需求，指导资源开发利用和企业技术研发资源的合理配置。

(三) 浦东新区海洋环境保护战略举措

1. 完善海洋生态保护与建设体系，提高海洋生态修复力度

一是重点加强九段沙湿地自然保护区的生态保护。根据上海市生态红线制度要求，明确划定的生态敏感区和生态脆弱区，加强九段沙湿地生态环境监测，严格控制生态红线区内污染排放，实施湿地修复工程，保持九段沙湿地资源动态平衡。从资金上、技术上、宣传上加大对九段沙湿地国家级自然保护区的保护力度,使九段沙湿地保护区成为上海乃至长江口的一颗生态明珠。

二是全方位实施港口、海岸、海域的生态整治修复。加强洋山深水港、临港港区具有特殊功能的自然生态系统的生态保护和修复,开展港区海洋岸线的植被恢复与重建工程;推进南汇东滩海岸防护林工程与滴水湖周边防护林工程的建设,保护重要滨海湿地和天然生物种群重要活动场所;严格执行休渔期和休渔制度,加大增殖放流力度,推进海洋生物多样性保护及修复工程。

三是开展浦东新区海洋生态重大问题研究。针对浦东新区海洋开发强度大的特点,加大浦东新区与海洋科学研究院等科研院所合作,以共建生态实验室、依托科研项目等方式,开展浦东新区海岸带受损生态评估、近海生态环境检测与环境毒理研究、南汇东滩湿地生态价值研究、九段沙湿地保护与开发、海洋生态修复技术等重大问题的研究,使浦东新区的海洋生态研究走在上海乃至全国的前列。

2. 健全海洋环境监测评价体系,引领海洋生态文明建设

一是健全海洋环境监测基础设施建设。以建设“智慧浦东”为目标,加大环境监测和海洋生态的监测力度,重点加强自然保护区、入海排污口等监测站点的布设,健全浦东新区区域内环境监测网络;推进浦东新区高桥、三甲港、芦潮港等海洋环境观测站点的改造和九段沙、没冒沙、南汇咀、小洋山等海洋环境观测站新增站点的建设,完善国家海洋局东海环境监测中心、上海海洋环境监测中心、浦东新区海洋环境监测站三级监测网络的构建。

二是加强海洋生态环境监测评价体系建设。以建设海洋生态文明示范区为目标,依托海洋环境监测三级网络的构建,配合上海海洋环境监测中心,国家海洋局东海环境监测中心完成监测布局和工作机制的完善、检测机构能力的建设,做好污染物入海状况监测、海洋生态监测、海洋资源环境承载能力监测预警、监测评价技术开发利用等工作。健全浦东新区海洋生态环境监测评价业务体系,促进监测评价工作更好地为海洋生态文明建设服务,提升海洋生态环境保护公共服务和决策支撑水平。

3. 建设海洋区域合作机制,推进海洋环境保护发展

根据海洋自然区域的整体性和生态系统性的特性,推动浦东新区与市内其他涉海区县、市外相邻省市海洋生态环境保护的协同合作,配合上海市成立以生态保护为核心的长三角区域海洋环保合作联席会议制度。

一是建设区域污染防治联动机制。通过定期召开区域性会议,组织制定海洋污染治理整体规划,开展浦东新区与周边区域的海洋环境监测信息、污染物排放总量削减工作、污染治理技术等方面的交流合作,建立陆海统筹的区域污染防治联动机制。二是建设区域生态保护联动机制。以共建生态文明为目标,建立区域海洋生态环境资源账户,多渠道筹集环保资金,同时制定海洋生态受损评估标准,加快建立海洋生态环境补

偿机制，做好海洋生态修复与治理工作，推动区域生态保护发展。

4. 加强资源开发保护，保障海洋经济可持续发展

认识新常态，立足新区海岸线、潮间带滩涂、滨海浅滩、港口、航道、锚地、滨海旅游、近海海洋生物、海洋可再生资源、海岛等自身资源禀赋，充分认识新区海洋资源与周边区域海洋资源布局的特点。

适应新常态，挖掘现有资源开发潜力，加快海洋资源勘探、测绘和开发可行性论证，进一步提高新区海洋资源综合开发利用水平，保障海洋经济发展的资源需求。

引领新常态，发挥市场配置资源的决定性作用，优化海洋资源开发。正确认识和处理好海洋资源开发、海洋生态环境和海洋经济发展的辩证统一和相互耦合关系，始终坚持在资源约束和环境承载力的条件下推动新区海洋经济发展，加强海洋资源的保护性开发，实现浦东新区海洋可持续发展。

（四）浦东新区海洋综合管理战略举措

1. 加快推进制度建设，打好海洋管理基础

一是配合市级海洋管理立法建设。从法律上保障新区海洋管理机构的职责，应加快推进海洋立法修订工作，配合市海洋局做好本市海域使用、海洋环境保护等相关的地方涉海法律法规的修订和制订工作，在市级的海洋管理法规规章中增加区县管理部门的职责及权限，使区级海洋行政管理工作有章可循，权责一致，管理边界清晰，流程科学合理。当前市级海洋立法修法工作：(1) 修订《上海市海域使用管理办法》，调整市海洋局一级管理体制，向区县下放管理权限，并相应赋予海洋行政执法权限；(2) 研究制定《上海市海洋环境保护条例》，建议根据《海洋环境保护法》第五条的规定明确新区环保、海洋、交通等行政管理部门海洋环境监督管理的职责。

二是主动对接与市海洋部门和区其他部门的沟通协调机制。探索优化市、区二级协同配合，加强对重点事项的纵向沟通和横向协作，发挥市、区二级部门的各自优势，提高管理效能。完善和强化新区海洋工作例会制度，参照市级海洋经济发展联席会议制度的模式，建设区级层面的海洋管理事务综合协调平台。

2. 加强监督管理，保障海洋安全

一是进行海域海岛监督管理。新区海洋局组织巡视检查本辖区内已批海域使用项目落实审批条件的情况与海洋功能区划的执行情况；对在建项目和用海活动进行全程监控；调查本辖区内岸线、河口、海岛动态的变化等自然属性和开发利用情况；配合实施海岛名称标志、海底管线登陆设施的安全巡查；协助市海洋局做好国批和市批海域海岛使用项目的批后监管工作。

二是加强海洋环境监督管理。建议浦东新区海洋局要做好海洋环境监督管理工作，组织监督检查本辖区内已批海洋工程建设项目落实海洋环保措施和设施的落实情况，落实海洋工程建设项目环保设施的运行、竣工，定期检查海洋工程建设项目报备的环境应急预案的相关措施的落实、演练等

情况,加强海洋环境监测能力建设。承担管辖海域内海洋环境调查及评价、海洋环境日常及突发事件的监视监测;做好入海河口、海洋工程区、海洋自然保护区等敏感环境目标的日常监视监管工作;申报与建设海洋生态文明示范区;定期编制并发布海洋生态环境信息(公报);协助市海洋局做好海洋工程行政审批事项的环保设施批后监管工作。

3. 加快重大基础设施建设,推动临港产城融合发展

一是顺应世界港口向"第四代港口"发展的潮流和趋势,推动上海港口基础设施和港口功能向深水化、专业化、集成化、信息化转变,建设港城融合型、管理智能型、资源节约型、低碳绿色型的现代化国际化港口。推进杭州湾、洋山港、长江口航道和内河航道整治和建设,完善集疏运体系,提高港口航道通航能力。加快推进港口电子口岸系统建设,推动口岸信息资源有效整合和高效利用,提供"一站式"物流全程跟踪和信息增值服务,持续提升口岸通关效率、物流效率。二是加快临港地区基础设施和功能性项目建设,推动临港产城融合发展。争取国家部委、浙江省支持,推动洋山深水港区四期工程开工建设。加快发展外高桥国际船舶运输、国际船舶管理、国际航运经纪等相关配套功能。

4. 加强宣传教育,提升公众海洋意识

一是构建多渠道、多样化的海洋宣传教育体系,增强海洋意识。完善基层社区宣教网络体系,夯实海洋宣传教育载体,建立多层次、多渠道的海洋宣传教育体系。调动报刊、电视、电台、平面媒体、网络等各级各类媒体终端,组织开展海洋知识竞赛、海洋夏令营、海洋博览会等活动,继续办好各类海洋环境等海洋主题宣传和文化主题活动,开展形式多样的社会宣传,广泛开展涉海法律法规的宣传,努力为海洋事业的发展营造良好的舆论氛围和社会环境,增强全社会的海洋意识。

二是构建广覆盖、常态化的终身教育体系,凸显海洋文化特色。多渠道加强海洋文化教育,促进社会教育、社会实践活动与海洋文化、海洋科普等的有效结合,鼓励新区大学、中学等各类学校开展海洋主题的兴趣活动,为学生提供丰富的涉海学习和实践机会,构建与海洋事业发展相适应的多角度、全方位、广覆盖、常态化的终身教育服务体系,形成以海洋科技引领的浦东特色海洋文化。

五、浦东新区海洋发展的政策保障体系

(一)加强海洋规划引导,促进协调发展

一是坚持陆海统筹,加强海洋规划体系建设。应科学规划海洋经济发展,合理开发利用岸线资源,针对企业码头使用存在的

"多占少用,占而不用"的现象,对产业岸线资源应进行统一规划,规划一些公用码头,供给"彩虹鱼"深渊科学技术研究中心等涉海企业提供停靠码头,实现海洋研究和企业单位的协调合作,有计划地对产业岸线进行开发和利用。依据新区国民经济和社会发展规划、新区海洋发展规划,制定并实施海岸带开发与保护和可持续发展的功能区划和规划。根据海岛的区位、自然资源、环境等自然属性及保护、利用状况,确定九段沙开发和保护的原则。建立专家咨询和社会征询机制,对规划实施的实效征求有关专家和公众的意见,将评估结果及时向社会公布。

二是推进区域联动,引导区域联动发展。从战略发展层面树立区域联动意识,以国家要求和浦东新区实际为基础,充分与宝山区、奉贤区实现协调互动,规划实施新区海洋发展战略;从环境保护层面,建立区域环境综合治理机制,加强市内涉海区县、市外相邻省市海洋生态环境保护的协同合作,实现区域污染综合联防治理;从区域开发层面,建立区域联动开发协调机制,充分用好中国(上海)自由贸易区试验区、临港新城等重大发展契机,区内涉海企业间以及和周边省市在重大产业项目和工程布局、基础设施项目安排上,实现错位竞争、协调联动发展。

(二)健全体制机制,优化用海用地政策

优化创新用海用地政策,支持浦东新区海洋经济发展。一是推进海域资源市场化配置,简化行政审批。在《上海市海域使用管理办法》修订基础上,新区海洋局出台《浦东新区海域使用管理条例》,以制度形式明确规定用海项目依法需要凭国有土地使用权证书办理建设工程的规划许可、施工许可、房屋产权登记等手续的,海域使用权人可以凭海域使用权证书办理。借鉴浙江舟山做法,允许企业取得的海域使用权证书可在公司设立或增资扩股时作价出资,最高可抵注册资本的70%。

二是合理利用滩涂资源。引入市场机制,采用政府准许等方式,支持企业投资的基础设施、公用事业和工业项目等方面开发利用滩涂资源;企业因基础设施、公用事业和工业项目建设需要填海造地的,可依法取得海域使用权,填海造地整体工程竣工验收,审批国有土地使用证后,企业拥有国有建设用地使用权。对围垦成陆并确定为建设用地的滩涂用地,加快转化为产业用地。支持开展用海管理与用地管理衔接试点。此外,结合新区存量土地二次开发,推动现有产业园区腾笼换鸟和结构调整,建立特色海洋经济"园中园"。加快体制机制和开发模式创新,探索建立一批以海洋经济为主的异地合作经济园区,加速产业集聚,形成若干竞争力强的海洋产业集聚区。

(三)拓宽融资渠道,加大扶持力度

一是坚持政府引导与市场调节相结合,形成多元化投资新环境。建立海洋基础设施建设、海洋科技创新、海洋生态保护、海洋综合管理等公益性、基础性项目储备,加大财政支持力度,每年安排一定规模的政府性资金用于支持本区域海洋发展。充分发挥市场机制作用,支持各类社会主体以直接投资、合资、合作等多种方式参与海洋资源开发和海洋产业发展。

二是建立涉海财政专项资金。以企业为主、政府为辅联合国家发展银行和农业发展银行成立浦东新区海洋经济发展专项资金,建立相应的财政配套经费机制,确保资金使用效率。完善预算编制和执行的绩效评价和监督考核制度,加大财政专项资金监管。加大对海域使用金对新区发展海洋经济的支持力度,积极争取国家海洋公益专项、海洋再生能源专项、科技兴海专项等国家专项资金和行业科研专项资金对新区倾斜,对新区科技兴海、岸线修复、生态环境保护项目予以支持。

三是成立 PPP 产业投资基金。结合新区的实际情况,可以采取以下两种模式:由金融机构联合地方国企发起成立有限合伙基金,由金融机构做 LP 优先级,地方国企或平台公司做 LP 的次级,金融机构指定的股权投资管理人做 GP;有建设运营能力的实业资本发起成立产业投资基金该实业资本一般都具有建设运营的资质和能力,在与政府达成框架协议后,通过联合银行等金融机构成立有限合伙基金,对接项目。

(四)加强人才队伍建设,增强发展后劲

制定《浦东新区海洋中长期人才发展纲要》。一是突出引进和用好高层次海洋创新创业型人才,加强重点海洋产业领域人才的引进。创新海洋人才工作体制机制,改进园区内生活配套方面的人才引进政策,营造适合海洋人才发展的制度环境。制定海洋人才管理政策,狠抓落实,把海洋重要人才的优惠政策真正落实到人头上。实施海洋人才工程,重点引进和培养海洋高层次创新创业型人才、海洋基础科技人才和海洋管理人才;加快推进滨海及海岛旅游业、海洋渔业、海洋工程、海洋新兴产业、沿海资源开发等重点海洋产业的人才工程建设。

二是"走出去、请进来"。加强与海内外的海洋强市合作,共建海洋人才培养实训和实习见习基地,对员工进行定期培训、学习,不同企业、不同地区、不同国别的学员相互学习、交流、讨论,是了解行业最新信息的最有效方式。同时,企业要借助重大项目技术攻关的契机,邀请业界知名专家、技术骨干进行现场指导、座谈或者集中培训,提高员工的综合素质。此外,尽快出台专门的海洋人才政策,明确海洋人才引进目录和扶持办法,重点引进国家千人计划、百千万人才工程的领军人物和一批能够参与国际海洋事务和竞争的高层次人才。

(执笔:上海大学"浦东新区中长期海洋发展战略行动纲要"课题组)

上海市浦东新区海洋现代服务业发展方略

摘要：近几年，海洋服务业的占比不断增加，规模效应日益显现，发展海洋服务业已经成为经济转型升级的关键。本文在浦东海洋服务业的SWOT－NPEST分析基础上，通过研究交通运输业、滨海旅游业以及金融服务业的发展现状，提出了新常态下浦东新区海洋服务业“六化”的发展趋势以及重点领域和对策。

关键词：海洋服务业　发展方略　新常态　浦东新区

海洋现代服务业系指利用现代海洋技术、电子技术、航天技术、信息技术等，为各类涉海生产、生活活动而提供的港口物流、海洋预报、环境监测与评价、海洋调查、海上搜救、环境修复、海洋保险金融、滨海旅游业、海洋文化产业等海洋生产性服务业和生活性服务业，是海洋经济发展和海洋权益维护的重要保障。

随着我国经济进入新常态，发展海洋经济的重要意义进一步凸显，不论从经济增长动力转换、经济结构转型升级的角度出发，还是从“一带一路”等国家战略布局考量，推动海洋经济实现跨越式发展，都将是我国“十三五”乃至未来更长一段时期的重大举措。

现代海洋服务业是海洋产业链位于的高端，是新常态下海洋经济增长的新亮点。加快发展现代海洋服务业，是落实科学发展观、转变海洋经济发展方式、推进海洋产业结构优化升级的必然选择；是加快推进上海国际航运中心、上海自贸区建设以及发展海上丝绸之路的重要举措。

随着海洋世纪的到来和海洋强国战略的提出，对于海洋方面的研究逐渐成为国内外学者研究的焦点，尤其是海洋现代服务业倍受关注。

国内学者从经验研究角度，分析我国海洋服务业现有问题，为海洋服务业的转型升级提供建议。许珊、张金玲(2014)[1]从政策的制定和执行方面分析了我国海洋服务业发展的问题，并提出了相应的解决路径。葛雪、王任祥(2013)[2]通过对国外四种陆海统筹发展海洋服务业的经验分析，提出了我国海洋服务业的发展方向。

舒卫英(2014)[3]通过对宁波海洋服务业发展现状分析,提出了宁波发展海洋服务业发展的路径选择。吕惠明(2011)[4]通过对海洋服务业的区域定位问题的研究,提出了确定海洋服务业区域定位模型。王任祥,葛雪(2012)[5]从长三角整体角度出发,分析了长三角海洋服务业发展的潜力和存在的问题,并提出了长三角海洋服务业协调与联动发展的对策。

另一部分学者通过实证模型分析我国海洋服务业的发展的实际情况。俞立平(2013)[6]综合运用聚类分析、集中度、面板数据等方法,得出了教育水平、经济发展水平、金融水平、居民收入等因素是海洋服务业发展的主要影响因素。狄乾斌、周琳(2015)[7]采用耦合协调度模型,spss聚类分析的方法,研究分析了城市化和海洋服务业的协调发展问题,得出了城市化与海洋服务业耦合协调度水平不断上升。韩立民、李厥桐、陈明宝(2010)[8]运用灰色系统关联理论对海洋服务业内部三种海洋产业进行了灰色关联度分析,得出中国海洋服务业的优势产业排序并给出了海洋服务业发展的建议。郭丽芳、林珊(2013)[9]通过灰色系统关联理论和数据包络分析法,从纵向和横向两个方面研究了福建海洋服务业的发展现状,提出了打破福建海洋服务业发展瓶颈的对策。陈翠、郭晋杰(2014)[10]运用数理统计的方法分析了海洋服务业的产业结构,各组成部分的相关性和贡献度,并根据分析结果提出了海洋服务业的发展对策。

总体而言,关于海洋服务业的研究主要集中在海洋服务业的发展路径、影响因素、内部产业的关联度和贡献度以及主导产业的选择方面。

一、产 业 界 定

通常所说的海洋服务业即海洋第三产业,根据《海洋及相关产业分类》(GB/T20794-2006)海洋服务业包括海洋交通运输业、滨海旅游业以及其他与海洋生产生活相关的服务业。

海洋交通运输业是指以船舶为主要工具从事海洋运输以及为海洋运输提供服务的活动,包括远洋旅客运输、沿海旅客运输、远洋货物运输、沿海货物运输、水上运输辅助活动、管道运输业、装卸搬运及其他运输服务活动,包括港口业、海洋运输业以及为港口和海洋运输提供服务的活动。

滨海旅游业是开发利用海岸带、海岛及海洋各种自然景观、人文景观而形成的旅游经营、服务活动行业,主要包括海洋观光游览、休闲娱乐、度假住宿、体育运动等活动。

其他海洋服务业门类较多,主要包括海洋金融服务业、海洋公共服务业、海洋文化产业。

二、产业发展环境

影响海洋服务业发展的要素较多,包括来自社会、经济、政治以及自然环境等方面的原因,总体来说,浦东新区海洋现代服务业的发展环境是利弊共存、喜忧参半(见表1)。

表1 浦东新区海洋服务业发展环境

NPEST / SWOT	N 自然条件	P 政策影响	E 经济基础	S 社会因素	T 科技支持
优势与机遇	区位优势突出,发展海洋经济条件得天独厚;岸线、港口、锚地、航道等各类资源相对丰富。海岸线的深水岸线基本上已开发利用。港口等重点基础设施建设加快推进。天然旅游资源丰富,且适宜开发。	海洋强国战略,长江经济带、丝绸之路经济带、海上丝绸之路的国家战略;上海自贸区、上海航运中心、上海国际金融中心建设;浦东新区促进航运发展财政扶持办法;浦东新区促进金融业和金融机构发展财政扶持办法;海洋经济发展"十三五"规划。	物流产业向集约化、高端化、增值型发展,向供应链管理、保税交割仓储、分拨集拼中心、融资租赁、离岸金融等功能拓展,物流业对区域经济的综合效益不断提升;广阔的经济腹地,城市、地区间金融贸易往来频繁、广泛;处于经济高速发展和产业加速转型时期,第三产业在国民经济中比重上升。	浦东新区集聚航运人才实施办法、航运"百人计划";海洋事业基础较好,海洋意识较强,人口素质较高,投资热情高;国内外客流大;低成本劳力。	上海科创中心建设;同济大学海洋地质国家重点实验室、上海交通大学海洋工程国家实验室、华东师范大学河口海岸学国家重点实验室,上海海洋科技研究中心、国家海洋局东海分局海洋综合保障基地。
劣势与威胁	岸线资源需求旺盛但深水岸线资源稀缺;岛屿岸线有待开发;港口岸线拓展空间不大,资源整合度不高,市政垃圾处理、排污设施占用了有限的岸线。	海洋经济管理体制不畅、效率低下。	国内外其他地区的滨海旅游业的同步发展形成较强的竞争;金融机构对海洋产业的金融支持力度有待加强,国内商业银行对海洋产业信贷投放积极性不高,信贷产品品种单一,无法满足需求,融资渠道不够丰富。	陆上"内循环"梗阻,未建浦东海岸带连接三港三区之间的沿海陆上大通道。	现有海洋从业人员无论从数量还是质量上都存在明显不足,仅有上海海事大学和上海海洋大学两所非211大学,海洋教育科研实力偏弱。

三、发展现状与趋势

(一) 发展现状

1. 国内现状

(1) 发展规模持续壮大

根据最新发布的《2015年中国海洋经济统计公报》,2015年,海洋经济继续保持平稳增长的良好势头,全国海洋生产总值达64 669亿元,比上年增长7.0%,占国内生产总值的9.6%。其中海洋产业增加值38 991

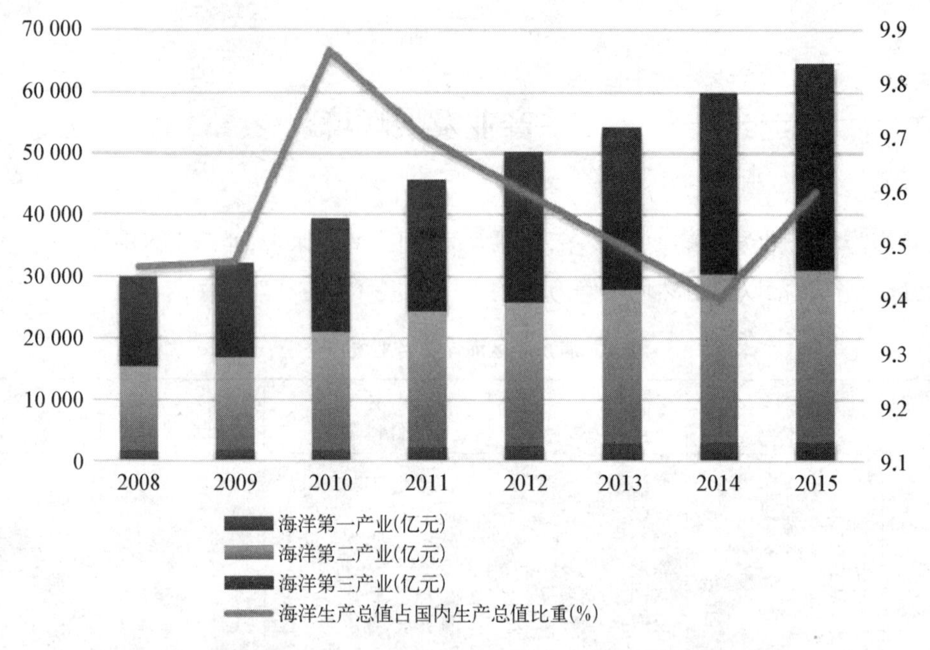

图 1　2011 年—2015 年国内海洋产业增加值及构成

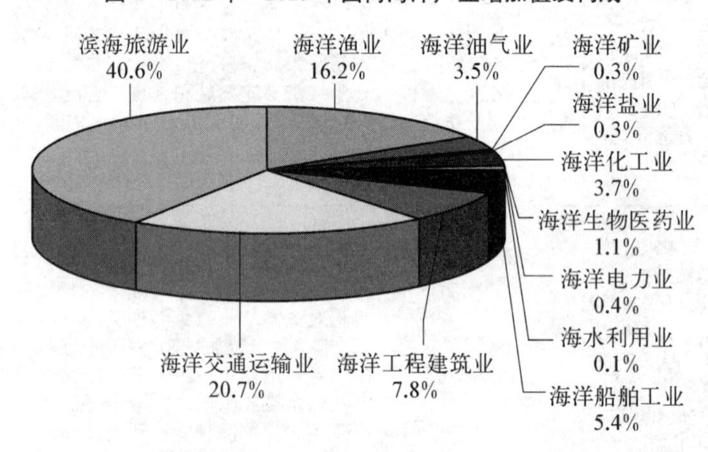

图 2　2015 年主要海洋产业增加值构成图

亿元,海洋相关产业增加值 25 678 亿元。海洋第一产业增加值 3 292 亿元,第二产业增加值 27 492 亿元,第三产业增加值 33 885 亿元,海洋第一、第二、第三产业增加值占海洋生产总值的比重分别为 5.1%、42.5%和52.4% (见图 1)。

(2) 内部结构持续优化

海洋旅游业、海洋交通运输业占海洋服务业增加值比重达 90%以上。特色产业优势明显,港口物流、海洋旅游等在全国占有十分重要的地位。海洋传统服务业不断改造提升,新型业态快速发展,涉海金融保险、海洋旅游、海洋信息服务等产业迅速崛起。

受国内外宏观经济环境影响,海洋交通运输业虽继续保持增长态势,但增速持续放缓。全年实现增加值 5 541 亿元,比上年增长 5.6%。滨海旅游业继续保持健康发展态势,产业规模持续增大。全年实现增加值10 874亿元,比上年增长11.4%(见图2)。

(3) 海洋服务业发展遭遇瓶颈

一是现代海洋服务业竞争力有待提升。现有海洋服务业仍以传统产业为主,涉海金融保险业、海洋信息服务业、海洋文化创意产业等产业起步晚、发展慢,尚未形成规模和集聚效应,部分海洋服务行业缺少有实力的龙头企业带动。二是现代海洋服务业人才结构有待优化。需要加快培养一批海洋旅游、物流、涉海金融等现代海洋服务业发展的高素质人才、海洋服务业所需的专业人才。三是现代海洋服务业发展环境有待改善。制约现代海洋服务业发展的体制性障碍依然存在,民营现代海洋服务业发展相对缓慢,海洋服务业发展的深层次矛盾依然存在。

2. 浦东现状

2011年全区海洋经济的增加值达到458.74亿元,占GDP比重为8.4%。主要由交通运输业、滨海旅游、海洋船舶工业构成。其中海洋交通运输业与滨海旅游业增加值之和占全部主要海洋产业增加值的86%(见表2)。

(1) 海洋交通运输业

a. 港口吞吐量创新高,但向上空间有限

港口吞吐量不断刷新。2010年,洋山港区、外高桥港区共完成集装箱吞吐量2 509.49万标准箱,增长17.3%,占整个上海集装箱吞吐量2 905万标准箱的86.4%。2014年,洋山港区、外高桥港区共完成集装箱吞吐量3 236.3万标准箱,增长6.1%,占整个上海集装箱吞吐量3 528.5万标准箱的91.7%,(见图3)。上海港成为全球第一大集装箱港。

表2 2011浦东新区海洋产业增加值表 (单位:亿元)

产业名称	2009年	2010年	2011年
1. 海洋渔业	0.51	0.73	1.34
2. 海洋油气业	—	—	—
3. 海洋矿业	—	—	—
4. 海洋盐业	—	—	—
5. 海洋化工业	—	—	—
6. 海洋生物医药业	0.01	0.01	0.01
7. 海洋电力业	—	—	—
8. 海水利用业	—	—	—
9. 海洋船舶工业	49.71	33.56	59.96
10. 海洋工程建筑业	1	1.06	1.91
11. 海洋交通运输业	45	97.58	83.75
12. 滨海旅游业	197.38	286.45	311.77
13. 其他海洋产业	—	—	—
合计	293.61	419.39	458.74
占新区生产总值比重	7.3%	8.9%	8.4%

从增长动力来看,近年来依靠港口吞吐量大幅增长拉动航运发展的模式后继乏力,表现在:港口规模发展迅速,但向上突破空间有限;国内出口阻力不断增大,继续维持国际贸易的高增长越来越难;资源环境压力不断凸显,对港口吞吐量的增加构成了硬约束。

上海国际航运中心建设从港口吞吐量看,已经在世界上居于前列,但在全球产业链和价值链中还处于较低位置,低成本还是一个主要竞争优势,航运资源的配置功能还未得到充分发挥。

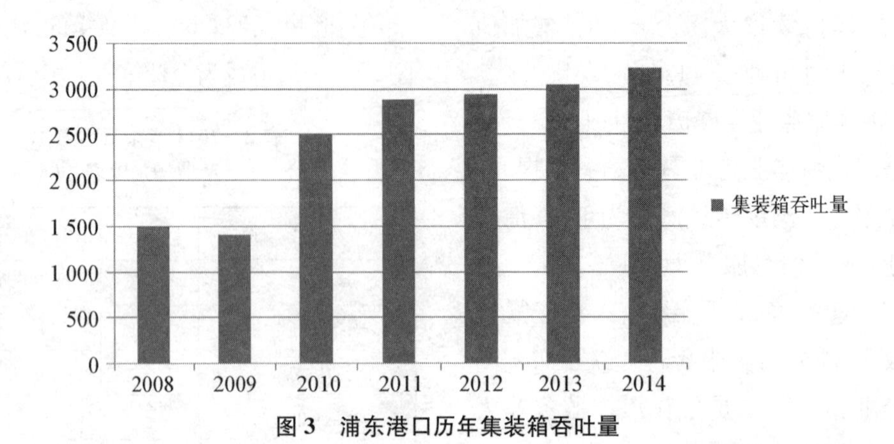

图3　浦东港口历年集装箱吞吐量

b. 航运要素加速集聚

浦东新区集聚了大量航运及相关服务企业,涉及港口码头、船代货代、仓储物流、船舶运输、船舶交易、船舶保险、融资租赁、信息咨询、科教研究等航运产业链的各主要环节,基本形成功能相对完整、具有一定的相互配套能力的产业体系。已落户浦东的著名航运企业及机构包括挪威、汇丰、花旗银行等近150家航运金融企业,上海亚洲船级社中心、中国船级社上海分社、上海船舶运输科学研究所、上海海事法院、中国海事仲裁委员会上海分会、上海组合港管理委员会等上百家航运机构和组织,中海集运、韩进海运、长荣海运3家全球运力排名前20强的船公司及一大批中外资航运物流企业和专业航运服务企业。

浦东新区已基本形成洋山临港、陆家嘴、外高桥和临空地区四大航运服务集聚区的发展格局,航运资源和产业要素相对集中,服务功能各具特色,发展重点有所错位,航运经济贡献能力持续增强。据初步统计,目前,洋山及临港地区已集聚航运服务企业600余家,国际航运发展综合试验区效应初显。陆家嘴航运服务发展区航运相关企业及机构累计近500家,航运金融服务初具规模。外高桥保税区已集聚上千家航运物流类企业,贸易物流服务功能显著。

c. 航运发展环境优化

浦东整体发展环境日趋完善,配套能力显著提高。在产业基础、商务环境、科技教育、人才资源、城市建设、信息化水平、配套服务能力等方面取得了长足进展,形成了较强的综合比较优势。浦东紧抓综合配套改革契机,持续推动口岸管理方式改革创新,电子口岸建设取得进展,口岸服务水平不断提升,“三港三区”联动效应初步显现。

(2) 滨海旅游业

a. 滨海旅游业发展规模不断壮大

滨海旅游业持续平稳较快发展。2011年全年实现增加值6 258亿元,比上年增长12.5%占比近年来呈上升趋势(见图4)。除2003年遭受“非典”的影响外,近十年滨海旅游产业都呈现出增长的态势。其中,有记录的2003年、2004年、2009年上海市的滨海

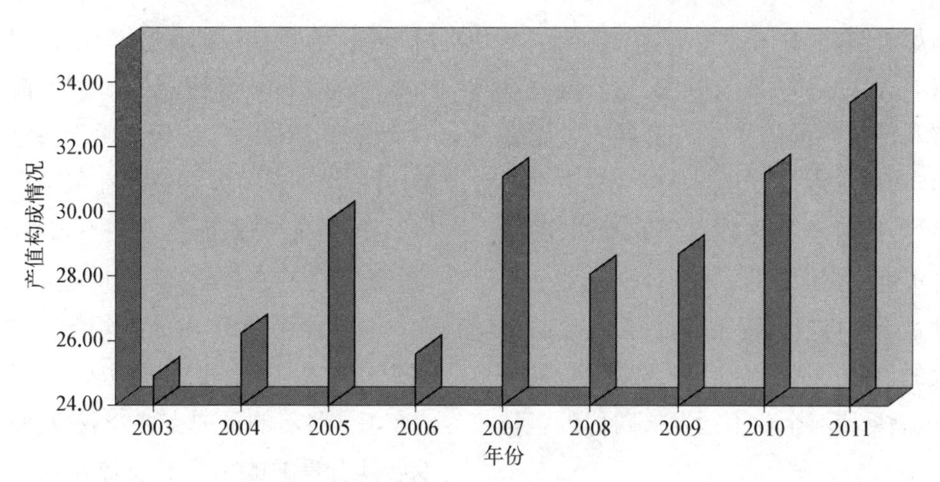

图 4　2003 年—2011 年滨海旅游增加值占海洋产业总增加值比重

旅游收入领先全国其他沿海地区滨海旅游收入居全国首位。

国内海洋产业中，滨海旅游业一直占据着主要的位置。其中，上海市的滨海旅游产业又处于全国的领先地位。所以对上海市浦东新区的滨海旅游产业进行规划和发展具有非常重要的经济、政治、文化和社会意义。

b. 滨海旅游业发展方式有待转变

浦东滨海旅游产业仍处于粗放型发展阶段，处于产业链低端(见图 5)。由于滨海旅游的管理方式不科学，往往没能有效地发展和应用滨海旅游资源。滨海旅游业配套设施薄弱。尤其是海洋文化产业的发展不足。部分海域生态环境恶化。不完善的旅游开发方式和旅游资源的过度利用导致滨海旅游资源遭受到破坏。这与人与自然和谐发展的大前提相违背。

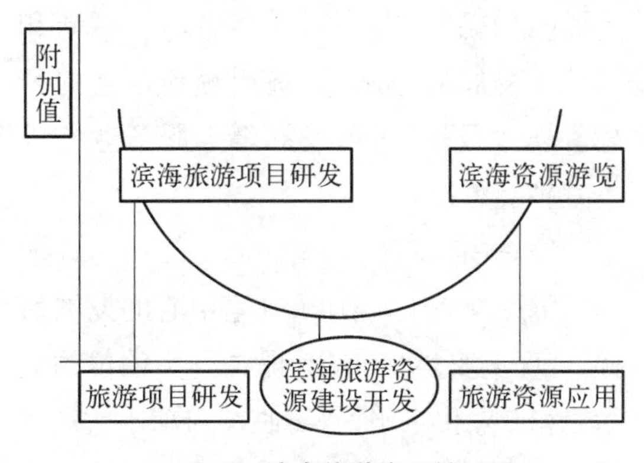

图 5　滨海旅游产业链

(3) 海洋金融服务业

a. 新区金融基础雄厚

浦东在 2009 年设立金融服务局，承担促进新区金融业发展的综合研究，同时设立海洋局，为海洋产业、金融服务的发展提供良好的政府部分工作支持。2010 年落户在浦东新区的净增金融机构有 46 家，总数 649 家，跨国公司总部累计达 132 家。在新区，相继建立新华社金融信息平台、环球银行金融电信协会、注册金融分析师协会等的上海总部或办公室、代表处。陆家嘴金融贸易区集聚了全区绝大部分的金融机构。

b. 有效的融资体系缺乏

浦东新区海洋产业融资渠道比较单一、资

本市场发展比较滞后、投融资机制创新不足。

目前,银行信贷、股权融资、债券融资以及外资利用是中国海洋经济发展的主要融资渠道。但是,涉海上市企业总数只占很小的比例,短期融资券的融资额度不高,实际利用外资也很少。所以,许多涉海企业还是选择通过银行贷款来筹集资金,但是金融机构提供的信贷产品品种单一、额度小,期限短,难以满足涉海企业不同发展阶段的融资需求。

另外,中国债券市场规模较小,产业基金、私募基金等发展不够成熟,股权退出渠道不顺畅,涉海企业能够通过这一途径筹得资金不多。其次,中国缺乏对融资服务体系的创新,如缺少专业银行,这些专业银行可以降低涉海产业融资门槛,为涉海企业提供低息贷款,配套的金融服务业也很稀缺。

c. 担保方式创新不足

海洋经济产业获得信贷的有效抵押品较少,一个原因是在海洋经济产业资产中,动产占有较高比重,而且部分商业银行目前还没有开展动产抵押业务,大部分涉海企业都是通过厂房土地、机器设备等进行抵押贷款或是采用信用担保贷款;另一个原因就是海洋产业中的一些有效抵押品的专属性较强,导致抵押率较低。

另外,由于中国没有出台关于海域使用权抵押贷款、捕捞证质押等具体办法与配套的法律法规,因而,这一抵押方法并不具有十足的实用性。

d. 海洋保险发展不健全

海洋保险不是一个特定的险种,是指与海洋经济直接相关的保险产品。近些年,从事海洋保险的保险机构不断增加,海洋保险的承保范围不断扩大,但是由于海洋经济的特殊性,海洋保险发展还存在保险产品种类单一、同质化严重、服务水平不高等问题,因此保险服务的发展没有长足的进步。

海洋服务业作为浦东增长潜力大、占GDP比重高、需求收入弹性较大的行业,是浦东海洋经济的重要支柱产业,对浦东经济发展具有重要的引领和支撑作用。大力发展海洋服务业,重点在于解决浦东海洋现代服务业快速发展的前景与其发展现状相冲突的问题。解决这一问题才能使海洋服务业成为浦东经济转型升级发展的新"引擎",成为拉动浦东经济发展的重要动力。

(二) 浦东海洋业务发展趋势

浦东海洋服务业发展不仅要扩大海洋服务业的规模,而且要大力提升海洋服务业的质量,推动海洋服务业的转型升级。浦东大力发展海洋服务业要以创新驱动为动力,以技术发展为支撑,以开放共赢为推手,以绿色生态为增长点,推动海洋服务业产业结构调整,提高对质量、效益、创新和可持续发展的追求,发挥引领新常态的目标。具体而言,浦东发展海洋服务业有以下六种趋势:

1. 一体化

重点围绕上海国际航运中心的发展目标,合理调整港口布局,提高码头泊位的大型化和专业化水平,保障长江口深水航道畅通,建成以港口为枢纽,水陆畅通,设施完善,内外辐射的现代化航运集疏运体系,建立海港、空港、铁路、内河、公路五位一体的现代化多式联运网络体系,实现多种运输方式一体化发展。

建立"水水中转"为重点的港口集疏运体系,扩大港口吞吐能力。按照优势互补、互惠互利、互相促进、共赢发展的原则,加快集装箱海铁联运体系建设,实现多种运输方式一体化发展,进一步拓宽合作领域、提升合作层面。集装箱运输要重点建设以上海国际航运中心为主、相应发展支线港、喂给港,促进中国形成布局合理、层次清晰、干支衔接、功能完善、管理高效的国际集装箱运输系统。

上海综合保税区是浦东新区海洋交通运输业和航运服务业发展的主战场。要完善对接洋山保税港区、外高桥保税区、浦东机场综合保税区三区的海关电子监管系统,建立统一的货物调拨体系,实现三区间货物流动无缝连接,形成海、陆、空运货物联动运作体系,最大限度发挥海关特殊监管区域的特色和优势。

针对上海滨海旅游景点分散、景观价值低、形不成规模效益的弱点,为充分发挥潜在的滨海旅游优势,对在滩涂沙洲上开发建设大型滨海风景旅游区进行研究论证,为建设具有河口湿地生态特色、滨海特色、江南园林特色,并以沙滩浴场、水上运动为主体,容休闲、度假、娱乐、健身于一体的大型滨海旅游区作好技术准备。

立足海洋服务业发展需求,注重海陆资源产业空间互动,确保海陆产业相配套、现代海洋服务业与中心城市功能相衔接,实现海洋经济社会可持续发展。

2. 融合化

国际航运中心建设与国际金融中心建设协同推进。健全航运金融保险等航运服务体系,只有在务实的政策、成熟的法律和对称的信息这三个核心的基础上,才能真正实现航运中心软环境建设。航运中心最核心的特征的是"低成本实现区",真正的航运中心应该是令区域的每一个参与者都能够享受到低成本、高水平的航运服务。

国际经验表明,国际航运中心同时也是新型的离岸金融中心、国际商务中心、物流转口中心。依托流量经济的巨大动能,浦东经济发展内涵将进一步拓宽,不仅可以开展物流、加工制造、仓储等航运基础业务,更可以带动融资、结算、保险、贸易、专业服务等高端需求,从而形成金融、贸易、航运、先进制造等各产业融合发展的格局。大力发展航运产业将促进浦东的产业更新和产业结构转型。现代航运产业如航运咨询、航运金融、航运信息服务等将来都可能成为浦东今后的新经济增长点,从而丰富浦东产业内涵,使浦东的产业结构更趋合理。

充分利用口岸资源优势、保税政策体系优势和长三角腹地经济优势,大力发展进口分拨配送、国际采购和出口集拼、保税仓储、中转集拼、加工贸易工厂物流、大宗商品物流,促进保税货物与保税延展货物有机结合,完善包括航运、口岸装卸、保税物流增值服务、航运服务在内的航运保税物流产业链,形成海、陆、空多式联运的保税物流体系。打造具有国际影响力的贸易平台和交易市场,力争在离岸贸易上取得突破。

依托陆家嘴金融优势,发挥陆家嘴众多金融、保险企业和机构在航运领域的作用,建立促进金融界和航运业沟通交流的综合平台,扩大陆家嘴航运金融服务的规模。建设上海航运和金融产业基地,推出全球招商方案,打造成为国际化航运信息大数据中心及一站式航运服务综合体。

利用浦东的海洋文化优势大力发展滨海旅游文化服务是发展滨海旅游过程中非常重要的一环。目前浦东的滨海文化旅游资源开发程度低、旅游项目少,但是具有较高的附加值,因此未来会成为在滨海旅游中占相当比重的一环。推进海洋文化与海洋经济的结合,促进海洋文化与创意融合,扶持发展创意设计、文艺创作、影视制作、出版发行、动漫游戏、数字传媒等海洋文化创意产业,打造一批海洋文化创意产业示范园区和项目,大力实施海洋文化精品工程和品牌战略,发展壮大海洋文化与创意产业。

浦东要以产业融合为重点,推动海洋制造业向价值链高端延伸,促进海洋制造业和现代海洋服务业的融合,形成海洋二、三产业互动发展格局。

3. 多元化

航运是一种高投资、高风险的行业,同时也是资金密集型行业。随着市场竞争的加剧和国际公约对船舶安全技术标准的不断提高,经济效益的不稳定因素越来越复杂。目前,国际上一些大的航运企业无一不是实行多元化经营。因此,有条件的航运企业,应发展多元化经营,如修造船、拆船、集装箱制造、旅游、贸易、房地产、金融、保险等,既可为发展航运积累资金,又可减少单一投资经营航运的风险。

针对目前浦东新区海洋产业存在的融资渠道比较单一、投融资机制创新不足等问题,在发展海洋经济的直接融资服务进程中,以拓宽融资渠道为核心,加强金融创新,大力开展债券、私募等业务,扩大对涉海产业的金融支持。在争取政府投资的同时,大力吸引民营资本的加入,打造多元化的融资渠道。扩大现代海洋服务业对外开放领域,积极承接国际海洋服务业转移,提升现代海洋服务业外资引进的规模和质量。

4. 低碳化

为了提高效率,节约运输成本,投资大、技术新、管理更科学有效是世界海运发展的主要潮流。这不仅反映在船舶越造越大,还反映在人们对新技术的重视,比如纳米技术、光子、生物技术、燃料电池等对航运研发有巨大的运用价值。浦东产业门类比较全,产业规模比较大,产业能级比较高,特别是高端制造业和高科技产业已形成了集聚和集群效应。浦东新区可在此基础上积极参与到上海乃至国家的新能源战略中去,大力发展低碳型高技术产业,力争在新一轮产业革命中占据制高点。浦东航运业必须抓紧时间,尽快提升核心技术能力,满足国际公约的低碳技术规范,在绿色航运坐标系中找到最大利润的平衡点,这样才能在新一轮国际标准权益竞争中占得一席之地。

实体物流的竞争一般只在中小尺度的

港口群内部或港口群之间展开，而随着信息技术的发展以及跨国公司的全球布局，高端航运服务业是在大尺度的全球范围内竞争。研究、发明和教育是核心，通过这三方面的发展，并引入投资者和风险资金来推动港口、航运服务、海运、近海和海洋工程的进步。

5. 智慧化

随着经济全球化、市场国际化和信息网络化，一些大型港口开始向定位为“国际物流中心”的港口转型，正向国际化、规模化、系统化发展形成高度整合的“大物流”港，因此，进一步拓展服务功能的“增值物流”、打造技术密集型的“现代化智能港”是当前港口物流发展的潮流。

浦东未来发展方向是建立以港口为中心的国际集装箱运输、大宗散货运输等综合运输网络，港口布局更加完善，运输能力进一步提高，港口服务功能更加多样化，装备技术水平不断提高，基本建成主要港口的智能化管理系统。

同样，金融等高端现代海洋服务业的进一步发展也离不开现代数字技术的支撑，我们要缩小与国际金融中心的差距，必须将“智慧城市”的理念贯穿现代服务业发展的各阶段各环节，现代服务业是技术密集型产业，所以浦东新区海洋服务业走智慧化道路是大势所趋。

6. 高端化

随着中国从“世界工厂”逐步向“世界市场”转变，要求我们更加重视高端航运服务等需求侧环节，要求上海国际航运功能加快转型，加快形成全球航运资源配置的能力，具体体现在以下两个方面：一是航运产业链从低端、中端到高端航运领域不断拓宽；二是航运服务手段从传统到现代不断创新，如从船舶贷款等传统方式到运用融资租赁等新型手段。

以陆家嘴、洋山临港、外高桥和浦东机场临空区域的航运功能优化为核心，以国家航运发展综合试验区为契机，大力发展高端航运服务，推动航运金融、航运经纪、航运贸易、航运中介等航运服务业发展，加快浦东航运的高端服务能力。

浦东航运功能建设将从以集散功能为主向集散功能与服务功能并重转型。两区合并后产生空间优势和产业链优势，进一步发挥城市综合功能，进一步集聚航运服务企业，推动浦东航运产业的服务化趋势。现代航运服务市场功能进一步提升，航运金融等为代表的航运高端服务业与港口运输业融合发展，形成与国际航运中心地位相适应的现代航运服务业产业体系。

在浦东大力发展航运金融、海上保险等服务体系的同时，也可以利用雄厚的制造业基础和技术创新能力，大力发展海洋研发，鼓励船舶技术转让、技术开发和与之相关的船舶技术咨询、技术服务等加快发展，在海洋技术上占据制高点，这可以成为浦东加快推进高端航运服务业的另一路径。

浦东新区海洋在新一轮发展中，要基于国际趋势、国家战略、上海市情和浦东优势，选准发展重点，合理布局规划，完善运行机制，具体发展策略见表3。

表3　浦东新区海洋服务业发展重点领域及对发展策略

重点领域		发展规模	重点企业或研究机构	时序安排	布局规划	运行机制
海洋交通运输业	1) 远洋货物运输 2) 沿海货物运输 3) 海洋货运港口 4) 海港仓储及空港物流 5) 海洋交通运输工程技术研究 6) 多式联运及中转、集拼 7) 深水泊位及深水航道建设 8) 通用航空	港口集装箱吞吐量达3 500万标箱,占上海港比重达94%;机场货邮吞吐量达360万吨;国际集装箱中转比例达15%;航运业增加值占GDP 8%	1. 上海浦东国际集装箱码头有限公司 2. 上海国际货运航空有限公司 3. 上海外高桥保税物流园区东方嘉盛物流有限公司 4. 上海外高桥物流中心有限公司	1. 2015年,初步形成要素集聚、体系完善、服务全国、面向世界的亚太枢纽港和高端国际航运服务中心 2. 2020年,基本建成航运资源高度集聚、航运服务功能健全、航运市场环境优良、现代物流服务高效,具有全球航运资源配置能力的国际航运中心	1. 重点聚焦陆家嘴金融贸易区、上海综合保税区、临港主城区等重点园区,整合要素资源,突出功能导向 2. 高端航运服务在沿江布局集中发展,集疏运功能沿海发展 3. 引导高端航运服务向西集聚,集疏运功能向东拓展,形成有序的发展梯次	积极争取国家有关部门支持进行先行先试,研究制定具有国际竞争力的航运政策,营造便利、高效的现代国际航运服务环境,不断丰富、拓展国际航运综合试验区的功能
滨海旅游业	1) 海洋文化旅游,海洋文物保护、滨海博物馆、滨海纪念馆 2) 海上旅游交通设施及海上观光线路的开发经营 3) 邮轮、游艇等旅游基地的建设与开发、海港游 4) 海洋旅游度假区的开发、经营及配套设施建设 5) 海上体育旅游相关产业	滨海旅游增加值在主要海洋产业中的产值占比继续保持领先;滨海旅游业态更加多元化,相关行业吸纳就业能力进一步加强	1. 上海大乘海洋文化研究发展中心 2. 中国航海博物馆 3. 海军博览馆 4. 上海邮轮、游船、游艇业行业协会 5. 上海名信游船有限公司	1. 2015年,形成综合有海洋文化、海洋观光路线、游轮及游艇以及滨海旅游度假区域的大规模滨海旅游体系 2. 2020年,建成各项旅游设施健全,管理体系规范的具有本地文化特色且发展成熟的滨海旅游业	1. 依照文化区位进行建设,将文化概念与旅游开发相结合 2. 在重点发展的滨海旅游区构建旅游交通设施,开发滨海旅游资源铺建海上观光路线 3. 长江口、杭州湾开发涉海游轮游艇基地和产业。在重要港口充分利用条件开发特色港口游 4. 华夏三甲港滨海旅游度假区、滨海森林公园度假区、临港文化影视休闲度假区	积极争取国家有关部门政策支持;研究制定具有创新性的旅游发展政策与规划;建立规模化的滨海旅游产业集群;鼓励中小企业参与旅游发展,拓展形式多样的旅游业态
其他海洋服务业	1) 金融租赁 2) 直接融资 3) 航运保险 4) 海洋会展业 5) 海洋文化创意产业 6) 海洋技术服务业	为其他海洋产业的发展提供足够的资金支持,与上海建设成为的"国际航运中心"相匹配。大力实施海洋文化精品工程和品牌战略,发展壮大海洋文化与创意产业	1. 大新华船舶租赁有限公司 2. 中航技国际租赁有限公司 3. 远东宏信租赁有限公司 4. 恒信金融租赁有限公司 5. 包含国有银行等组成的银团 6. 太平洋产险航运保险事业部	1. 2015年,建成门类较齐全的海洋服务体系 2. 2020年,初步形成要素集聚、体系完善、服务全国、面向世界的国际金融服务中心	1. 重点聚焦陆家嘴金融贸易区 2. 海洋高新科技产业园区 3. 上海航运保险行业指数项目 4. 航运保险运营中心 5. 洋泾国际航运服务创新试验区 6. 上海航运和金融产业基地 7. 董家渡船坞航运文化广场	争取国家支持先行先试,制定具有竞争力的金融发展政策,拓宽融资渠道,加强金融创新,完善金融体系,打开资本市场,引导民营资本进入。依托资源区位优势,创新产业集聚发展模式,扶持建设一批产业优势凸显、产业链完善、龙头企业主导、辐射带动作用强的现代海洋服务业产业园区

参考文献

[1] 许珊,张金玲.中国海洋服务业的发展政策研究[J].新西部：下旬·理论,2014(1)：51-52.

[2] 葛雪,王任祥.从“海陆统筹”视角探析国外港口发展海洋服务业的经验[J].宁波工程学院学报,2013,25(2)：28-32.

[3] 舒卫英.宁波市海洋服务业发展研究[J].西南师范大学学报：自然科学版,2014(2)：116-121.

[4] 吕惠明.海洋服务业的区域定位探析[J].管理世界,2011(11)：176-177.

[5] 王任祥,葛雪.长三角海洋服务业协调与联动发展对策[J].生态经济：学术版,2012(1)：314-318.

[6] 俞立平.中国海洋服务业的结构,地区差距及影响因素研究[J].宁波大学学报：人文科学版,2013,26(1)：102-106.

[7] 狄乾斌,周琳.中国沿海地区城市化与海洋服务业时空耦合协调发展评价[J].世界地理研究,2015,24(2)：88-95.

[8] 韩立民,李厥桐,陈明宝.中国海洋服务业关联度分析及对策建议[J].中国海洋大学学报：社会科学版,2010(1)：28-31.

[9] 郭丽芳,林珊.福建发展海洋服务业的瓶颈与对策[J].福建论坛：人文社会科学版,2013(11)：135-139.

[10] 陈翠,郭晋杰.海洋服务业产业结构的经济学分析及发展对策研究[J].海洋开发与管理,2014(9)：19.

（执笔：上海大学经济学院，
熊　雄　毕梦昭）

海洋指数

中国海洋产业指数排名和分析

摘要： 随着中国海洋经济的迅猛发展，编制中国海洋产业指数便于衡量不同地区海洋产业发展总体水平差距和结构状况，为沿海省市区根据自身情况制定合适发展战略提供依据。文章从规模、结构、效率、潜力四个方面构建了中国海洋产业指数，运用 spss 软件的主成分分析法进行测算。

关键词： 海洋产业指数　指标体系　主成分分析

21 世纪是海洋世纪，以争夺海洋资源、控制海洋空间、获取最大海洋经济利益为主要特征的国际海洋竞争日益加剧，沿海各国纷纷把发展海洋提升为强国战略，加速海洋产业转型升级，提高海洋经济的带动作用。自从中共十八大报告提出海洋强国战略以来，中国海洋经济得到迅猛发展，发展海洋产业已经成为沿海地区发展地区经济，扩大地区影响力的重要举措。因此，科学评价沿海地区海洋产业水平，合理把握沿海地区海洋发展的竞争力，对制定地区海洋发展战略，加快培育新的经济增长点，推进地区社会与经济持续发展具有重要的意义。本论文以海洋产业的内涵为基础，构建全面系统的评价指标体系，运用主成分分析法，对中国沿海 11 省市区海洋产业发展水平进行评价，揭示不同省市区海洋产业发展水平和结构状况，为沿海各地区认清自身海洋产业发展实力，制定合理的海洋产业发展战略和政策，抢占新一轮海洋产业发展制高点提供基础数据。

一、指标体系的建立

中国海洋产业指数是将有关中国沿海省市区海洋产业的众多不同计量单位的指标，通过统计的方法，加以汇总计算，来综合反映沿海地区的某个时期海洋产业所处的状态或发展趋势的综合指标体系。本论文从海洋产业的规模指数、结构指数、效率指数、潜力指数四个方面来评价中国沿海地区海洋产业发展水平。

规模指数是从宏观层面定量反映一个地区海洋产业生产的总量和水平，是地区海洋产业当前的业绩表现。本报告选用海洋产业产值、海洋产业增加值、涉海就业人员、集装箱吞吐量以及海洋产业增加值占比来分别反映沿海地区海洋产业的总体规模、总体增长规模，海洋产业就业人员规模，货运规模以及海洋产业在地区中的规模。

结构指数能够直接反映海洋产业中各海洋产业的构成及各海洋产业之间的联系和比例关系。各海洋产业部门的构成及相互之间的联系、比例关系不同，对海洋经济发展的贡献大小也不同。该分项指标包括海洋第三产业占比和海洋产业结构高度化，反映的是沿海地区海洋产业结构的优劣。

效率指数是沿海地区海洋产业对资源的利用效率，能够反映各地海洋产业的资源配置能力。本报告通过对海洋产业增长速度、海洋产业强度、劳动生产率、专门化率以及增加值率分析，反映沿海地区对资源的使用效率。

潜力指数就是可持续发展指标，指能够反映沿海地区海洋产业的发展程度和产业多元化发展方向。潜力指数从海洋科技创新水平和所有海洋资源两方面来反映。其中海洋科技竞争力水平是海洋经济发展水平的一个重要标志，也决定了一个地区海洋经济发展的水平。这些指标包括专利总数、海洋科技服务业占比以及海洋科研从业人员。而所有海洋资源通过确权海域面积来反映。

遵循评价指标体系构建的科学性、层次性、可操作性、目标导向等原则，将海洋产业指数的指标体系分为3个层次：总体层、系统层、指标层，综合考虑指标资料收集的可得性，共选取了16个指标，指标选取方面考虑了指标包含信息的全面性，无法避免指标之间的相关性。具体指标体系如表1示，其中部分指标直接使用海洋统计年鉴原始数据，部分指标经过原始数据指数计算得来，后者包括：海洋产业增加值占比、海洋第三产业占比、海洋产业强度、劳动生产率、海洋产业结构高度化指数、增加值率、专门化率。具体计算方法如下：

海洋产业增加值占比＝海洋产业增加值/国内生产总值(GDP)

海洋第三产业占比＝海洋第三产业产值/海洋产业产值

海洋产业强度＝海洋产业增加值/确权海域面积

劳动生产率＝海洋产业增加值/海洋从业人员数

海洋产业结构高度化，表示海洋第三产业在海洋产业总值中的比重

增加值率＝海洋产业增加值/海洋产业产值

用区位熵来测度中国海洋产业专门化率，即 $Q=\dfrac{e_i/E_i}{E_0/E_1}$，其中，$e_i$ 表示 i 地区海洋产业增加值，E_i 表示 i 地区国内生产总值，E_0 表示中国海洋产业总产值，E_1 表示中国国内生产总值。

表 1 中国海洋产业指数指标选取

总体层	系统层	指标层	指标含义	计算公式
海洋产业指数	规模指数	海洋产业产值(亿元)	反映海洋产业总体规模	—
		海洋产业增加值(亿元)	反映海洋产业总体增长规模	—
		海洋从业人员规模(万人)	涉海就业人员	—
		集装箱吞吐量(万吨)	国际标准集装箱吞吐量	—
		海洋产业增加值占比(%)	反映海洋产业在地区经济中的规模	海洋产业增加值/GDP
	结构指数	海洋第三产业占比(%)	反映海洋第三产业在整体产业中的规模	海洋第三产业产值/海洋产业产值
		海洋产业结构高度指数化	反映海洋产业结构高级化水平	
	效率指数	海洋产业增长速度(%)	反映海洋产业规模增长速度	—
		海洋产业强度(亿元/公顷)	单位海域面积增加值	海洋产业增加值/确权海域面积
		劳动生产率(万元/人)	反映海洋产业生产效率,即为劳均增加值	海洋产业增加值/涉海就业人员
		专门化率(区位熵)	反映地区海洋产业专业化程度	地区海洋产业产值占 GDP 的比重除以中国海洋产业产值占全国 GDP 的比重
		增加值率	反映海洋产业增加值占海洋产业总规模的比率	海洋产业增加值/海洋产业总产值
	潜力指数	确权海域面积(公顷)	反映海洋资源基础	—
		专利总数(件)	反映海洋产业科技创新能力	—
		海洋科教服务业占比(%)	反映海洋科研教育对海洋产业的支持力度	—
		海洋科研从业人员(人)	反映海洋产业人力资本投入	—

注:"—"表示指数数据直接来自《中国海洋统计年鉴》、《中国海洋经济统计公报》

在海洋产业指数的计算方法上,本文采用主成分分析法。根据主成分分析法的基本原理,主成分的个数可以通过累积贡献率来确定。通常以累积贡献率 a≥0.85 为标准。对于选定的 q 个主成分,若其累积贡献率达到了 85%,即 a=0.85,则主成分可确定为 q 个。它表示,所选定的 q 个主成分基本保留了原来的 p 个变量的信息。在决定主成分的个数时,应在 a=0.85 的条件下,尽量减少主成分的个数。以 2013 年的数据计算为例,在我们选定的 16 指标的方差贡献率,前 4 个主成分的累积方差贡献率为 86.21%,这意味着,要通过 4 个综合指标才能代表 16 个指标的变化,也就是说要将 16 个指标分为 4 个分指数,结果见表 2。

然后,根据各指标的载荷量和指标所要反映的海洋经济特征,将指标分为规模指

表2 主成分特征值及方差贡献率(2013)

初始特征值			提取平方和载入		
合 计	方差的 %	累积 %	合 计	方差的 %	累积 %
6.716	41.975	41.975	6.716	41.975	41.975
3.082	19.262	61.237	3.082	19.262	61.237
2.367	14.797	76.034	2.367	14.797	76.034
1.628	10.174	86.207	1.628	10.174	86.207
1.29	8.065	94.272	1.29	8.065	94.272
0.486	3.034	97.306			
0.278	1.736	99.042			
0.105	0.658	99.701			
0.032	0.197	99.898			

数、结构指数、效率指数和潜力指数四个分类指数。例如海洋产业增加值、海洋产业产值、海洋从业人员规模、集装箱吞吐量和海洋产业增加值占比的第一主成分分值较大。此类数据都和海洋产业规模有关,因此,将这5个指标归为海洋产业指数的规模指数。再比如海洋产业增长速度反映海洋产业规模增长速度,海洋产业强度,劳动生产率反映海洋产业生产效率,专门化率(区位熵)反映专业化程度,增加值率等指标与生产效率有关,因此将这几个指标归为效率指数。

按照定量和定性分析的结果,一个包含4个分类指数、16个指标的海洋产业指数的指标体系最终形成。在此基础上,计算出各个地区的主成分值,再与相应的主成分权重相乘,得出各沿海省市区的海洋产业指数。

二、数据采集与计算

数据选取2008至2013年天津、河北、辽宁、上海、江苏、浙江、福建、山东、广东、广西和海南的海洋产业相关指标。数据来自《中国海洋统计年鉴》、《海洋统计公报》和《中国统计年鉴》等。以2013年的数据为例,做详细的示范分析,运用SPSS软件的主成分分析法对指标体系进行测算,提取主成分。

表3显示了沿海11省市区的主成分分析得分与相应主成分的方差贡献率,以方差贡献率为权重,即可加权算出每个沿海省市区的综合得分,即海洋产业指数。再将这一得分排序即可得出沿海各省市区的排名情况。表4是2013年中国沿海省市区的指标数据。

表 3　综合得分的计算(2013)

fac1	fac2	fac3	fac4	fac5	方差贡献率					综合得分
−0.135 8	0.176 7	−2.190 9	1.790 5	−0.212 9	41.975	19.262	14.797	10.174	8.065	−0.18
−0.969 9	0.326 9	−0.670 2	−1.369 1	−0.762 6	41.975	19.262	14.797	10.174	8.065	−0.64
−0.273 3	−0.219 2	0.467 6	−0.294 8	2.364 9	41.975	19.262	14.797	10.174	8.065	0.07
−0.173 7	2.543 5	1.127 4	0.754 1	−0.094 5	41.975	19.262	14.797	10.174	8.065	0.65
−0.158 4	0.677 1	−0.395 0	−1.212 5	0.001 0	41.975	19.262	14.797	10.174	8.065	−0.12
0.378 9	−0.212 2	0.338 3	−0.768 3	−0.842 2	41.975	19.262	14.797	10.174	8.065	0.02
0.205 7	−0.430 0	0.031 5	0.329 0	−0.774 1	41.975	19.262	14.797	10.174	8.065	−0.02
1.148 9	−0.173 6	−0.590 3	0.036 3	1.363 3	41.975	19.262	14.797	10.174	8.065	0.48
2.213 9	−0.540 2	0.568 4	−0.088 9	−0.714 7	41.975	19.262	14.797	10.174	8.065	0.84
−1.157 3	−0.963 0	−0.196 6	−0.522 6	−0.023 0	41.975	19.262	14.797	10.174	8.065	−0.76
−1.079 0	−1.186 1	1.509 8	1.346 4	−0.305 1	41.975	19.262	14.797	10.174	8.065	−0.35

表 4　2013 年沿海省市区海洋产业相关指标

地区	海洋产业产值	海洋产业增加值	涉海就业人员	海洋产业增加值占比	海洋第三产业占比	国际标准集装箱吞吐量	海洋产业增长速度	单位海域增加值
天津	4 554.10	2 457.40	177.40	17.10	32.50	15 216.00	15.60	163.61
河北	1 741.80	938.60	96.70	3.30	43.20	2 051.00	7.40	55.18
辽宁	3 741.90	2 372.80	326.80	8.80	49.20	28 381.00	10.30	1.64
上海	6 305.70	3 757.50	212.60	17.40	63.20	34 243.00	6.00	4 756.33
江苏	4 921.20	2 820.80	194.90	4.80	46.00	5 536.00	4.20	5.51
浙江	5 257.90	3 025.90	427.50	8.10	49.90	19 659.00	6.30	41.67
福建	5 028.00	2 841.60	433.00	13.10	50.70	14 890.00	12.20	36.92
山东	9 696.20	5 726.50	533.40	10.50	45.20	22 758.00	8.10	4.52
广东	11 283.60	6 852.30	842.60	11.00	50.90	47 947.00	7.40	111.42
广西	899.40	546.30	114.90	3.80	41.00	1 703.00	18.20	11.66
海南	883.50	630.00	134.40	20.00	56.70	2 310.00	17.30	21.61
天津	13.90	3.32	0.54	2 646.00	1 502	153	4.90	2.32
河北	9.70	0.65	0.54	555.00	1 701	8	5.00	2.39
辽宁	7.30	1.45	0.63	2 107.00	144 861	1 544	13.80	2.36

（续表）

地区	劳动生产率	专门化率	增加值率	海洋科研从业人员	确权海域面积	专利总数	科教服务业占比	海洋产业结构高度化指数
上海	17.70	3.06	0.60	4 039.00	79	1 882	22.60	2.63
江苏	14.50	0.87	0.57	2 959.00	51 205	201	15.60	2.41
浙江	7.10	1.47	0.58	1 800.00	7 262	131	18.00	2.43
福建	6.60	2.42	0.57	1 276.00	7 697	224	14.90	2.42
山东	10.70	1.85	0.59	3 864.00	126 680	678	15.40	2.38
广东	8.10	1.91	0.61	3 250.00	6 150	527	24.90	2.49
广西	4.80	0.66	0.61	460.00	4 684	36	9.40	2.24
海南	4.70	2.94	0.71	215.00	2 915	2	21.20	2.33

数据来源：1.《中国海洋统计年鉴(2014)》；2.《中国海洋经济统计公报》；3.《中国沿海农村海洋能资源区划》、908 专项“中国近海海洋能调查与研究”项目

三、评价结果及分析

1. 综合指数得分及排名

根据 2008 到 2013 年中国沿海地区的相关数据，通过上述的计算方法，可以得出 2008 到 2013 年中国沿海地区海洋产业指数的得分及排名情况，如表 5、表 6 所示。

表 5 中国沿海地区海洋产业指数得分

地区	得分					
	2008	2009	2010	2011	2012	2013
天津	−0.61	−0.23	−0.17	0.08	−0.24	−0.18
河北	−0.53	−0.93	−0.7	−0.41	−0.58	−0.64
辽宁	−0.29	0.33	0.27	0.33	−0.02	0.07
上海	0.3	0.4	1.06	0.85	0.71	0.65
江苏	−0.05	−0.07	−0.35	0.08	−0.12	−0.12
浙江	0.18	0.05	−0.18	−0.16	0.04	0.02
福建	0.03	−0.01	−0.1	−0.15	−0.02	−0.02
山东	0.37	0.42	−0.02	0.34	0.38	0.48

（续表）

地区	得分					
	2008	2009	2010	2011	2012	2013
广东	1.16	0.88	0.39	0.49	0.90	0.84
广西	−0.43	−0.61	−0.55	−0.82	−0.69	−0.76
海南	−0.14	−0.23	0.35	−0.62	−0.34	−0.35

数据来源：通过对 2008 至 2013 年的《中国海洋统计年鉴》、《中国海洋经济统计公报》、《中国海洋统计年鉴》中的数据进行主成分分析计算得来

表 6 中国沿海地区海洋产业指数排名

地区	排名					
	2008	2009	2010	2011	2012	2013
天津	11	8	7	5	8	8
河北	10	11	11	9	10	10
辽宁	8	4	4	4	5	4
上海	3	3	1	1	2	2
江苏	6	7	9	6	7	7

(续表)

地区	排名					
	2008	2009	2010	2011	2012	2013
浙江	4	5	8	8	4	5
福建	5	6	6	7	5	6
山东	2	2	5	3	3	3
广东	1	1	2	2	1	1
广西	9	10	10	11	11	11
海南	7	9	3	10	9	9

数据来源：通过对2008至2013年的《中国海洋统计年鉴》、《中国海洋经济统计公报》中的相关数据进行主成分分析计算得来

2. 分项指数排名

根据2012与2013年中国沿海地区分项的相关数据，通过上述的计算方法，可以得出2013年中国沿海地区海洋产业指数分项指数的得分、排名及其变化情况，如表7、表8、表9、表10所示。

(1) 规模指数

表7　中国海洋产业规模指数排名

2013年排名	沿海省市名称	2013年得分	2012年排名	排名变化
1	广东	148.30	1	—
2	山东	71.91	2	—
3	上海	58.43	3	—
4	福建	13.55	4	—
5	天津	7.27	5	—
6	浙江	2.12	6	—
7	辽宁	−3.84	7	—
8	海南	−37.96	8	—
9	江苏	−50.25	9	—
10	河北	−102.11	10	—
11	广西	−107.43	11	—

数据来源：通过对2012与2013年的《中国海洋统计年鉴》、《中国海洋经济统计公报》中的相关数据进行主成分分析计算得来

(2) 结构指数

表8　中国沿海地区海洋产业结构指数排名

2013年排名	沿海省市名称	2013年得分	2012年排名	排名变化
1	上海	3.84	1	—
2	广东	1.14	3	上升1位
3	福建	0.46	4	上升1位
4	浙江	0.46	5	上升1位
5	海南	0.34	2	下降3位
6	江苏	−0.10	6	—
7	辽宁	−0.23	7	—
8	山东	−0.52	8	—
9	河北	−0.67	9	—
10	广西	−2.26	10	—
11	天津	−2.46	11	—

数据来源：通过对2012、2013年的《中国海洋统计年鉴》、《中国海洋经济统计公报》中的相关数据进行主成分分析计算得来

(3) 效率指数

表9　中国沿海地区海洋产业效率指数排名

2013年排名	沿海省市名称	2013年得分	2012年排名	排名变化
1	上海	144.85	1	—
2	天津	41.99	2	—
3	山东	−1.15	6	上升3位
4	江苏	−1.68	9	上升5位
5	广东	−9.60	7	上升2位
6	海南	−11.20	3	下降3位
7	福建	−12.01	4	下降3位
8	浙江	−25.23	8	—
9	辽宁	−27.97	5	下降4位
10	河北	−32.68	10	—
11	广西	−65.32	11	—

数据来源：通过对2012与2013年的《中国海洋统计年鉴》、《中国海洋经济统计公报》中的相关数据进行主成分分析计算得来

(4) 潜力指数

表 10　中国沿海地区海洋产业潜力指数排名

2013年排名	沿海省市名称	2013年得分	2012年排名	排名变化
1	辽宁	118.40	4	上升3位
2	山东	63.37	3	上升1位
3	上海	46.66	1	下降2位
4	广东	25.48	2	下降2位
5	江苏	18.31	5	—
6	天津	−15.21	9	上升3位
7	浙江	−36.17	6	下降1位
8	福建	−44.28	8	—
9	河北	−52.05	11	上升2位
10	广西	−55.96	10	—
11	海南	−68.54	7	下降4位

数据来源：通过对2012、2013年的《中国海洋统计年鉴》、《中国海洋经济统计公报》中的相关数据进行主成分分析计算得出

3. 单项指标排名

表 11　2013 年沿海地区海洋产业规模指标相关指标排名

地区	海洋产业产值	海洋产业增加值	涉海就业人员	海洋产业增加值占比	国际标准集装箱吞吐量
天津	7	7	8	3	6
河北	9	9	11	11	10
辽宁	8	8	5	7	3
上海	3	3	6	2	2
江苏	6	6	7	9	8
浙江	4	4	4	8	5
福建	5	5	3	4	7
山东	2	2	2	6	4
广东	1	1	1	5	1
广西	10	11	10	10	11
海南	11	10	9	1	9

数据来源：1.《中国海洋统计年鉴(2014)》；2.《中国海洋经济统计公报》；3.《中国沿海农村海洋能资源区划》、908专项“中国近海海洋能调查与研究”项目

表 12　2013 年沿海地区海洋产业结构指数相关指标排名

地区	海洋第三产业占比	海洋产业结构高度化指数
天津	11	10
河北	9	6
辽宁	6	8
上海	1	1
江苏	7	5
浙江	5	3
福建	4	4
山东	8	7
广东	3	2
广西	10	11
海南	2	9

数据来源：1.《中国海洋统计年鉴(2014)》；2.《中国海洋经济统计公报》；3.《中国沿海农村海洋能资源区划》、908专项“中国近海海洋能调查与研究”项目

表 13　2013 年沿海地区海洋产业效率指标相关指标排名

地区	海洋产业增长速度	单位海域增加值	劳动生产率	专门化率	增加值率
天津	3	2	3	1	10
河北	7	4	5	11	10
辽宁	5	11	7	8	2
上海	10	1	1	2	5
江苏	11	9	2	9	8
浙江	9	5	8	7	7
福建	4	6	9	4	8
山东	6	10	4	6	6
广东	7	3	6	5	3
广西	1	8	10	10	3
海南	2	7	11	3	1

表 14 2013 年沿海地区海洋产业潜力指标相关指标排名

地区	确权海域面积	海洋科研从业人员	专利总数	科教服务业占比
天津	10	5	7	11
河北	9	9	10	10
辽宁	1	6	2	8
上海	11	1	1	2
江苏	3	4	6	5
浙江	5	7	8	4
福建	4	8	5	7
山东	6	2	3	6
广东	2	3	4	1
广西	7	10	9	9
海南	8	11	11	3

4. 结果分析

从分项指标来考虑,通过对表 7、表 8、表 9 以及表 10 的沿海地区海洋产业规模指数、结构指数、效率指数以及潜力指数的测量,我们分别从海洋产业规模、结构、效率以及潜力的角度可以把中国沿海地区划分为如表 15、表 16、表 17 以及表 18 的梯队。

表 15 中国沿海地区海洋产业规模指数梯队划分

第一梯队	广东、山东、上海
第二梯队	福建、天津、浙江、辽宁
第三梯队	海南、江苏、河北、广西

表 16 中国沿海地区海洋产业结构指数梯队划分

第一梯队	上海、广东
第二梯队	福建、浙江、海南
第三梯队	江苏、辽宁、山东、河北、广西、天津

表 17 中国沿海地区海洋产业效率指数梯队划分

第一梯队	上海、天津
第二梯队	山东、江苏、广东、海南、福建
第三梯队	浙江、辽宁、河北、广西

表 18 中国沿海地区海洋产业潜力指数梯队划分

第一梯队	辽宁、山东、上海
第二梯队	广东、江苏、天津
第三梯队	浙江、福建、河北、广西、海南

从分项指数的分析结果可以看出,上海、广东、山东处于第一梯队,尤其是上海,测评得分都很高,每个分项指数都处于第一梯队。上海市和广东省的海洋经济实力相对于其他沿海地区的优势主要受益于其陆域经济的带动。陆域经济对海洋经济有很强的支撑和推动作用,海洋经济对陆域经济具有较强的依附性。山东省得益于它广阔的海域面积,虽然经济整体实力弱于上海和广东,但山东半岛蓝色经济区的建设,其海洋产业发展迅速,海洋经济实力明显增强,相对于其他沿海地区优势明显,故其也处于第一梯队。

辽宁、浙江、福建、江苏、天津、海南处于第二梯队,处于第二梯队的六个省市区最明显的特征是其排名具有波动性。虽然近年来,这六个沿海省市的海洋经济综合实力都有明显提高,但相对于第一梯队的三个省市还有一定的差距,相对于第三梯队的河北和广西又有一定的优势,因此把它们放在第二梯队。第二梯队的六个省市海洋经济各指标有所差距,每年的排名也有一定的波动,但总体上它们的海洋经济综合实力都在快速提高。

第三梯队包括河北和广西。从上述分析结果可以看出,河北和广西一直处于沿海地区的末端,河北由于其对海洋经济的重视不足,海洋产业投入较少,产业结构不合理,陆域经济对海洋经济的支撑力不强,海洋产业整体规划相对滞后,因此它的海洋经济综合实力较弱。广西由于其海洋经济还处于自我发展的初级阶段,海洋经济总量较小,产业结构不合理。因此河北和广西的海洋经济综合实力处于11个沿海省市区的末端。

从海洋产业综合指数来看也符合上述的推断,综上所述中国沿海省市海洋产业综合实力梯队划分如表19所示。

表19 中国沿海省市海洋产业综合实力梯队划分

第一梯队	上海、广东、山东
第二梯队	辽宁、浙江、福建、江苏、天津、海南
第三梯队	河北、广西

(执笔:上海大学经济学院,
高 空 熊 雄 于丽丽 何淑芳)

统计数据

海洋经济核算

表 1　全国海洋生产总值及其构成

年份	海洋生产总值(亿元)	海洋第一产业(亿元)	第一产业占比(%)	海洋第二产业(亿元)	第二产业占比(%)	海洋第三产业(亿元)	第三产业占比(%)	海洋生产总值占国内生产总值比重(%)	海洋生产总值增速(%)
2001	9 518.4	646.3	6.8	4 152.1	43.6	4 720.1	49.6	8.68	
2002	11 270.5	730.0	6.5	4 866.2	43.2	5 674.3	50.3	9.37	19.8
2003	11 952.3	766.2	6.4	5 367.6	44.9	5 818.5	48.7	8.80	4.2
2004	14 662.0	851.0	5.8	6 662.8	45.4	7 148.2	48.8	9.17	16.9
2005	17 655.6	1 008.9	5.7	8 046.9	45.6	8 599.8	48.7	9.55	16.3
2006	21 592.4	1 228.8	5.7	10 217.8	47.3	10 145.7	47.0	9.98	18.0
2007	25 618.7	1 395.4	5.4	12 011.0	46.9	12 212.3	47.7	9.64	14.8
2008	29 718.0	1 694.3	5.7	13 735.3	46.2	14 288.4	48.1	9.46	9.9
2009	32 277.6	1 857.7	5.8	14 980.3	46.4	15 439.5	47.8	9.47	9.2
2010	39 572.2	2 008.0	5.1	18 935.0	47.8	18 629.8	47.1	9.86	14.7
2011	45 570.0	2 327.0	5.1	21 835.0	47.9	21 408.0	47.0	9.70	10.4
2012	50 087.0	2 683.0	5.3	22 982.0	45.9	24 422.0	48.8	9.60	7.9
2013	54 313.0	2 918.0	5.4	24 908.0	45.8	26 487.0	48.8	9.50	7.6
2014	59 936.0	3 226.0	5.4	27 049.0	45.1	29 661.0	49.5	9.40	7.7

注：2001—2010 年数据来源于中国海洋统计年鉴，2011—2014 年数据来源于海洋统计公报
数据来源：《中国海洋统计年鉴(2011)》、《中国海洋统计公报》

表 2　全国海洋及相关产业增加值及其构成

年份	合计(亿元)	海洋产业(亿元)	主要海洋产业(亿元)	海洋科研教育管理服务业(亿元)	海洋产业占比(%)	主要海洋产业占比(%)	海洋科研教育管理服务业占比(%)	海洋相关产业(亿元)	海洋相关产业占比(%)
2001	9 518.4	5 733.6	3 856.6	1 877.0	60.2	40.5	19.7	3 784.8	39.8
2002	11 270.5	6 787.3	4 696.8	2 090.5	60.2	41.7	18.5	4 483.2	39.8
2003	11 952.3	7 137.3	4 754.4	2 383.3	59.7	39.8	19.9	4 814.6	40.3

（续表）

年份	合计（亿元）	海洋产业（亿元）	主要海洋产业（亿元）	海洋科研教育管理服务业（亿元）	海洋产业占比（%）	主要海洋产业占比（%）	海洋科研教育管理服务业占比（%）	海洋相关产业（亿元）	海洋相关产业占比（%）
2004	14 662. 0	8 710. 1	5 827. 7	2 882. 5	59. 4	39. 7	19. 7	5 951. 9	40. 6
2005	17 655. 6	10 539. 0	7 188. 0	3 350. 9	59. 7	40. 7	19. 0	7 116. 6	40. 3
2006	21 592. 4	12 696. 7	8 790. 4	3 906. 4	58. 8	40. 7	18. 1	8 895. 6	41. 2
2007	25 618. 7	15 070. 6	10 478. 3	4 592. 3	58. 8	40. 9	17. 9	10 548. 0	41. 2
2008	29 718. 0	17 591. 2	12 176. 0	5 415. 2	59. 2	41. 0	18. 2	12 126. 8	40. 8
2009	32 277. 6	18 822. 0	12 843. 6	5 978. 4	58. 3	39. 8	18. 5	13 455. 6	41. 7
2010	39 572. 7	22 831. 0	16 187. 8	6 643. 1	57. 7	40. 9	16. 8	16 741. 7	42. 3
2011	45 496. 0	26 422. 0	18 865. 2	7 556. 8	58. 1	41. 5	16. 6	19 074. 1	41. 9
2012	50 045. 2	29 264. 4	20 829. 9	8 434. 6	58. 5	41. 6	16. 9	20 780. 8	41. 5
2013	54 313. 2	31 969. 5	22 681. 1	9 288. 4	58. 9	41. 8	17. 1	22 343. 7	41. 1
2014	59 936. 0	35 611. 0	25 156. 0	10 455. 0	59. 4	42. 0	17. 4	24 315. 0	40. 6

数据来源：《中国海洋统计年鉴（2014）》

表 3　全国主要海洋产业增加值　（单位：亿元）

主要海洋产业	2001	2002	2003	2004	2005	2006	2007	2008	2009	2010	2011	2012	2013	2014
海洋电力业	1. 8	2. 2	2. 8	3. 1	3. 5	4. 4	5. 1	11. 3	20. 8	38. 1	59. 2	77. 3	86. 7	99. 0
海洋船舶工业	109. 3	117. 4	152. 8	204. 1	275. 5	339. 5	524. 9	742. 6	986. 5	1 215. 6	1 352. 0	1 291. 3	1 182. 8	1 387. 0
海洋生物医药	5. 7	13. 2	16. 5	19. 0	28. 6	34. 8	45. 4	56. 6	52. 1	83. 8	150. 8	184. 7	224. 3	258. 0
海洋工程建筑	109. 2	145. 4	192. 6	231. 8	257. 2	423. 7	499. 7	347. 8	672. 3	847. 2	1 086. 8	1 353. 8	1 680. 0	2 103. 0
滨海旅游业	1 072. 0	1 523. 7	1 105. 8	1 522. 0	2 010. 6	2 619. 6	3 225. 8	3 766. 4	4 352. 3	5 303. 1	6 239. 9	6 931. 8	7 851. 4	8 882. 0
海水利用业	1. 1	1. 3	1. 7	2. 4	3. 0	5. 2	6. 2	7. 4	7. 8	8. 9	10. 4	11. 1	12. 4	14. 0
海洋油气业	176. 8	181. 8	257. 0	345. 1	528. 2	668. 9	666. 9	1 020. 5	614. 1	1 302. 2	1 719. 7	1 718. 7	1 648. 3	1 530. 0
海洋交通运输业	1 316. 4	1 507. 4	1 752. 5	2 030. 7	2 373. 3	2 531. 4	3 035. 6	3 499. 3	3 146. 6	3 785. 8	4 217. 5	4 752. 6	5 110. 8	5 562. 0

(续表)

主要海洋产业	2001	2002	2003	2004	2005	2006	2007	2008	2009	2010	2011	2012	2013	2014
海洋渔业	966.0	1 091.2	1 145.0	1 271.2	1 507.6	1 672.0	1 906.0	2 228.6	2 440.8	2 851.6	3 202.9	3 560.5	3 872.3	4 293.0
海洋化工业	64.7	77.1	96.3	151.5	153.3	440.4	506.6	416.8	465.3	613.8	695.9	843.0	907.6	911.0
海洋矿业	1.0	1.9	3.1	7.9	8.3	13.4	16.3	35.2	41.6	45.2	53.3	45.1	49.1	53.0
海洋盐业	32.6	34.2	28.4	39.0	39.1	37.1	39.9	43.6	43.6	65.5	76.8	60.1	55.5	63.0

数据来源:《中国海洋统计年鉴(2014)》

表 4　区域海洋产业发展情况

年份	环渤海地区海洋生产总值(亿元)	长江三角洲地区海洋生产总值(亿元)	珠江三角洲地区海洋生产总值(亿元)	环渤海地区海洋生产总值占全国海洋生产总值比重	长江三角洲地区海洋生产总值占全国海洋生产总值比重	珠江三角洲地区海洋生产总值占全国海洋生产总值比重
2003	2 778.53	3 398.87	2 112	27.60%	33.70%	21%
2004	4 116	4 169	2 417	32.10%	32.50%	18.80%
2005	5 510	5 860	3 000	32.40%	34.50%	17.70%
2006	6 906	6 869	3 998	33.00%	33.00%	19.10%
2007	9 542	7 748	4 755	38.30%	31.10%	19.10%
2008	10 706	9 584	5 825	36.10%	32.30%	19.60%
2009	12 015	9 466	6 614	37.60%	29.60%	20.70%
2010	13 271	12 059	8 291	34.50%	31.40%	21.60%
2011	16 442	13 721	9 807	36.10%	30.10%	21.50%
2012	18 078	15 440	10 028	36.10%	30.80%	20.00%
2013	19 734	16 485	11 284	36.30%	30.40%	20.80%
2014	22 152	17 739	12 484	37.00%	29.60%	20.80%

数据来源:《中国海洋统计公报》

表 5　2013 年沿海地区海洋生产总值及其构成

地区	海洋生产总值(亿元)	海洋第一产业(亿元)	海洋第二产业(亿元)	海洋第三产业(亿元)	海洋第一产业占比(%)	海洋第二产业占比(%)	海洋第三产业占比(%)	海洋生产总值占沿海地区生产总值比重(%)
合计	54 313.2	2 918.0	24 909.0	2 648.2	5.4	45.9	48.8	15.8
天津	4 554.1	8.7	3 065.7	1 479.7	0.2	67.3	32.5	31.7
河北	1 741.8	77.9	911.4	752.5	4.5	52.3	43.2	6.2
辽宁	3 741.9	499.6	1 402.7	1 839.6	13.4	37.5	49.2	13.8

（续表）

地区	海洋生产总值（亿元）	海洋第一产业（亿元）	海洋第二产业（亿元）	海洋第三产业（亿元）	海洋第一产业占比（%）	海洋第二产业占比（%）	海洋第三产业占比（%）	海洋生产总值占沿海地区生产总值比重（%）
上海	6 305.7	3.9	2 318.0	3 983.8	0.1	36.8	63.2	29.2
江苏	4 921.2	225.6	2 432.2	2 263.5	4.6	49.4	46.0	8.3
浙江	5 257.9	378.1	2 258.2	2 621.5	7.2	42.9	49.9	14.0
福建	5 028.0	450.6	2 026.2	2 551.2	9.0	40.3	50.7	23.1
山东	9 696.2	715.7	4 593.9	4 386.6	7.4	47.4	45.2	17.7
广东	11 283.6	192.7	5 352.6	5 738.3	1.4	47.4	50.9	18.2
广西	899.4	154.0	376.9	368.6	17.1	41.9	41.0	6.3
海南	883.5	211.2	171.3	501.0	23.9	19.4	56.7	28.1

数据来源：《中国海洋统计年鉴(2014)》

表 6　2013 年沿海地区海洋及相关产业增加值及其构成

地区	合计（亿元）	海洋产业（亿元）	主要海洋产业（亿元）	海洋科研教育管理服务业（亿元）	海洋产业占比（%）	主要海洋产业占比（%）	海洋科研教育管理服务业占比（%）	海洋相关产业（亿元）	海洋相关产业占比（%）
合计	54 313.2	31 969.5	22 681.1	9 288.4	58.9	41.8	17.1	22 343.7	41.1
天津	4 554.1	2 457.4	2 235.2	222.2	54.0	49.1	4.9	2 096.7	46.0
河北	1 741.8	938.6	851.6	87.0	53.9	48.9	5.0	803.2	46.1
辽宁	3 741.9	2 372.8	1 857.2	515.6	63.4	49.6	13.8	1 369.1	43.6
上海	6 305.7	3 757.5	2 335.3	1 422.2	59.6	37.0	22.6	2 548.2	40.4
江苏	4 921.2	2 820.8	2 054.9	765.9	57.3	41.8	15.6	2 100.5	42.7
浙江	5 257.9	3 025.9	2 078.2	947.7	57.6	39.5	18.0	2 232.0	42.4
福建	5 028.0	2 841.6	2 091.4	750.2	56.5	41.6	14.9	2 186.3	43.5
山东	9 696.2	5 726.5	4 232.7	1 493.8	59.1	43.7	15.4	3 969.7	40.9
广东	11 283.6	6 852.3	4 040.3	2 811.9	60.7	35.8	24.9	4 431.4	39.3
广西	899.4	546.3	461.9	84.4	60.7	51.4	9.4	353.2	39.3
海南	883.5	630.0	442.5	187.5	71.3	50.5	21.2	253.5	28.7

数据来源：《中国海洋统计年鉴(2014)》

主要海洋产业活动

表7 海洋捕捞养殖产量 (单位:吨)

年 份	海水水产品产量	海洋捕捞产量	海水养殖产量
2003	26 856 182	14 323 121	12 533 061
2004	27 677 907	14 510 858	13 167 049
2005	28 380 831	14 532 984	13 847 847
2006	25 096 234	12 454 668	12 641 566
2007	25 508 880	12 435 480	13 073 400
2008	27 844 671	13 408 617	14 436 054
2009	28 805 399	13 440 772	15 364 627
2010	27 975 312	12 035 946	14 823 008
2011	29 080 487	12 419 386	15 513 292
2012	30 333 437	12 671 891	16 438 105
2013	31 388 253	12 643 822	17 392 453

数据来源:根据《中国海洋统计年鉴》2006—2014年数据整理

表8 沿海地区海洋捕捞养殖产量 (单位:吨)

地区	海洋捕捞产量			远洋捕捞产量			海水养殖产量		
	2011年	2012年	2013年	2011年	2012年	2013年	2011年	2012年	2013年
合计	12 419 386	12 671 891	12 643 822	1 147 809	1 223 441	1 351 978	15 513 292	16 438 105	17 392 453
天津	17 051	16 516	53 432	7 986	10 793	13 027	13 305	14 285	12 269
河北	251 761	252 570	230 539	—	—	—	311 520	382 061	452 270
辽宁	1 061 607	1 079 288	1 079 259	161 167	178 376	204 434	2 435 184	2 635 627	2 827 609
上海	21 457	20 387	19 639	100 129	110 198	105 186	—	—	—
江苏	568 108	566 085	553 787	10 324	13 770	19 549	842 408	904 959	938 742
浙江	3 030 202	3 160 189	3 192 000	234 703	290 881	368 186	844 941	861 364	871 700
福建	1 916 560	1 927 150	1 937 300	183 570	212 330	230 526	3 161 489	3 326 595	3 548 960
山东	2 384 444	2 363 321	2 315 178	127 993	134 982	113 062	4 134 775	4 362 443	4 566 350
广东	1 452 615	1 510 457	1 490 821	73 896	55 616	63 181	2 655 746	2 757 362	2 870 020
广西	665 281	666 603	650 599	4 140	4 012	2 789	923 804	977 307	1 056 461
海南	1 050 300	1 109 325	1 121 263	—	—	—	190 120	216 102	248 072

数据来源:根据《中国海洋统计年鉴》2012—2014年数据整理

表 9　沿海地区原油、天然气、矿业及海盐产量

地区	海洋原油产量(万吨)			海洋天然气产量(万立方米)			海洋矿业产量(吨)			海盐产量(万吨)		
	2011 年	2012 年	2013 年	2011 年	2012 年	2013 年	2011 年	2012 年	2013 年	2011 年	2012 年	2013 年
合计	4 451.97	4 444.79	4 541.09	1 214 519	1 228 188	1 176 455	42 310 427	43 512 901	44 343 191	3 322.42	2 986.42	2 681.13
天津	2 770.20	2 680.34	2 634.68	213 719	246 705	261 682	—	—	—	181.00	169.95	152.18
河北	229.05	237.77	239.87	50 987	55 570	67 201	—	—	—	402.25	344.69	287.64
辽宁	10.75	10.75	11.29	2 370	1 580	1 410	—	—	—	133.62	117.39	98.28
上海	16.10	16.10	18.65	71 789	88 044	79 702	—	—	—	—	—	—
江苏	—	—	—	—	—	—	—	—	—	94.25	78.10	77.63
浙江	—	—	—	—	—	—	27 498 400	27 269 800	21 344 200	13.99	10.88	15.85
福建	—	—	—	—	—	—	2 598 700	2 645 700	2 995 100	48.50	27.04	29.22
山东	257.15	257.15	291.30	12 280	12 521	12 911	9 453 747	10 184 021	13 184 466	2 418.63	2 219.10	1 989.92
广东	1 168.72	1 222.75	1 345.30	863 374	823 768	753 549	—	—	—	15.80	8.62	7.75
广西	—	—	—	—	—	—	260 000	356 600	4 810 000	3.63	16.43	16.10
海南	—	—	—	—	—	—	2 499 580	3 056 780	2 009 425	10.75	4.22	6.56

数据来源:《中国海洋统计年鉴(2014)》

表 10　沿海地区国际标准集装箱运量和吞吐量

地　区	国际标准集装箱运量(万吨)			国际标准集装箱吞吐量(万吨)		
	2011 年	2012 年	2013 年	2011 年	2012 年	2013 年
合　计	49 348	52 301	54 765	157 969	175 986	194 693
天　津	85	62	168	11 929	13 442	15 216
河　北	36	20	18	1 251	1 351	2 051
辽　宁	521	473	427	19 115	24 733	28 381
上　海	22 981	26 378	23 722	31 220	32 480	34 243
江　苏	3 961	4 063	4 218	4 626	5 012	5 536
浙　江	2 781	2 948	3 291	15 747	17 811	19 659
福　建	4 673	4 373	5 419	12 099	13 308	14 890
山　东	2 345	1 927	1 414	17 738	19 912	22 758
广　东	7 342	6 618	7 244	41 315	44 495	47 947
广　西	2 367	2 598	3 080	1 165	1 358	1 703
海　南	2 256	2 839	1 874	1 764	2 084	2 310
其　他	—	—	—	—	—	—

数据来源:《中国海洋统计年鉴(2014)》

表 11 沿海主要城市旅游人数及国际旅游收入

城市	国内旅游人数(万人次)			入境旅游者人数(人次)			国际旅游(外汇)收入(万美元)		
	2010 年	2011 年	2012 年	2011 年	2012 年	2013 年	2011 年	2012 年	2013 年
天　津	6 118	10 605	—	730 615	737 481	758 594	175 553	222 641	259 128
秦皇岛	1 861	2 101	2 313	264 372	286 401	188 041	13 770	19 451	25 573
大　连	3 777	4 261	4 687	1 170 035	1 284 176	734 605	80 519	87 349	81 341
上　海	21 463	23 079	—	6 686 144	6 512 347	6 140 911	575 118	549 323	524 470
南　通	1 483	2 109	2 408	404 852	440 788	216 944	39 916	42 995	11 196
连云港	1 210	1 656	1 894	132 289	144 684	24 228	12 869	14 434	1 668
杭　州	6 305	7 181	8 237	3 063 140	3 311 225	1 060 360	195 710	220 165	216 047
宁　波	4 624	5 181	5 748	1 073 872	1 162 088	426 258	65 472	73 428	79 656
温　州	3 537	4 123	4 887	470 504	575 397	290 335	25 602	31 887	42 064
福　州	2 275	2 680	3 107	761 665	851 328	568 853	102 854	110 817	128 932
厦　门	2 178	2 569	2 979	1 799 205	2 124 163	1 072 263	129 901	157 728	160 712
泉　州	1 351	1 083	2 170	846 389	951 424	622 476	79 661	90 446	105 483
漳　州	1 002	951	1 348	293 728	330 669	238 194	18 781	22 878	21 855
青　岛	4 397	4 956	5 591	1 156 391	1 270 076	782 632	68 933	82 459	79 363
烟　台	3 272	3 863	4 450	548 533	530 184	328 872	46 816	48 146	46 313
威　海	2 112	2 372	2 669	415 114	456 594	278 003	21 855	25 283	23 851
广　州	3 692	3 816	4 017	7 786 900	7 866 031	7 681 966	485 306	514 458	516 884
深　圳	2 265	2 628	2 941	11 045 500	12 064 451	12 148 971	374 474	432 882	453 102
珠　海	1 055	1 215	1 299	3 208 300	2 975 791	2 632 331	106 685	95 045	83 767
汕　头	769	890	1 026	140 700	147 800	155 222	5 071	5 175	5 431
湛　江	602	909	1 247	142 300	147 400	190 247	3 630	4 816	5 845
中　山	540	605	744	608 000	558 573	537 743	24 717	21 979	23 891
北　海	938	1 101	1 311	83 073	98 759	80 026	2 574	3 429	4 308
海　口	723	831	935	146 808	179 741	156 632	3 845	4 474	4 210
三　亚	841	968	1 054	528 942	481 437	481 851	31 259	26 565	25 991

数据来源:《中国海洋统计年鉴(2014)》

主要海洋产业生产能力

表 12 沿海地区海水可养殖面积和养殖面积

地 区	海水可养殖面积(千公顷)	海水养殖面积(公顷)				
		2009 年	2010 年	2011 年	2012 年	2013 年
合 计	2 599.67	1 865 944	2 080 880	2 106 382	2 180 927	2 315 569
天 津	18.49	4 304	3 982	4 110	3 992	3 169
河 北	111.37	121 013	123 810	134 264	134 682	117 928
辽 宁	725.84	630 700	763 101	751 387	813 035	942 050
上 海	3.22	—	—	—	—	—
江 苏	139.00	172 754	192 426	201 073	199 352	193 807
浙 江	101.46	94 514	93 905	90 839	89 747	89 358
福 建	184.94	133 942	137 636	142 315	145 486	154 453
山 东	358.21	441 403	500 946	512 126	523 705	546 814
广 东	835.67	194 766	199 258	203 410	201 834	197 198
广 西	31.95	57 300	51 287	52 212	53 249	54 001
海 南	89.52	15 248	14 529	14 646	15 845	16 791

数据来源:《中国海洋统计年鉴(2010—2014)》

表 13 沿海地区各类资源分布情况

地 区	水资源总量(亿立方米)	人均水资源量(立方米/人)	湿地面积(万公顷)	近岸及海岸(万公顷)	湿地面积占国土面积比重(%)
天 津	14.6	101.5	29.6	10.4	14.95
河 北	175.9	240.6	94.2	23.2	5.82
辽 宁	463.2	1 055.2	139.5	71.3	8.37
上 海	28.0	116.9	46.5	38.7	53.68
江 苏	283.5	357.6	282.3	108.8	16.32
浙 江	931.3	1 697.2	111.0	69.3	7.88
福 建	1 151.9	3 062.7	81.7	57.6	3.65
山 东	291.7	300.4	173.8	72.9	11.72
广 东	2 263.2	2 131.2	175.3	81.5	2.76
广 西	2 057.3	4 376.8	75.4	25.9	9.13
海 南	502.1	5 636.8	32.0	20.2	4.01
全 国	27 957.9	2 059.7	1 246.6	579.6	4.01

数据来源:《中国海洋统计年鉴(2014)》

表 14 沿海地区海洋新能源资源分布情况 (单位：万千瓦)

地区	潮汐能	波浪能	潮流能	近海风能
河北	1.02	14.4	—	3 484
辽宁	59.66	25.5	113.05	7 631
上海	70.4	165	30.49	4 008
江苏	0.11	29.1	—	17 061
浙江	891.39	205	709.03	10 305
福建	1 033.29	166	128.05	21 123
山东	12.42	161	117.79	14 355
广东	57.27	174	37.66	12 457
广西	39.36	7.2	2.31	2 523
海南	9.06	56.3	28.24	1 236
台湾	5.62	429	228.25	—
合计	2 179.6	1 432.5	1 394.87	94 183

注：潮汐能、波浪能、潮流能为理论装机容量，近海风能为储量

数据来源：《中国沿海农村海洋能资源区划》、908 专项"中国近海海洋能调查与研究"项目

涉 海 就 业

表 15 全国涉海就业人员情况

地区	总数(万人)							占地区就业人员比重(%)						
	2001	2008	2009	2010	2011	2012	2013	2001	2008	2009	2010	2011	2012	2013
合计	2 107.6	3 218.3	3 270.6	3 350.8	3 421.7	3 468.8	3 514.3	8.1	10.3	10.1	10.1	10.2	10.1	10.3
天津	106.4	162.5	165.1	169.2	172.7	175.1	177.4	25.9	32.3	32.6	32.5	32.4	32.5	32.5
河北	58.0	88.6	90.0	92.2	94.2	95.5	96.7	1.7	2.4	2.3	2.4	2.4	2.5	2.6
辽宁	196.0	299.3	304.2	311.6	318.2	322.6	326.8	10.7	14.3	13.9	13.9	13.8	13.9	13.9
上海	127.5	194.7	197.9	202.7	207.0	209.8	212.6	18.4	21.7	21.3	21.9	21.8	22.0	22.3
江苏	116.9	178.5	181.4	185.9	189.8	192.4	194.9	3.3	4.1	4.0	3.9	4.0	3.9	4.1
浙江	256.4	391.5	397.9	407.6	416.3	422.0	427.5	9.2	10.6	10.4	10.2	10.3	10.4	10.2
福建	259.7	396.6	403.0	412.9	421.6	427.4	433.0	15.5	19.1	18.6	18.9	19.0	18.9	19.0
山东	319.9	488.5	496.4	508.6	519.4	526.5	533.4	6.8	9.1	9.1	9.0	9.1	9.0	8.9
广东	505.3	771.6	784.1	803.4	820.4	831.6	842.6	12.8	14.1	13.9	13.9	14.0	13.7	13.9
广西	68.9	105.2	106.9	109.5	111.9	113.4	114.9	2.7	3.7	3.7	3.7	3.7	3.8	3.7
海南	80.6	120.5	123.1	125.1	128.1	132.7	134.4	23.7	29.1	29.9	29.0	28.7	29.0	28.9
其他	12.0	17.9	18.3	18.6	19.1	19.7	20.0	—	—	—	—	—	—	—

注：2008—2013 年为推算数据；其他地区为非沿海地区涉海就业人员数

数据来源：根据《中国海洋统计年鉴》2009—2014 年数据整理

表 16 全国主要海洋产业就业人员情况 (单位：万人)

海 洋 产 业	2001	2008	2009	2010	2011	2012	2013
合 计	719.1	1 097.0	1 115.0	1 142.2	1 167.5	1 183.5	1 199.1
海洋渔业及相关产业	348.3	531.3	540.0	553.2	565.5	573.2	580.8
海洋石油和天然气业	12.4	18.9	19.2	19.7	20.1	20.4	20.7
滨海砂矿业	1.0	1.5	1.6	1.6	1.6	1.6	1.7
海洋盐业	15.0	22.9	23.3	23.8	24.4	24.7	25.0
海洋化工业	16.1	24.6	25.0	25.6	26.1	26.5	26.8
海洋生物医药业	0.6	0.9	0.9	1.0	1.0	1.0	1.0
海洋电力和海水利用业	0.7	1.1	1.1	1.1	1.1	1.2	1.2
海洋船舶工业	20.6	31.4	31.9	32.7	33.4	33.9	34.3
海洋工程建筑业	38.8	59.2	60.2	61.6	63.0	63.9	64.7
海洋交通运输业	50.8	77.5	78.8	80.7	82.5	83.6	84.7
滨海旅游业	78.3	119.5	121.4	124.4	127.1	128.9	130.6
其他海洋产业	136.5	208.2	211.6	216.8	221.6	224.7	227.6

注：2008—2013 年为推算数据
数据来源：根据《中国海洋统计年鉴》2009—2014 年数据整理

海洋教育与科学技术

表 17 全国海洋专业毕业生人数情况 (单位：人)

地区	博士研究生毕业生数			硕士研究生毕业生数			本、专科学生毕业生数		
	2011	2012	2013	2011	2012	2013	2011	2012	2013
合计	6 252	6 983	7 499	7 945	8 819	9 352	13 701	13 518	13 112
北京	3 276	3 604	3 695	3 074	3 551	3 624	4 531	4 657	4 029
天津	125	155	176	605	642	688	1 162	1 137	1 150
河北	25	36	43	113	127	128	337	337	330
辽宁	116	134	152	408	411	465	857	931	913
上海	451	504	559	855	953	1 052	1 491	1 451	1 543
江苏	281	308	349	454	480	485	991	788	779
浙江	113	133	149	413	468	525	770	760	782
福建	96	114	167	265	292	324	506	512	583
山东	653	741	809	737	845	884	1 397	1 316	1 336

(续表)

地区	博士研究生毕业生数			硕士研究生毕业生数			本、专科学生毕业生数		
	2011	2012	2013	2011	2012	2013	2011	2012	2013
广东	639	724	802	612	655	756	1 004	881	1 027
广西	13	13	15	68	68	66	265	271	273
海南	5	6	7	34	39	40	74	74	87
其他	459	511	575	307	288	315	316	303	280

数据来源：根据《中国海洋统计年鉴》2012—2014 年数据整理

表 18　全国海洋科研机构科技活动人员数情况

合计	科技活动人员数(人)			从业人员数(人)			科技活动人员数占从业人员比重(%)		
	2011	2012	2013	2011	2012	2013	2011	2012	2013
合计	30 642	31 487	32 349	37 445	37 679	38 754	81.83%	83.57%	83.47%
北京	11 949	12 346	12 371	13 704	13 857	13 976	87.19%	89.10%	88.52%
天津	2 056	2 116	2 192	2 586	2 628	2 646	79.51%	80.52%	82.84%
河北	535	531	525	554	552	555	96.57%	96.20%	96.60%
辽宁	1 601	1 662	1 706	2 118	2 077	2 107	75.59%	80.02%	80.97%
上海	3 011	3 127	3 366	3 542	3 721	4 039	85.01%	84.04%	83.34%
江苏	1 943	1 762	1 728	3 295	2 900	2 959	58.97%	60.76%	58.40%
浙江	1 336	1 407	1 500	1 614	1 695	1 800	82.78%	83.01%	83.33%
福建	968	1 015	1 224	1 023	1 075	1 276	94.62%	94.42%	95.92%
山东	3 049	3 203	3 181	3 719	3 818	3 864	81.98%	83.89%	82.32%
广东	2 564	2 638	2 796	3 088	3 164	3 250	83.03%	83.38%	86.03%
广西	365	358	371	466	444	460	78.33%	80.63%	80.65%
海南	143	179	175	185	192	215	77.30%	93.23%	81.40%
其他	1 122	1 140	1 214	1 551	1 556	1 607	72.34%	73.26%	75.54%

数据来源：根据《中国海洋统计年鉴》2012—2014 年数据整理

表 19　全国海洋科研投入产出情况

地区	科研经费收入(万元)			科技课题(项)			发表科技论文(篇)			专利申请受理数(件)		
	2011	2012	2013	2011	2012	2013	2011	2012	2013	2011	2012	2013
合计	23 221 895	25 772 307	26 556 354	14 253	15 403	16 331	15 547	16 713	16 284	4 412	5 120	5 340
北京	9 118 227	9 706 492	10 200 232	4 897	5 412	6 045	5 953	6 271	6 238	1 974	2 460	2 228
天津	1 593 334	1 636 931	1 550 800	536	668	723	765	851	888	111	130	113
河北	131 596	124 021	138 739	67	78	94	555	448	426	6	8	3
辽宁	1 051 461	1 134 138	1 134 799	290	337	339	446	478	418	546	616	575

（续表）

地区	科研经费收入(万元)			科技课题(项)			发表科技论文(篇)			专利申请受理数(件)		
	2011	2012	2013	2011	2012	2013	2011	2012	2013	2011	2012	2013
上海	2 674 753	2 897 953	3 072 266	1 094	996	1 127	1 103	1 223	1 105	831	842	1 073
江苏	1 726 401	2 009 956	2 085 245	1 718	851	1 889	1 005	1 040	969	133	125	172
浙江	1 114 879	1 318 163	1 333 885	440	494	588	497	509	588	67	47	115
福建	526 262	846 320	699 473	627	591	632	406	350	331	23	24	53
山东	1 991 871	3 166 762	3 247 585	1 477	1 550	1 681	1 879	2 023	2 094	232	401	455
广东	1 670 061	1 774 881	1 960 673	1 929	2 190	1 864	1 552	2 104	1 889	278	273	327
广西	83 236	93 599	123 638	104	106	86	142	105	89	33	16	15
海南	49 851	99 504	62 439	84	46	47	56	69	63	2	2	
其他	805 177	964 177	946 580	990	1 084	1 216	1 188	1 242	1 186	176	176	211

数据来源：根据《中国海洋统计年鉴》2012—2014 年数据整理

沿海社会经济

表 20　沿海各省市地区生产总值　（单位：亿元）

年份	天津	河北	辽宁	上海	江苏	浙江	福建	山东	广东	广西	海南	总值
2002	2 150.76	6 018.28	5 458.22	5 741.03	10 606.85	8 003.67	4 467.55	10 275.5	13 502.42	2 523.73	621.97	69 369.98
2003	2 578.03	6 921.29	6 002.54	6 694.23	12 442.87	9 705.02	4 983.67	12 078.15	15 844.64	2 821.11	693.2	83 210.49
2004	3 110.97	8 477.63	6 672.00	8 072.83	15 003.6	11 648.7	5 763.35	15 021.84	18 864.62	3 433.5	798.9	99 817.25
2005	3 905.64	10 096.11	7 860.85	9 164.1	18 305.66	13 437.85	6 568.93	18 516.87	22 366.54	4 075.75	894.57	118 173.54
2006	4 462.74	11 660.43	9 251.15	10 366.37	21 645.08	15 742.51	7 614.55	22 077.36	26 204.47	4 828.51	1 052.85	138 313.56
2007	5 252.76	13 607.32	11 164.3	12 494.01	26 018.48	18 753.73	9 248.53	25 776.91	31 777.01	5 823.41	1 254.17	161 170.63
2008	6 719.01	16 011.97	13 668.58	14 069.86	30 981.98	21 462.69	10 823.01	30 933.28	36 796.71	7 021.00	1 503.06	194 387.14
2009	7 521.85	17 235.48	15 212.49	15 046.45	34 457.3	22 990.35	12 236.53	33 896.65	39 482.56	7 759.16	1 654.21	212 124.21
2010	9 224.46	20 394.26	18 457.27	17 165.98	41 425.48	27 722.31	14 737.12	39 169.92	46 013.06	9 569.85	2 064.5	250 833.33
2011	11 307.28	24 515.76	22 226.7	19 195.69	49 110.27	32 318.85	17 560.18	45 361.85	53 210.28	11 720.87	2 522.66	293 995.04
2012	12 893.88	26 575.01	24 846.43	20 181.72	54 058.22	34 665.33	19 701.78	50 013.24	57 067.92	13 035.10	2 855.54	315 894.17
2013	14 370.16	28 301.41	27 077.65	21 602.12	59 161.75	37 568.49	21 759.64	54 684.33	62 163.97	14 378.00	3 146.46	344 213.98

数据来源：《中国统计年鉴》

表 21　沿海地区生产总值增长速度　　(%)

地　区	2002	2003	2004	2005	2006	2007	2008	2009	2010	2011	2012	2013
天　津	12.7	14.8	15.8	14.9	14.7	15.5	16.5	16.5	17.4	16.4	13.8	12.5
河　北	9.6	11.6	12.9	13.4	13.4	12.8	10.1	10.0	12.2	11.3	9.6	8.2
辽　宁	10.2	11.5	12.8	12.7	14.2	15.0	13.4	13.1	14.2	12.2	9.5	8.7
上　海	11.3	12.3	14.2	11.4	12.7	15.2	9.7	8.2	10.3	8.2	7.5	7.7
江　苏	11.7	13.6	14.8	14.5	14.9	14.9	12.7	12.4	12.7	11.0	10.1	9.6
浙　江	12.6	14.7	14.5	12.8	13.9	14.7	10.1	8.9	11.9	9.0	8.0	8.2
福　建	10.2	11.5	11.8	11.6	14.8	15.2	13.0	12.3	13.9	12.3	11.4	11.0
山　东	11.7	13.4	15.4	15.0	14.7	14.2	12.0	12.2	12.3	10.9	9.8	9.6
广　东	12.4	14.8	14.8	14.1	14.8	14.9	10.4	9.7	12.4	10.0	8.2	8.5
广　西	10.6	10.2	11.8	13.1	13.6	15.1	12.8	13.9	14.2	12.3	11.3	10.0
海　南	9.6	10.6	10.7	10.5	13.2	15.8	10.3	11.7	16.0	12.0	9.1	9.9

注：本表按可比价格计算(上年为基期)

数据来源：《中国海洋统计年鉴(2014)》

表 22　沿海地区第三产业产值　　(单位：亿元)

年份	天津	河北	辽宁	上海	江苏	浙江	福建	山东	广东	广西	海南	总值
2003	1 112.71	2 377.04	2 487.85	3 029.45	4 567.37	3 726	2 046.5	4 298.41	5 225.27	1 074.89	271.44	30 216.93
2004	1 269.43	2 763.16	2 823.87	3 565.34	5 371.68	4 382	2 324.94	4 987.91	5 903.75	1 220.46	305.11	34 917.65
2005	1 534.07	3 360.54	3 173.32	4 620.92	6 489.14	5 378.87	2 527.47	5 924.74	9 598.34	1 652.57	373.75	44 633.73
2006	1 752.63	3 938.94	3 545.28	5 244.2	7 849.23	6 307.85	2 974.67	7 187.26	11 195.53	1 917.47	420.51	52 333.57
2007	2 047.68	4 662.98	4 036.99	6 408.5	9 618.52	7 645.96	3 697.6	8 680.24	13 449.73	2 289	497.95	63 035.15
2008	2 410.73	5 376.59	4 647.46	7 350.43	11 548.8	8 811.17	4 249.59	10 367.23	15 323.59	2 679.94	587.22	73 352.75
2009	3 405.16	6 068.31	5 891.25	8 930.85	13 629.07	9 918.78	5 048.49	11 768.18	18 052.59	2 919.13	748.59	86 380.4
2010	4 238.65	7 123.77	6 849.37	9 833.51	17 131.45	12 063.82	5 850.62	14 343.14	20 711.55	3 383.11	953.67	102 482.66
2011	5 219.24	8 483.17	8 158.98	11 142.86	20 842.21	14 180.23	6 878.74	17 370.89	24 097.7	3 998.33	1 148.93	121 521.28
2012	6 058.46	9 384.78	9 460.12	12 199.15	23 517.98	15 681.13	7 737.13	19 995.18	26 519.69	4 615.30	1 339.53	136 508.5
2013	6 905.03	10 038.89	10 486.56	13 445.07	26 421.64	17 337.22	8 508.03	22 519.23	29 688.97	5 171.39	1 518.70	152 040.71

数据来源：《中国统计年鉴》

表 23　主要沿海城市国内生产总值　（单位：亿元）

年份	2007	2008	2009	2010	2011	2012	2013	2014
天津	5 253	6 719	7 522	9 109	11 190	12 885	14 370	15 722
秦皇岛	665	809	877	931	1 064	1 139	1 168	1 200
大连	3 131	3 858	4 349	5 158	6 100	7 003	7 650	7 656
上海	12 001	13 698	14 901	16 872	19 195	20 101	21 602	23 561
南通	2 112	2 510	2 873	3 415	4 080	4 559	5 039	5 653
连云港	615	750	941	1 150	1 410	1 603	1 785	1 966
杭州	4 103	4 781	5 098	5 949	7 012	7 804	8 344	9 201
宁波	3 435	3 964	4 334	5 163	6 010	6 525	7 129	7 603
温州	2 157	2 424	2 527	2 926	3 351	3 650	4 004	4 303
福州	1 974	2 296	2 521	3 123	3 734	4 218	4 679	5 169
厦门	1 375	1 560	1 623	2 054	2 535	2 817	3 018	3 274
泉州	2 276	2 795	3 002	3 565	4 271	4 727	5 218	5 733
漳州	864	1 002	1 102	1 400	1 768	2 018	2 236	2 506
青岛	3 786	4 401	4 853	5 666	6 616	7 302	8 007	8 692
烟台	2 885	4 309	3 728	4 358	4 907	5 281	5 614	6 002
威海	1 583	1 795	1 969	1 944	2 111	2 338	2 550	2 790
广州	7 140	8 287	9 138	10 604	12 303	13 551	15 420	16 707
深圳	6 802	7 787	8 201	9 511	11 502	12 950	14 500	16 002
珠海	887	992	992	1 038	1 403	1 504	1 662	1 857
汕头	850	974	1 035	1 203	1 403	1 415	1 566	1 716
湛江	892	1 050	1 156	1 403	1 708	1 871	2 060	2 259
中山	1 238	1 409	1 564	1 826	2 191	2 447	2 639	2 823
北海	244	314	335	398	497	630	735	828
海口	396	443	490	590	713	821	905	1 006
三亚	122	144	175	230	285	331	373	404
总计	66 786	79 071	85 306	99 586	117 359	129 490	142 273	154 633

数据来源：各个城市统计数据网站

表 24　沿海地区城镇居民平均每人全年家庭总收入　（单位：元）

地区	2009		2010		2011		2012		2013	
	总收入	可支配收入	总收入	可支配收入	总收入	可支配收入	总收入	可支配收入	总收入	可支配收入
全国平均水平	18 858.09	17 174.65	21 033.42	19 109.44	23 979.20	21 809.78	24 564.72	26 958.99	—	18 301.8
天津	23 565.67	21 402.01	26 942.00	24 292.60	29 916.04	26 920.86	29 626.41	32 944.01	—	26 359.2

(续表)

地区	2009		2010		2011		2012		2013	
	总收入	可支配收入	总收入	可支配收入	总收入	可支配收入	总收入	可支配收入	总收入	可支配收入
河北	15 675.75	14 718.25	17 334.42	16 263.43	19 591.91	18 292.23	20 543.44	21 899.42	—	15 189.6
辽宁	17 757.70	15 761.38	20 014.57	17 712.58	22 879.77	20 466.84	23 222.67	25 915.72	—	20 517.8
上海	32 402.97	28 837.78	35 738.51	31 838.08	40 532.29	36 230.48	40 188.34	44 754.5	—	42 173.6
江苏	22 494.94	20 551.72	25 115.40	22 944.26	28 971.98	26 340.73	29 676.97	32 519.1	—	24 775.5
浙江	27 119.30	24 610.81	30 134.79	27 359.02	34 264.38	30 970.68	34 550.3	37 994.83	—	29 775.0
福建	21 692.35	19 576.83	24 149.59	21 781.31	27 378.11	24 907.40	28 055.24	30 877.92	—	21 217.9
山东	19 336.91	17 811.04	21 736.94	19 945.83	24 889.80	22 791.84	25 755.19	28 005.61	—	19 008.3
广东	24 116.46	21 574.72	26 896.86	23 897.80	30 218.76	26 897.48	30 226.71	34 044.38	—	23 420.7
广西	17 032.89	15 451.48	18 742.21	17 063.89	20 846.11	18 854.06	21 242.8	23 209.41	—	14 082.3
海南	14 909.28	13 750.85	16 929.63	15 581.05	20 094.18	18 368.95	20 917.71	22 809.87	—	15 733.3

数据来源：根据《中国海洋统计年鉴》2010—2014 年数据整理

表 25　2013 年沿海地区教育卫生情况

地　区	高等学校数(所)	本、专科在校学生数(人)	本、专科毕(结)业生数(人)	卫生机构数(个)	卫生机构床位数(万张)	卫生机构人员(人)
全国总计	2 491	24 680 726	6 387 210	974 398	618.19	9 790 483
天　津	55	489 919	120 996	4 689	5.77	106 527
河　北	118	1 174 374	334 278	78 485	30.35	492 012
辽　宁	115	968 034	241 049	35 612	24.19	338 443
上　海	68	504 771	133 794	4 929	11.43	192 333
江　苏	156	1 684 455	473 843	30 998	36.83	551 113
浙　江	102	959 629	244 860	30 063	23.01	427 072
福　建	87	730 510	187 230	28 175	15.61	261 784
山　东	139	1 698 545	475 858	75 426	48.97	819 348
广　东	138	1 709 881	412 315	47 835	37.84	708 036
广　西	70	656 127	169 543	33 943	18.72	334 849
海　南	17	172 143	43 804	5 011	3.21	63 468

数据来源：《中国海洋统计年鉴(2014)》

表 26　沿海地区人口和城镇单位就业人员　(单位：万人)

地　区	2010		2011		2012		2013	
	年末总人口	就业人员	年末总人口	就业人员	年末总人口	就业人员	年末总人口	就业人员
全国总计	134 091	13 051.5	134 735	14 413.3	135 404	15 236.4	136 072	18 108.4
天　津	1 299	205.7	1 355	268.2	1 413	289.1	1 472	302.4
河　北	7 194	519.6	7 241	555.4	7 288	619.9	7 333	653.4
辽　宁	4 375	518.1	4 383	579.6	4 389	598.7	4 390	689.1
上　海	2 303	392.9	2 347	497.3	2 380	555.7	2 415	618.8
江　苏	7 869	763.8	7 899	811.3	7 920	830.9	7 939	1 503.3
浙　江	5 447	883.6	5 463	995.7	5 477	1 070.1	5 498	1 071.6
福　建	3 693	507.1	3 720	596.3	3 748	637.9	3 774	644.0
山　东	9 588	956.2	9 637	1 050.4	9 685	1 110.2	9 733	1 290.6
广　东	10 441	1 118.5	10 505	1 238.2	10 594	1 304	10 644	1 967.0
广　西	4 610	316.7	4 645	341.6	4 682	358	4 719	403.0
海　南	869	81.3	877	85.1	887	90.1	895	98.8

数据来源：根据《中国海洋统计年鉴》2011—2014 年数据整理